TS 한국교통안전공단 시행

운송 시리즈

# 버스운전 자격시험 당일합격

JH교통운송연구회 편저

# 버스운전자격시험 필기 무료 동영상

건설기계/운송 자격증 소통 공간

합격보답

합격이 보이는 정답

행복한 상상, 바른교육 시대인 정훈사

## 버스 필기 무료 동영상 보는 방법

01 네이버(www.naver.com)에 접속 > 로그인
※ 네이버 계정이 없을 경우 가입

02 주소창에 cafe.naver.com/goseepass 접속

03 카페 가입하기 클릭 > 가입하기

04 아래 기입란에 아이디를 기재하신 후 해당 페이지 전체가 보이게 촬영
(연필로 인증 시 강의 신청이 반려됩니다.)

05 합격보답 > 강의인증(왼쪽 메뉴) > 글쓰기 > 인증사진만 업로드하면 끝!

※ 무료강의 신청 및 수강은 PC 버전에서만 가능합니다.

정훈사에서는 교재의 잘못된 부분을 아래의 홈페이지에서 확인할 수 있도록 하였습니다.

www.정훈에듀.com  > 고객센터 > 정오표

# 머리말

버스운전자격시험은 버스운전자의 전문성 확보를 위한 운전자 자질을 향상시켜 버스 운행 서비스의 질을 제고하기 위하여 2012년 8월부터 시행하고 있다. 이에 따라 노선 여객자동차 운송사업(시내·농어촌·마을·시외), 전세버스운송사업, 특수여객자동차운송사업의 사업용 버스 운전업무에 종사하려는 운전자는 버스운전 자격시험에 합격해야만 한다.

버스운전 자격시험은 교통·운수 관련 법규 및 교통사고 유형, 자동차 관리 요령, 안전운행 요령, 운송서비스로 총 4과목에서 출제된다. 총 80문항으로 총점의 60%, 즉 48문항 이상을 얻으면 합격할 수 있다. 이 책에서는 각 과목별 이론들을 출제경향에 따라 중요한 내용들로 일목요연하게 정리하였다.

자동차 관리 요령과 안전운행 요령 부문은 상식 수준의 문제가 출제된다. 수험생 여러분은 교통법규 및 교통사고 유형, 운송서비스 부문만 좀 더 공부하면 비교적 쉽게 합격할 수 있을 것이다. 정훈사는 지난 10년 동안 문제집을 출간한 경험을 바탕으로 기출문제를 철저히 분석·검토하여 짧은 시간 안에 합격할 수 있는 최적화된 수험서를 만들려고 노력했다.

이 책의 특징은 다음과 같다.

**이 책의 특징**

1. 2023년 기출문제를 복원 수록하여 최신 출제유형을 파악할 수 있다.
2. 기출문제를 토대로 적중모의고사 2회분을 만들고 해설을 꼼꼼하게 붙였다.
3. 자주 출제되는 문제에는 중요 표시를 하였다.
4. 시험에 잘 나오는 주요 적중 핵심문제와 핵심 내용만을 요약 · 정리하고, 별색 표시를 하였다.
5. 최근 개정 법률을 완벽하게 반영하였다.

버스운전 자격시험은 기출문제가 상당수 반복 출제되므로 기출문제를 철저히 분석하여 출제 흐름을 이해하는 것이 중요하다. 기출문제를 반복하여 풀어보면 시험의 출제유형과 난이도, 자주 출제되는 문제를 파악할 수 있다. 따라서 이 책을 길라잡이 삼아 전력투구한다면 반드시 합격하리라 확신한다.

“이 책으로 공부하는 수험생 모두의 합격을 진심으로 기원합니다!”

편저자 일동

# 이 책의 구성

시험에 잘 나오는 내용만 엄선한 족집게 노트

014 » 교통안전표지의 종류

주의표지, 규제표지, 지시표지, 보조표지, 노면표시

015 » 악천후 시 감속운행속도

- 최고속도 100분의 20 감속운행 : 비가 내려 노면이 젖어 있는 경우, 눈이 20mm 미만 쌓인 경우
- 최고속도 100분의 50 감속운행 : 폭우 · 폭설 · 안개 등으로 가시거리가 100m 이내, 노면이 얼어붙은 경우, 눈이 20mm 이상 쌓인 경우

016 » 앞지르기 금지장소

교차로, 터널 안, 다리 위, 도로의 구부러진 곳, 비탈길의 고갯마루 부근 또는 가파른 비탈길의 내리막 등

017 » 서행장소

교통정리를 하고 있지 않는 교차로, 도로가 구부러진 부근, 비탈길의 고갯마루 부근, 가파른 비탈길의 내리막 등

- 적재중량 12톤 미만 화물자동차
- 3톤 미만 지게차
- 총중량 10톤 미만 특수자동차, 원동기장치자전거

022 » 제1종 대형면허로 운전할 수 있는 차량

- 승용자동차
- 승합자동차
- 화물자동차
- 건설기계 (덤프트럭 · 아스팔트살포기 등)
- 특수자동차(대형견인차 · 소형견인차 및 구난차 제외)
- 원동기장치자전거

023 » 인적피해 교통사고 벌점

- 사망 1명 : 사고발생 시부터 72시간 이내 사망한 때, 벌점 90점
- 중상 1명 : 3주 이상 치료를 요하는 의사진단 있는 사고, 벌점 15점
- 경상 1명 : 3주 미만 5일 이상 치료를 요하는 의사진단 있는 사고, 벌점 5점
- 부상신고 1명 : 5일 미만 치료를 요하는 의사진단

### 시험에 잘 나오는 내용을 엄선해서 수록한 족집게노트

출제 가능성이 높은 내용만을 엄선하여 정리하였다. 시험에 임박해서 최종 정리하는 데 효과적으로 활용할 수 있다.

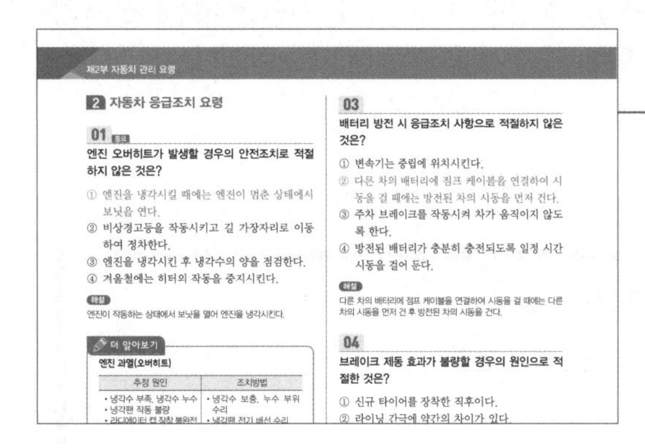

제2부 자동차 관리 요령

2 자동차 응급조치 요령

01 엔진 오버히트가 발생할 경우의 안전조치로 적절하지 않은 것은?

① 엔진을 냉각시킬 때에는 엔진이 멈춘 상태에서 보닛을 연다.
② 비상경고등을 작동시키고 길 가장자리로 이동하여 정차한다.
③ 엔진을 냉각시킨 후 냉각수의 양을 점검한다.
④ 겨울철에는 히터의 작동을 중지시킨다.

해설 엔진이 작동하는 상태에서 보닛을 열어 엔진을 냉각시킨다.

더 알아보기

엔진 과열(오버히트)

| 추정 원인 | 조치방법 |
|---|---|
| • 냉각수 부족, 냉각수 누수<br>• 냉각팬 작동 불량 | • 냉각수 보충, 누수 부위 수리 |

03 배터리 방전 시 응급조치 사항으로 적절하지 않은 것은?

① 변속기는 중립에 위치시킨다.
② 다른 차의 배터리에 점프 케이블을 연결하여 시동을 걸 때에는 방전된 차의 시동을 먼저 건다.
③ 주차 브레이크를 작동시켜 차가 움직이지 않도록 한다.
④ 방전된 배터리가 충분히 충전되도록 일정 시간 시동을 걸어 둔다.

해설 다른 차의 배터리에 점프 케이블을 연결하여 시동을 걸 때에는 다른 차의 시동을 먼저 건 후 방전된 차의 시동을 건다.

04 브레이크 제동 효과가 불량할 경우의 원인으로 적절한 것은?

① 신규 타이어를 장착한 직후이다.
② 라이닝 간극에 약간의 차이가 있다.

### 적중 핵심문제 및 핵심이론 요약과 더 알아보기

시험에 나오는 중요 핵심문제를 중심으로 구성하였으며, 반드시 한 번 더 확인해야 할 핵심이론 요약 정리와 더 알아보기를 통하여 확인학습을 할 수 있다.

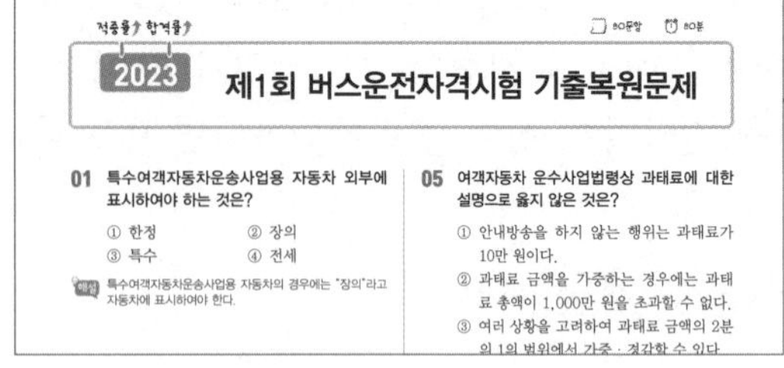

2023 제1회 버스운전자격시험 기출복원문제

01 특수여객자동차운송사업용 자동차 외부에 표시하여야 하는 것은?

① 한정 ② 장의
③ 특수 ④ 전세

해설 특수여객자동차운송사업용 자동차의 경우에는 "장의"라고 자동차에 표시하여야 한다.

05 여객자동차 운수사업법령상 과태료에 대한 설명으로 옳지 않은 것은?

① 안내방송을 하지 않는 행위는 과태료가 10만 원이다.
② 과태료 금액을 가중하는 경우에는 과태료 총액이 1,000만 원을 초과할 수 없다.
③ 여러 상황을 고려하여 과태료 금액의 2분의 1 범위에서 가중 · 경감할 수 있다.

제1회 기출적중모의고사

01 소방시설 주변의 정차와 주차를 금지하는 표시의 색채는?

① 파란색 ② 녹색
③ 빨간색 ④ 흰색

해설 노면표시의 색채 기준(도로교통법 시행규칙 별표6)
- 노란색 : 중앙선표시, 주차금지표시, 정차 · 주차금지표시 및 안전지대 중 양방향 교통을 분리하는 표시
- 파란색 : 버스전용차로표시 및 노면전차전용로표시
- 빨간색 : 소방시설 주변 정차 · 주차 금지표시 및 어린

04 음주측정 시 혈중알코올농도가 0.03% 이상 0.08% 미만의 수치가 나왔을 때 벌점은?

① 30점 ② 60점
③ 100점 ④ 120점

해설 도로교통법상 혈중알코올농도 0.03% 이상 0.08% 미만일 때 벌점은 100점이다.

05 다음 중 스키드마크(Skid mark)의 의미로

### 최신 기출복원문제 + 적중모의고사 2회분

2023년 기출문제를 유형에 맞도록 복원 수록하여 최신 출제경향을 한눈에 파악할 수 있도록 하였으며, 공부한 이론을 토대로 실제 시험처럼 풀어볼 수 있는 적중모의고사 2회분을 수록하였다. 적중률 높은 문제들만 모아 재구성하였으며, 자주 출제되었던 문제들은 따로 중요표시를 하여 합격하기에 최적화된 문제들로 시험 대비에 만전을 기하도록 하였다.

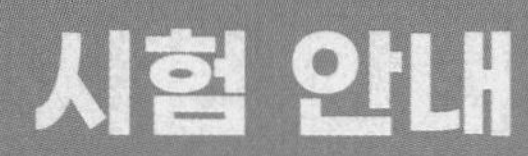

## 시험정보

| 관련부처 | 국토교통부 |
| --- | --- |
| 시행기관 | 한국교통안전공단 |
| 응시자격 | • 제1종 대형 또는 제1종 보통 운전면허 소지자<br>• 만 20세 이상<br>• 1종 보통 이상의 운전경력 1년 이상 ※ 운전면허 보유기간기준, 취소 · 정지기간 제외<br>• 운전적성정밀검사 규정에 따른 신규검사 기준에 적합한 사람(시험 접수일 기준)<br>• 여객자동차운수사업법 제24조 제3항의 결격사유에 해당되지 않는 사람<br>• 버스운전자격이 취소된 날부터 1년이 지나지 아니한 자는 운전자격시험에 응시할 수 없음(정기적성검사 미필로 인한 면허 취소 제외) |
| 시험과목 | • 교통 · 운수 관련 법규 및 교통사고 유형(25문항)<br>• 자동차 관리 요령(15문항)<br>• 안전운행 요령(25문항)<br>• 운송서비스(15문항) |
| 검정방법 | 전 과목 혼합 / 객관식 80문항 (80분) |
| 합격기준 | 100점 만점에 60점 이상 (80문항 중 48문항 이상) |
| 시험일정 | • 매일 4회(오전 2회, 오후 2회)(전용CBT상설시험장)<br>• 매주 화 · 목요일 오후 2회(정밀검사장 활용 CBT시험장) |
| 시험 접수 | • **인터넷 접수** : 한국교통안전공단 국가자격시험 홈페이지(https://lic.kotsa.or.kr/road/main.do)<br>• **방문 접수** : 전국 18개 자격시험장<br>• **시험 당일 준비물** : 운전면허증, 시험응시 수수료(11,500원)<br>• **시험 예약 취소 기준** : 시험일 전일 18시까지 |
| 시험 응시료 | 11,500원 |
| 합격자 발표 | 시험 종료 후 시험 시행 장소에서 합격자 발표 |
| 자격증 교부 | • **신청 대상 및 기간** : 필기시험에 합격한 사람으로서 합격자 발표일로부터 30일 이내<br>• **신청 방법** : 인터넷 및 방문 신청<br>• **준비물** : 운전면허증, 자격증 교부 수수료(10,000원), 버스운전자격증 발급신청서 1부(인터넷 신청은 생략) |

※ 버스운전 자격시험과 관련하여 그 밖에 자세한 사항은 한국교통안전공단 국가자격시험 홈페이지(https://lic.kotsa.or.kr/road/main.do)를 참조하시거나 고객지원센터(1577-0990), 자격시험장(접수처)으로 문의하시기 바랍니다.

# 이 책의 차례

## 기출복원문제



## 단원별 적중핵심문제 및 핵심이론요약



## 기출적중모의고사

# 버스 운전자격시험

시험에 잘 나오는
내용만 정리한

# 족집게 노트

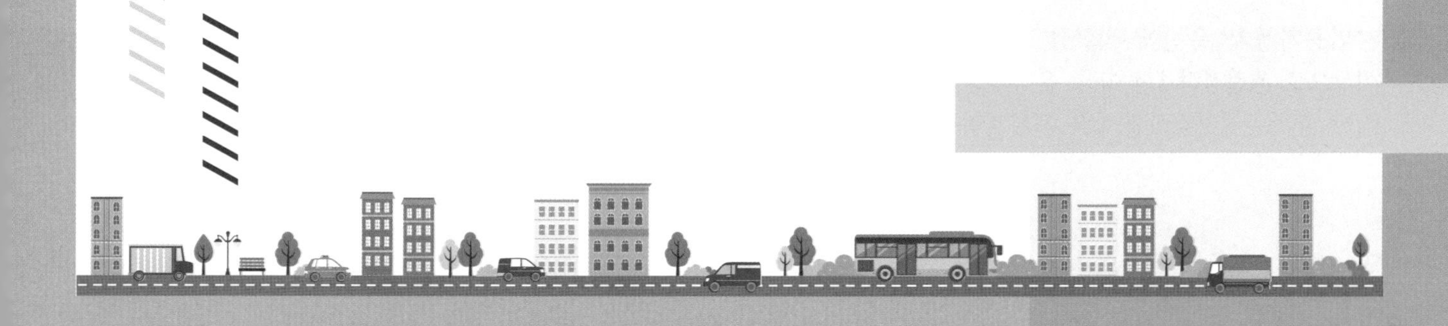

### 001 ▸▸ 여객자동차운수사업법의 목적

- 여객자동차운수사업에 관한 질서 확립
- 여객의 원활한 운송
- 여객자동차운수사업의 종합적인 발달 도모
- 공공복리 증진

### 002 ▸▸ 노선

자동차를 정기적으로 운행하거나 운행하려는 구간

### 003 ▸▸ 여객자동차운송사업

다른 사람의 수요에 응하여 자동차를 사용하여 유상으로 여객을 운송하는 사업

### 004 ▸▸ 노선여객자동차운송사업의 종류

시내버스운송사업, 농어촌버스운송사업, 마을버스운송사업, 시외버스운송사업

### 005 ▸▸ 시내버스운송사업 운행형태

광역급행형, 직행좌석형, 좌석형, 일반형

### 006 ▸▸ 자동차 표시 내용

- 시외우등고속버스(우등고속)
- 시외고속버스(고속)
- 시외우등직행버스(우등직행)
- 시외직행버스(직행)
- 시외우등일반버스(우등일반)
- 시외일반버스(일반)
- 전세버스운송사업용자동차(전세)
- 한정면허를 받은 여객자동차운송사업용자동차(한정)
- 특수여객자동차운송사업용자동차(장의)
- 마을버스운송사업용자동차(마을버스)

### 007 ▸▸ 버스운전업무 종사자격요건

사업용자동차 운전에 적합한 운전면허 보유, 20세 이상으로 운전경력 1년 이상, 운전적성 정밀검사기준에 적합, 버스운전자격시험 합격 후 자격취득

### 008 ▸▸ 신규 운수종사자의 교육시간

16시간

### 009 ▸▸ 승합자동차의 차령

- 전세버스운송사업용 또는 특수여객자동차운송사업용 : 11년
- 시내 · 농어촌 · 마을 · 시외운송사업용 : 9년

### 010 ▸▸ 대폐차에 충당되는 자동차

- 차량충당연한 : 승합자동차 3년
- 차량충당연한 기산일 : 최초의 신규등록일(제작연도 등록 자동차), 제작연도의 말일(제작연도 미등록 자동차)

### 011 ▸▸ 여객자동차운수사업법상 과징금

| 위반내용 | 시내 농어촌 마을 | 시외 | 전세 |
|---|---|---|---|
| 1년에 3회 이상 6세 미만 아이의 무상운송 거절 | 10만 원 | 10만 원 | – |
| 도중 회차 | 100만 원 | 100만 원 | – |
| 운수종사자 자격요건을 갖추지 않은 사람을 운전업무에 종사하게 한 경우 | 500만 원 | 500만 원 | 500만 원 |
| 자동차 안에 게시해야 할 사항을 게시하지 않은 경우 | 20만 원 | 20만 원 | 20만 원 |

### 012 ▸▸ 차도

연석선, 안전표지 또는 그와 비슷한 인공구조물을 이용하여 경계를 표시하여 모든 차가 통행할 수 있도록 설치된 도로의 부분

### 013 ▸▸ 차로

차마가 한 줄로 도로의 정하여진 부분을 통행하도록 차선에 의하여 구분되는 차도의 부분

### 014 ▸▸ 교통안전표지의 종류

주의표지, 규제표지, 지시표지, 보조표지, 노면표시

### 015 ▸▸ 악천후 시 감속운행속도

- 최고속도 100분의 20 감속운행 : 비가 내려 노면이 젖어 있는 경우, 눈이 20mm 미만 쌓인 경우
- 최고속도 100분의 50 감속운행 : 폭우 · 폭설 · 안개 등으로 가시거리가 100m 이내, 노면이 얼어붙은 경우, 눈이 20mm 이상 쌓인 경우

### 016 ▸▸ 앞지르기 금지장소

교차로, 터널 안, 다리 위, 도로의 구부러진 곳, 비탈길의 고갯마루 부근 또는 가파른 비탈길의 내리막 등

### 017 ▸▸ 서행장소

교통정리를 하고 있지 않는 교차로, 도로가 구부러진 부근, 비탈길의 고갯마루 부근, 가파른 비탈길의 내리막 등

### 018 ▸▸ 주차금지장소

터널 안 및 다리 위, 도로공사 시 그 공사구역 양쪽 가장자리로부터 5m 이내, 다중이용업소 영업장이 속한 건축물로 소방본부장 요청으로 시 · 도경찰청장이 지정한 곳으로부터 5m 이내

### 019 ▸▸ 밤에 도로에서 차를 운행하는 경우의 등화

승합자동차, 여객자동차운송사업용 승용자동차 : 전조등, 차폭등, 미등, 번호등, 실내조명등

### 020 ▸▸ 승차제한

자동차(고속버스운송사업용 자동차 제외) 승차인원은 승차정원 110% 이내(고속도로에서는 승차정원을 넘어서 운행할 수 없음)

### 021 ▸▸ 제1종 보통면허로 운전할 수 있는 차량

- 승용자동차
- 승차정원 15명 이하 승합자동차
- 적재중량 12톤 미만 화물자동차
- 3톤 미만 지게차
- 총중량 10톤 미만 특수자동차, 원동기장치자전거

### 022 ▸▸ 제1종 대형면허로 운전할 수 있는 차량

- 승용자동차
- 승합자동차
- 화물자동차
- 건설기계 (덤프트럭 · 아스팔트살포기 등)
- 특수자동차(대형견인차 · 소형견인차 및 구난차 제외)
- 원동기장치자전거

### 023 ▸▸ 인적피해 교통사고 벌점

- 사망 1명 : 사고발생 시부터 72시간 이내 사망한 때, 벌점 90점
- 중상 1명 : 3주 이상 치료를 요하는 의사진단 있는 사고, 벌점 15점
- 경상 1명 : 3주 미만 5일 이상 치료를 요하는 의사진단 있는 사고, 벌점 5점
- 부상신고 1명 : 5일 미만 치료를 요하는 의사진단 있는 사고, 벌점 2점

### 024 ▸▸ 운전이 금지되는 술에 취한 상태기준

운전자 혈중알코올농도 0.03% 이상

### 025 ▸▸ 고속도로에서 차로의 의미

- 주행차로 : 고속도로에서 주행할 때 통행하는 차로
- 가속차로 : 주행차로에 진입하기 위해 속도를 높이는 차로
- 감속차로 : 고속도로를 벗어날 때 감속하는 차로
- 오르막차로 : 저속으로 오르막을 오를 때 사용하는 차로

### 026 ▸▸ 도로교통법상 벌점 및 범칙금(승합차)

| 위반내용 | 범칙금 | 벌점 |
|---|---|---|
| 속도위반<br>(60km/h 초과 80km/h 이하) | – | 60점 |
| 속도위반(60km/h 초과) | 13만 원 | – |
| 운전 중 휴대용 전화 사용 | 7만 원 | 15점 |
| 속도 위반<br>(20km/h 초과 40km/h 이하) | 7만 원 | 15점 |
| 앞지르기 방법 위반 | 7만 원 | 10점 |
| 승하차자 추락 방지조치 위반 | 7만 원 | 10점 |
| 고속도로, 자동차전용도로<br>안전거리 미확보 | 5만 원 | 10점 |
| 도로에서의 시비 · 다툼으로 인한<br>차마통행 방해행위 | 5만 원 | 10점 |
| 주차금지 위반 | 5만 원 | – |
| 끼어들기 금지 | 3만 원 | – |
| 좌석안전띠 미착용 | 3만 원 | – |
| 차로통행 준수의무 위반 | 3만 원 | 10점 |
| 일반도로 안전거리 미확보 | 2만 원 | 10점 |
| 혈중알코올농도<br>0.03% 이상 0.08% 미만 | – | 100점 |

### 027 ▸▸ 교통사고처리특례법 12개 항목

- 신호위반
- 중앙선 침범
- 제한속도보다 20km 이상 과속
- 앞지르기 방법위반
- 철길건널목 통과방법 위반
- 횡단보도 사고
- 무면허운전
- 주취 · 약물복용 운전
- 보도침범
- 승객 추락방지 의무위반
- 어린이보호구역 안전운전 의무위반
- 화물고정조치 위반

### 028 ▸▸ 안전거리 미확보 사고–운전자 과실

앞차의 정당한 급정지, 앞차의 상당성 있는 급정지, 앞차의 과실 있는 급정지

### 029 ▸▸ 어린이통학버스(황색)

- 어린통학버스가 어린이나 영유아를 태우고 있다는 표시를 한 상태로 도로를 통행하는 때에 어린이 통학버스를 앞지르지 못함
- 어린이나 유아가 타고 내리는 중임을 나타내는 어린이통학버스가 정차한 차로와 그 차로의 바로 옆 차로를 통행하는 차의 운전자는 어린이 통학버스에 이르기 전 일시정지하여 안전확인 후 서행
- 중앙선이 설치되지 않은 도로와 편도 1차로 도로 반대방향에서 진행하는 차의 운전자는 어린이 통학버스에 이르기 전 일시정지하여 안전확인 후 서행

### 030 ▸▸ 운전면허 결격사유(도로교통법)

- 18세 미만
- 정신질환자 또는 뇌전증환자
- 듣지 못하는 사람(제1종 대형 · 특수면허만 해당), 앞을 보지 못하는 사람(한쪽 눈만 보지 못하는 사람의 경우에는 제1종 대형 · 특수면허만 해당)
- 양쪽 팔의 팔꿈치관절 이상을 잃은 사람이나 양쪽 팔을 전혀 쓸 수 없는 사람
- 마약 · 대마 · 향정신성의약품 또는 알코올 중독자
- 제1종 대형면허 또는 제1종 특수면허를 받으려는 경우로서 19세 미만이거나 자동차(이륜자동차 제외)의 운전경험이 1년 미만인 사람

### 031 ▸▸ 자동변속기의 장단점

- 장점 : 운전 편리, 진동 · 충격 적음, 승차감 좋음, 조작미숙으로 인한 시동 꺼짐 없음
- 단점 : 복잡한 구조, 비싼 가격, 연료소비율 약 10% 증가, 차를 끌거나 밀어서 시동 걸 수 없음

### 032 ▸▸ 스프링의 종류

판 스프링, 코일 스프링, 토션바 스프링, 공기 스프링

### 033 ▸▸ 핸들이 무거운 원인

앞바퀴 정렬 상태 불량, 타이어 공기압 부족, 타이어 마멸 과다, 조향기어 톱니바퀴 마모, 조향기어 박스오일 부족

### 034 ▸▸ 핸들이 한쪽으로 쏠리는 원인

앞바퀴 정렬상태 불량, 쇽업소버 작동불량, 타이어 공기압 불균일, 허브 베어링 마멸 과다

### 035 ▸▸ 토인의 역할

앞바퀴의 옆방향 미끄러짐 방지, 타이어 마멸 방지

### 036 ▸▸ 감속 브레이크의 장점

브레이크 슈 · 드럼 · 타이어 및 클러치 관련 부품 마모 감소, 주행 시 안전도 향상 및 운전자 피로 감소, 악천후 시 타이어 미끄럼 줄임, 브레이크 작동 시 이상 소음 내지 않음

### 037 ▸▸ 오버히트 발생 원인

라디에이터 캡의 불완전 장착, 서모스탯의 비정상 작동, 팬벨트 장력이 너무 느슨함, 냉각수 부족

### 038 ▸▸ CNG(압축천연가스)

천연가스를 고압으로 압축하여 고압압력용기에 저장한 기체상태 연료, 메탄($CH_4$)

### 039 ▸▸ ABS 특징

- 앞바퀴 고착에 의한 조향능력 상실 방지
- 바퀴의 미끄러짐이 없는 제동효과 얻을 수 있음
- 자동차의 방향 안전성과 조종 성능 확보
- 노면이 비에 젖더라도 우수한 제동효과를 얻을 수 있음

### 040 ▸▸ 튜브리스 타이어

- 발열 적음, 공기압 유지 성능 좋음
- 림 변형 시 밀착 불량으로 공기가 새기 쉬움
- 못 등에 찔려도 급격한 공기 누출 없음
- 유리조각 등에 손상된 경우 수리하기 어려움

### 041 ▸▸ 자동차의 구조

- 동력전달장치 : 동력을 주행 상황에 맞는 적절한 상태로 변화시켜 바퀴에 전달(클러치, 변속기, 타이어)
- 현가장치 : 주행 중 노면으로부터 발생하는 진동이나 충격을 완화시켜 차체나 각 장치에 전달되는 것을 방지하는 장치(스프링, 쇽업소버, 스태빌라이저)
- 조향장치 : 차의 진행 방향을 운전자가 의도하는 바에 따라서 임의로 조작 가능한 장치
- 제동장치 : 주행 중 자동차 속도를 줄이거나 정지시키고 정차 또는 주차 시 차가 굴러가지 않도록 고정하는 장치

### 042 ▸▸ 저속회전 시 엔진이 쉽게 꺼지는 원인

공회전 속도 낮음, 연료필터 막힘, 밸브간극 비정상, 에어클리너 필터 오염

### 043 ▸▸ 자동차 일상점검 시 주요 주의사항

- 평탄한 장소에서 점검
- 변속레버 P에 위치, 주차브레이크 사용
- 엔진 점검 시 반드시 엔진 끄고 실시
- 전기계통 작업 시 배터리 (−) 단자 분리

### 044 ▸▸ 터보차저

- 회전부의 원활한 윤활과 터보차저에 이물질이 들어가지 않도록 하는 것이 중요하다.
- 공회전 또는 워밍업 시 무부하상태에서 급가속하는 것도 터보차저 각부의 손상을 가져올 수 있으므로 삼간다.
- 터보차저의 고장은 압축기 날개 손상 등에 의해 발생하므로 에어클리너 엘리먼트를 장착하지 않고 고속회전시키는 것을 삼간다.

### 045 ▸▸ 클러치가 미끄러지는 원인

클러치페달의 자유간극 없음, 클러치디스크 마멸이 심함, 클러치디스크에 오일이 묻어 있음, 클러치스프링 장력이 약함

### 046 ▸▸ 자동차 신규검사 신청 서류

신규검사신청서, 출처증명서류(말소사실증명서 또는 수입신고서, 자기인증면제확인서), 제원표

### 047 ▸▸ 정지거리와 정지시간

| | |
|---|---|
| 공주거리 | 자동차를 정지시켜야 할 상황임을 인지하고 브레이크 페달로 발을 옮겨 브레이크가 작동을 시작하기 전까지 이동한 거리 |
| 공주시간 | 자동차가 공주거리만큼 진행한 시간 |
| 제동거리 | 브레이크 페달에 발을 올려 브레이크가 작동을 시작하는 순간부터 자동차가 완전히 정지할 때까지 이동한 거리 |
| 제동시간 | 자동차가 완전히 정지하기 전까지 제동거리만큼 진행한 시간 |
| 정지시간 | 공주시간 + 제동시간 |
| 정지거리 | 공주거리 + 제동거리 |

### 048 ▸▸ 타이어 체인을 장착한 경우

30km/h 이내 또는 체인 제작사에서 추천하는 규정 속도 이하로 주행

### 049 ▸▸ 내륜차와 외륜차

- 내륜차 : 앞바퀴 안쪽과 뒷바퀴 안쪽 회전반경의 차
- 외륜차 : 앞바퀴 바깥쪽과 뒷바퀴 바깥쪽 회전반경의 차
- 소형차에 비해 대형차에서 내륜차 또는 외륜차가 크다.

### 050 ▸▸ 경제적 운행

- 경제속도 준수
- 급발진, 급가속, 급제동 금지
- 불필요한 공회전 금지
- 에어컨은 필요시에만 작동
- 불필요한 화물 적재 금지
- 창문 열고 고속 주행 금지
- 적정 타이어 공기압 유지
- 목적지 사전 파악

### 051 ▸▸ 버스 교통사고의 특성

- 도로상에서 점유공간이 크며, 다른 물체와 충돌 시 승용차 10배 이상 파괴력
- 버스 주위에 접근하는 승용차, 이륜차, 보행자 등을 볼 수 있는 시야 확보가 승용차 등에 비해 어려움
- 좌 · 우회전 시 내륜차는 승용차에 비해 훨씬 큼
- 급가속, 급제동은 승객의 안전에 영향을 미침
- 버스정류장에서 승객의 승하차와 관련하여 야기되는 문제들이 많음

### 052 ▸▸ 버스 특성과 관련한 사고 중 빈도가 가장 많은 유형

회전, 급정거 등으로 인한 차내 승객사고

### 053 ▸▸ 도로교통법상의 시력

- 제1종 : 두 눈 동시에 뜨고 잰 시력 0.8 이상, 두 눈 시력 각각 0.5 이상
- 제2종 : 두 눈 동시에 뜨고 잰 시력 0.5 이상 (한쪽 눈을 보지 못하는 사람은 다른 쪽 눈 시력 0.6 이상)

### 054 ▸▸ 동체시력

물체의 이동속도가 빠를수록 저하, 연령이 높을수록 저하, 정지시력이 저하되면 동체시력도 저하, 조도가 낮을수록 저하

### 055 ▸▸ 정상 시력의 시야 범위

180°~200°

### 056 ▸▸ 깊이지각

양안 또는 단안 단서를 이용하여 물체 거리를 효율적으로 판단하는 능력

### 057 ▸▸ 현혹현상, 증발현상

- 현혹현상 : 갑자기 빛이 눈에 비치면 순간적으로 장애물을 볼 수 없는 현상
- 증발현상 : 야간에 대향차의 전조등 눈부심으로 인해 순간적으로 보행자를 잘 볼 수 없게 되는 현상

### 058 ▸▸ 대형차의 위험성

대형버스나 트럭 등 차가 클수록 운전자들이 볼 수 없는 사각지대 늘어남, 정지하고 움직이는 과정에서 점유공간 늘어남, 다른 차를 추월하는 시간도 더 길어지므로 위험도 커짐

### 059 ▸▸ 물리적 현상

- 스탠딩웨이브현상 : 타이어 속도가 빨라지면 접지 뒤쪽에 진동 물결이 일어남
- 수막현상 : 트레드 홈 사이에 있는 물을 헤치는 기능이 감소되어 물이 고인 노면을 고속으로 주행할 때 노면으로부터 떠올라 물위를 미끄러지듯이 되는 현상
- 페이드현상 : 마찰열이 라이닝에 축적되어 브레이크 제동력이 저하되는 경우
- 베이퍼록현상 : 브레이크 파이프 속에서 브레이크액이 기화하여 브레이크가 작동하지 않는 현상
- 모닝록현상 : 브레이크 드럼에 미세한 녹이 발생하는 현상

### 060 ▸▸ 선회 특성과 방향안정성

- 언더 스티어 : 핸들을 돌린 각도만큼 라인을 타지 못하고 코너 바깥쪽으로 차가 밀려나가는 현상
- 오버 스티어 : 핸들을 꺾었을 때 그 꺾은 범위보다 차량 앞쪽이 진행방향의 안쪽으로 더 돌아가려고 하는 현상

### 061 ▸▸ 타이어 마모에 영향을 주는 요소

공기압, 차의 하중, 차의 속도, 커브, 브레이크, 노면 등

### 062 ▸▸ 회전교차로

- 사고의 빈도가 낮아 교통안전수준을 향상시킨다.
- 신호교차로에 비해 유지관리비용이 적게 든다.
- 인접도로 및 지역에 대한 접근성을 높여 준다.
- 신호등이 없는 교차로에 비해 상충 횟수가 적다.
- 회전교차로에 진입하는 자동차는 회전 중인 자동차에게 양보한다.
- 회전교차로에 진입할 때에는 충분히 속도를 줄인 후 진입한다.

### 063 ▸▸ 중앙분리대

- 대향하는 차량 간의 정면충돌 예방 위해 설치
- 폭이 넓을수록 대향차량과의 충돌위험 감소
- 필요에 따른 유턴 방지
- 야간 주행 시 대향차 전조등 불빛 방지

### 064 ▸▸ 길어깨

- 고장차가 본선차도로부터 대피할 수 있고 사고 시 교통 혼잡 방지
- 교통의 안전성과 쾌적성 기여
- 곡선도로의 시거가 증가하여 교통 안전성 확보
- 보행자의 통행장소로 제공

### 065 ▸▸ 방호울타리

- 자동차 차도이탈 방지
- 탑승자 상해 및 자동차 파손 감소
- 자동차를 정상적인 진행방향으로 복귀
- 운전자의 시선 유도
- 보행자의 무단횡단 방지

### 066 ▸▸ 방호울타리의 종류

- 설치 위치 · 기능 : 노측용, 중앙분리대용, 보도용, 교량용
- 시설물 강도 : 가요성, 강성

### 067 ▸▸ 버스정류시설의 종류

버스정류장, 버스정류소, 간이버스정류장

### 068 ▸▸ 시선유도시설

주간 · 야간에 운전자 시선을 유도하기 위해 설치된 안전 시설

### 069 ▸▸ 비상주차대 설치장소

고속도로에서 길어깨 폭이 2.5m 미만으로 설치되는 경우, 길어깨를 축소하여 건설되는 긴 교량, 긴 터널 등

### 070 ▸▸ 교차로 방어운전

- 앞서 직진, 좌회전, 우회전 또는 유턴하는 차량 등에 주의
- 신호에 따라 진행 시 신호를 무시하고 갑자기 달려드는 차 또는 보행자가 있다는 사실에 주의
- 좌 · 우회전 시 방향신호등 정확히 점등
- 성급한 우회전은 횡단하는 보행자와 충돌할 위험 높임
- 통과하는 앞차를 맹목적으로 따라가면 신호 위반할 가능성 높음
- 교통정리가 없고 좌우를 확인할 수 없거나 교통이 빈번한 교차로에 진입 시 일시정지하여 안전 확인한 후 출발
- 내륜차에 의한 사고 주의

### 071 ▸▸ 시가지 이면도로 방어운전

- 항상 보행자 출현 등 돌발상황 대비
- 위험한 대상물에 주의하며 운전
- 자전거나 이륜차가 통행 시 통행공간 배려하면서 운전
- 주 · 정차된 차량이 출발하려는 경우 안전거리 확보

### 072 ▸▸ 커브길 방어운전

- 진입 전에 경사도나 도로 폭 확인하고 엔진브레이크 작동시켜 속도 줄임
- 엔진브레이크만으로 속도가 충분히 줄지 않으면 풋브레이크를 사용하여 회전 중에 더 이상 감속하지 않도록 줄임
- 감속된 속도에 맞는 기어 변속
- 회전이 끝나는 부분에 도달 시 핸들 바르게 함
- 가속페달 밟아 서서히 속도 높임

### 073 ▸▸ 슬로우-인, 패스트-아웃

커브길 진입 시 속도 줄이고 진출 시 속도 높임

### 074 ▸▸ 내리막길 배기 브레이크 사용 시 효과

브레이크액 온도 상승 억제에 따른 베이퍼록 현상 방지, 드럼 온도 상승을 억제하여 페이드현상 방지, 브레이크 사용 감소로 라이닝 수명 연장

### 075 ▸▸ 오르막길 방어운전

- 충분한 차간거리 유지
- 오르막길 정상부근은 서행하여 위험에 대비
- 정차 시 풋브레이크와 핸드브레이크 동시 사용
- 앞지르기 시 저단기어 사용
- 교차 시 내려오는 차량에게 통행우선권 있음

### 076 ▸▸ 철길건널목 방어운전

- 접근 시 속도 줄임
- 일시정지 후 철도 좌우 안전 확인
- 기어 변속하지 않음
- 건널목 건너편 여유공간 확인 후 통과

### 077 ▸▸ 고속도로 진출입부 방어운전

- 진입부 : 진입의도를 방향지시등으로 알림, 진입 전 충분히 가속하여 교통 흐름 방해하지 않도록 함, 가속차로 끝부분에서 감속하지 않도록 주의
- 진출부 : 진출의도를 방향지시등으로 알림, 진출부 진입 전 충분히 감속하여 진출이 용이하도록 함, 천천히 진출부로 진입하여 출구 이동

### 078 ▸▸ 앞지르기해서는 안 되는 경우

- 앞차가 좌측으로 진로를 바꾸려고 하거나 다른 차를 앞지르려고 할 때
- 앞차의 좌측에 다른 차가 나란히 가고 있을 때
- 뒤차가 자기 차를 앞지르려고 할 때
- 마주 오는 차의 진행을 방해하게 될 염려가 있을 때
- 앞차가 교차로나 철길건널목 등에서 정지 또는 서행하고 있을 때
- 앞차가 경찰공무원 등의 지시에 따르거나 위험방지를 위하여 정지 또는 서행하고 있을 때
- 어린이통학버스가 어린이 또는 유아를 태우고 있다는 표시를 하고 도로를 통행할 때

### 079 ▸▸ 경제운전의 기본적인 방법

가 · 감속을 부드럽게 함, 불필요한 공회전 피함, 급회전 피함, 차가 전방으로 나가려는 운동에너지를 최대한 활용해서 부드럽게 회전, 일정한 차량속도 유지

### 080 ▸▸ 경제운전의 효과

- 차량관리비용, 고장수리비용, 타이어 교체비용 등의 감소 효과
- 고장수리작업, 유지관리작업 등의 시간 손실 감소 효과
- 공해 배출 등 환경문제 감소 효과
- 교통안전 증진 효과

### 081 ▸▸ 올바른 서비스 제공을 위한 5요소

단정한 용모 및 복장, 밝은 표정, 공손한 인사, 친근한 말, 따뜻한 응대

### 082 ▸▸ 서비스의 특징

무형성, 동시성, 인적 의존성, 소멸성, 무소유권, 변동성, 다양성

### 083 ▸▸ 바람직한 직업관

소명과 천직의식, 직분의식, 봉사정신, 전문의식, 책임의식

### 084 ▸▸ 직업의 의미

경제적 의미, 사회적 의미, 심리적 의미

### 085 ▸▸ 버스 준공영제

- 운영은 민간, 관리는 공공에서 담당하는 운영체제
- 버스의 소유 · 운영은 각 버스업체가 유지하고 버스 노선 및 요금 조정, 버스 운행 관리는 지방자치단체가 개입
- 노선 체계의 효율적 운영, 표준운송원가를 통한 경영 효율화, 양질의 버스 서비스 제공
- 형태에 따른 분류 : 노선 · 수입금 · 자동차 공동 관리형

### 086 ▸▸ 승객의 요구

- 기억되기를 바란다.
- 환영받고 싶어 한다.
- 존경받고 싶어 한다.
- 편안해지고 싶어 한다.
- 관심을 가져주기를 바란다.
- 기대와 욕구를 수용하여 주기를 바란다.
- 중요한 사람으로 인식되기를 바란다.

### 087 ▸▸ 대중교통 전용지구 목적

도심 상업지구의 활성화, 쾌적한 보행자 공간의 확보, 대중교통의 원활한 운행 확보, 도심 교통환경 개선

### 088 ▸▸ 버스 업종별 요금체계 및 운임 기준 · 요율 결정

| 업종 | 요금체계 | 요율결정 |
|---|---|---|
| 시내 · 농어촌 | 단일운임제<br>구역제 · 구간제 · 거리비례제<br>(시계 외 지역) | 시 · 도지사 |
| 시외 | 거리운임요율제, 거리체감제 | 국토교통부장관 |
| 고속 | 거리체감제 | 국토교통부장관 |
| 마을 | 단일운임제 | 시장 · 군수 |
| 전세 · 특수 | 자율요금 | |

### 089 ▸▸ 간선급행버스체계(BRT) 도입 배경

도로와 교통시설 증가의 둔화, 대중교통 이용률 하락, 교통체증 지속, 막대한 도로 및 교통시설 투자비 증가, 빠르고 질 좋고 저렴한 대량수송 대중교통 시스템 필요

### 090 ▸▸ 버스정보시스템(BIS)

버스와 정류소에 무선 송수신기를 설치하여 버스 위치를 실시간으로 파악하여 이용자에게 해당 버스 도착 예정시간 안내, 인터넷 서비스를 통해 운행정보 제공하는 시스템

### 091 ▸▸ 버스운행관리시스템(BMS)

차내에 단말장치를 설치한 버스와 종합사령실을 유무선 네트워크로 연결하여 운전자 · 버스회사에게 버스 위치, 사고정보 등을 실시간으로 보내는 시스템

### 092 ▸▸ 중앙 버스전용차로

도로 중앙에 버스만 이용하도록 전용차로를 지정하여 다른 차량과 분리하여 운영하는 방식, 교통정체 심한 구간에서 효과적, 대중교통 이용률 증가, 무단횡단 등 안전문제 발생, 설치비용 많이 소요

### 093 ▸▸ 가로변 버스전용차로

가로변 차로를 버스가 전용으로 통행할 수 있도록 제공, 시행 간편, 운영비용 저렴, 시행 후 보완 및 원상복귀 용이, 시행 효과 미미, 가로변 상업활동과 상충, 위반 차량 많이 발생, 우회전차량과의 충돌위험 상존

### 094 ▸▸ 교통카드시스템 도입 이용자측 효과

현금 소지 불편 해소, 신속한 징수, 교통비 절감, 카드 하나로 다양한 교통수단 이용

### 095 ▸▸ IC방식(스마트카드)

반도체 칩에 정보 기록, 다량 정보 저장 가능, 암호화 가능(보안성 높음)

### 096 ▸▸ 중대한 교통사고

전복 사고, 화재가 발생한 사고, 사망자 2명 이상 발생한 사고, 사망자 1명과 중상자 3명 이상이 발생한 사고, 중상자 6명 이상이 발생한 사고

### 097 ▸▸ 버스차량 바닥 높이에 따른 버스 종류

고상버스(가장 보편적), 초고상버스(주로 관광버스), 저상버스(차 바닥 낮음, 주로 시내버스)

### 098 ▸▸ 교통사고 용어

| | |
|---|---|
| 충돌사고 | 차가 반대방향 또는 측방에서 진입하여 그 차 정면으로 다른 차 정면 또는 측면을 충격한 것 |
| 추돌사고 | 2대 이상의 차가 동일방향으로 주행 중 뒤차가 앞차 후면을 충격한 것 |
| 접촉사고 | 차가 추월, 교행 등을 하려다 차의 좌우 측면을 서로 스친 것 |
| 전도사고 | 차가 주행 중 도로 또는 도로 이외의 장소에 차체의 측면이 지면에 접하고 있는 상태 |
| 전복사고 | 차가 주행 중 도로 또는 도로 이외의 장소에 뒤집혀 넘어진 것 |
| 추락사고 | 차가 도로변 절벽 등 높은 곳에서 떨어진 것 |

### 099 ▸▸ 가슴압박과 인공호흡

가슴압박 30회 + 인공호흡 2회 반복

### 100 ▸▸ 교통사고 발생 시 운전자 조치사항 순서

탈출 → 인명구조 → 후방방호 → 연락 → 대기

# 기출복원문제

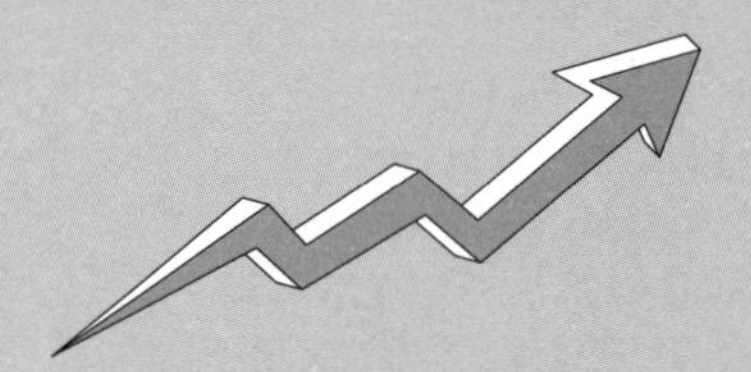



**기출문제는 변형되어 꼭 다시 나옵니다.**

수험생의 이해를 돕기 위해 2023년, 2022년 기출문제를 복원하여 재구성하였습니다. 기출복원문제를 통해 실제 시험 유형을 한 눈에 파악할 수 있습니다. 최근 출제경향을 파악한 다음 모의고사를 풀어보면서, 실전 감각을 익힌다면 효율적인 학습이 될 것입니다.

# 2023 제1회 버스운전자격시험 기출복원문제

**01** 특수여객자동차운송사업용 자동차 외부에 표시하여야 하는 것은?

① 한정 ② 장의
③ 특수 ④ 전세

특수여객자동차운송사업용 자동차의 경우에는 "장의"라고 자동차에 표시하여야 한다.

**02** 시내좌석버스로서 각 정류소에 정차하면서 운행하는 형태의 버스가 아닌 것은?

① 광역급행형 ② 직행좌석형
③ 일반형 ④ 좌석형

여객자동차운송사업에 사용되는 자동차의 종류(여객자동차 운수사업법 시행규칙 제7조 별표1)
- 시내좌석버스 : 광역급행형, 직행좌석형 및 좌석형에 사용되는 것으로 좌석이 설치된 것
- 시내일반버스 : 좌석과 입석이 혼용 설치된 것

**03** 고급형 20마력이상이며, 승차 정원이 30명 이상인 고속형 시외버스는?

① 우등고속버스 ② 일반고속버스
③ 시외직행버스 ④ 시외버스

고속형 시외버스는 규정에 맞는 시외버스 또는 시외 우등고속버스를 사용하여 운행거리가 100km 이상이고, 운행구간의 60% 이상을 고속국도로 운행하며 기점과 종점의 중간에서 정차하지 않는 운행 형태로서 노선에 투입되는 차량으로 규정되어 있다.
- 우등고속버스 : 엔진 출력이 차량 총 중량 1톤 당 20마력 이상이며 승차 정원이 29인 이하인 차량
- 일반고속버스 : 엔진 출력이 차량 총 중량 1톤 당 20마력 이상이며, 승차 정원이 30인 이상인 차량

**04** 운전적성정밀검사의 종류가 아닌 것은?

① 신규검사 ② 정기검사
③ 특별검사 ④ 자격유지검사

운전적성정밀검사의 종류에는 신규검사, 특별검사, 자격유지검사 등이 있다.

**05** 여객자동차 운수사업법령상 과태료에 대한 설명으로 옳지 않은 것은?

① 안내방송을 하지 않는 행위는 과태료가 10만 원이다.
② 과태료 금액을 가중하는 경우에는 과태료 총액이 1,000만 원을 초과할 수 없다.
③ 여러 상황을 고려하여 과태료 금액의 2분의 1의 범위에서 가중 · 경감할 수 있다.
④ 행정처분을 갈음하여 과태료를 부과할 수 있다.

과징금과는 달리 행정처분에 갈음하여 과태료를 부과할 수 없다.

**06** 다음 교통안전표지의 종류에 해당하는 것은?

① 규제표지 ② 주의표지
③ 지시표지 ④ 보조표지

강변도로 주의표지이다. 주의표지는 도로상태가 위험하거나 도로 또는 그 부근에 위험물이 있는 경우에 필요한 안전조치를 할 수 있도록 이를 도로사용자에게 알리는 표지이다.

**07** 도로교통법상의 "차"에 해당하지 않는 것은?

① 자동차 ② 유모차
③ 건설기계 ④ 자전거

"차"란 자동차, 건설기계, 원동기장치자전거, 자전거, 사람 또는 가축의 힘이나 그 밖의 동력(動力)으로 도로에서 운전되는 것. 다만, 철길이나 가설(架設)된 선을 이용하여 운전되는 것, 유모차, 보행보조용 의자차, 노약자용 보행기 등 행정안전부령으로 정하는 기구 · 장치는 제외한다(도로교통법 제2조17항).

정답 01.② 02.③ 03.② 04.② 05.④ 06.② 07.②

## 08 차선의 색채에 대한 연결이 옳지 않은 것은?

① 노란색 – 중앙선 표시, 정차 · 주차금지 표시
② 흰색 – 노면색깔유도선 표시
③ 빨간색 – 소방시설 주변 정차 · 주차금지 표시
④ 파란색 – 전용차로표시 및 노면전차전용로표시

 ② 흰색은 그 밖의 표시이고, 분홍색, 연한녹색 또는 녹색이 노면색깔유도선 표시이다(규칙 별표6).

## 09 앞지르기 방법에 대한 설명으로 옳지 않은 것은?

① 모든 차의 운전자는 다른 차를 앞지르려면 앞차의 좌측으로 통행하여야 한다.
② 앞지르려고 하는 모든 차의 운전자는 반대방향의 교통에도 주의를 기울여야 한다.
③ 앞차의 좌측에 다른 차가 앞차와 나란히 가고 있는 경우에는 앞차를 앞지르지 못한다.
④ 경찰공무원의 지시에 따라 정지하거나 서행하고 있는 차를 앞지르기를 할 수 있다.

 모든 차의 운전자는 경찰공무원의 지시에 따라 정지하거나 서행하고 있는 차를 앞지르지 못하며, 앞으로 끼어들지 못한다.

## 10 도로에서의 시비, 다툼 등으로 차마의 통행 방해행위에 대한 범칙금액은?

① 10만원 ② 7만원
③ 5만원 ④ 12만원

 도로에서의 시비, 다툼 등으로 차마의 통행 방해행위는 범칙금액이 5만 원이다(영 별표8).

## 11 최고속도의 100분의 20을 줄인 속도로 운행해야 하는 경우는?

① 폭설로 가시거리가 100m 이내인 경우
② 노면이 얼어붙은 경우
③ 눈이 30mm 이상 쌓인 경우
④ 눈이 20mm 미만 쌓인 경우

 ①, ②, ③은 최고속도의 100분의 50을 줄인 속도로 운행해야 하는 경우이다.

## 12 교차로에서의 통행방법으로 옳지 않은 것은?

① 우회전을 하려는 차는 미리 도로의 우측 가장자리를 서행하면서 우회전하여야 한다.
② 우회전을 하기 위해 손이나 방향지시기로 신호를 하는 차가 있는 경우에 그 뒤차의 운전자는 신호를 한 앞차의 진행을 방해하면 안 된다.
③ 어떠한 경우라도 좌회전할 때 교차로의 중심 바깥쪽을 통과할 수 없다.
④ 교통정리를 하고 있지 않고 일시정지나 양보를 표시하는 안전표지가 설치된 교차로에 들어갈 때는 다른 차의 진행을 방해하지 않도록 일시정지나 양보를 하여야 한다.

 교차로에서 좌회전을 하려는 경우에는 미리 도로의 중앙선을 따라 서행하면서 교차로의 중심 안쪽을 이용하여 좌회전하여야 한다. 다만, 시 · 도경찰청장이 교차로의 상황에 따라 특히 필요하다고 인정하여 지정한 곳에서는 교차로의 중심 바깥쪽을 통과할 수 있다(도로교통법 제25조제2항).



정답 08.② 09.④ 10.③ 11.④ 12.③

**13 '안전거리'에 대한 설명으로 옳은 것은?**

① 공주거리와 제동거리를 합한 거리이다.
② 제동되기 시작하여 정지될 때까지 주행한 거리이다.
③ 운전자가 위험을 느끼고 브레이크를 밟았을 때 자동차가 제동되기 전까지 주행한 거리이다.
④ 같은 방향으로 가고 있는 앞차가 갑자기 정지하는 경우 그 앞차와의 추돌을 피하는 데 필요한 거리이다.

 ①정지거리, ②제동거리, ③공주거리

**14 도로교통법상 신호 · 지시 위반에 대해 부과되는 벌점은?**

① 30점　② 10점
③ 15점　④ 5점

 자동차 등을 운전한 경우에 한하여 신호 · 지시 위반 행위에 대해 부과되는 벌점은 15점이다.

**15 인적피해가 있는 교통사고를 야기하고 도주한 차량의 운전자를 검거하거나 신고로 부여되는 벌점 공제는?**

① 30점　② 40점
③ 50점　④ 60점

 벌점공제(규칙 별표28)
인적피해가 있는 교통사고를 야기하고 도주한 차량의 운전자를 검거하거나 신고하여 검거하게 한 운전자(교통사고의 피해자가 아닌 경우로 한정한다)에게는 검거 또는 신고할 때마다 40점의 특혜점수를 부여하여 기간에 관계없이 그 운전자가 정지 또는 취소처분을 받게 될 경우 누산점수에서 이를 공제한다. 이 경우 공제되는 점수는 40점 단위로 한다.

**16 제1종 운전면허에 필요한 도로교통법령에 따른 정지시력(교정시력 포함)의 기준은?**

① 한쪽 눈을 보지 못하는 사람이 보통면허를 취득하려는 경우에는 다른 쪽 눈의 시력이 0.6 이상이어야 한다.
② 한쪽 눈을 보지 못하는 사람이 보통면허를 취득하려는 경우에는 다른 쪽 눈의 시력이 0.8 이상이어야 한다.
③ 두 눈을 동시에 뜨고 잰 시력이 0.5 이상이고, 두 눈의 시력이 각각 0.3 이상
④ 두 눈을 동시에 뜨고 잰 시력이 0.8 이상이고, 두 눈의 시력이 각각 0.6 이상

 도로교통법령에 따른 시력의 기준(교정시력 포함)
- 제1종 운전면허: 두 눈을 동시에 뜨고 잰 시력이 0.8 이상이고, 두 눈의 시력이 각각 0.5 이상일 것. 다만, 한쪽 눈을 보지 못하는 사람이 보통면허를 취득하려는 경우에는 다른 쪽 눈의 시력이 0.8 이상
- 제2종 운전면허: 두 눈을 동시에 뜨고 잰 시력이 0.5 이상일 것. 다만, 한쪽 눈을 보지 못하는 사람은 다른 쪽 눈의 시력이 0.6 이상

**17 교차로 내 진입 한 경우 황색등화로 바뀌었을 때 알맞은 조치에 해당하는 것은?**

① 신속히 교차로 밖으로 진행한다.
② 속도를 줄여 서행하면서 진행한다.
③ 일시정지한 후 정지선으로 후진한 뒤 다음 신호를 기다린다.
④ 일시정지하여 좌 · 우를 확인한 후 진행한다.

 황색등화 시 교차로 내에 진입하였다면 신속히 진행하고, 교차로 전일 때에는 정지선에 정지한다.

**18 서행하여야 하는 장소가 아닌 것은?**

① 도로가 구부러진 부근
② 교통정리를 하고 있지 아니하는 교차로
③ 시 · 도경찰청장이 안전표지로 지정한 곳
④ 교차로나 그 부근에서 긴급자동차가 접근하는 경우

해설 교차로나 그 부근에서 긴급자동차가 접근하는 경우에는 교차로를 피하여 일시정지하여야 한다(도로교통법 제29조).

정답 13.④ 14.③ 15.② 16.② 17.① 18.④

**19** **제1종 보통면허로 운전할 수 없는 차량은?**

① 12인승 승용차
② 15인승 승합차
③ 콘크리트믹서트럭
④ 도로를 운행하는 3톤 미만 지게차

제1종 보통면허로 운전할 수 차
- 승용자동차
- 승차정원 15인 이하의 승합자동차
- 승차정원 12인 이하의 긴급자동차(승용 및 승합자동차에 한정)
- 적재중량 12톤 미만의 화물자동차
- 건설기계(도로를 운행하는 3톤 미만 지게차)
- 총중량 10톤 미만의 특수자동차(대형견인차, 소형견인차 및 구난차 제외)
- 원동기장치자전거

**20** **어린이통학버스가 정차하여 승 · 하차등 점멸 시 통행 방법으로 틀린 것은?**

① 어린이통학버스가 정차한 차로 차의 운전자는 어린이통학버스에 이르기 전에 일시정지하여 안전을 확인한 후 서행하여야 한다.
② 어린이통학버스가 정차한 차로의 바로 옆 차로를 통행하는 차의 운전자는 어린이통학버스에 이르기 전에 일시정지하여 안전을 확인한 후 서행하여야 한다.
③ 중앙선이 설치되지 아니한 도로의 반대방향에서 진행하는 차의 운전자는 어린이통학버스에 이르기 전에 일시정지하여 안전을 확인한 후 서행하여야 한다.
④ 편도 1차로인 도로에서는 반대방향에서 진행하는 차의 운전자는 규정속도로 통행할 수 있다.

편도 1차로인 도로에서는 반대방향에서 진행하는 차의 운전자는 어린이통학버스에 이르기 전에 일시정지하여 안전을 확인한 후 서행하여야 한다(도로교통법 제51조).

**21** **교통사고 발생 시 경찰관에게 알려야 하는 내용이 아닌 것은?**

① 사고가 일어난 곳
② 사상자 수 및 부상 정도
③ 손괴한 물건 및 손괴정도
④ 사고 발생의 원인

교통사고 발생 시 운전자는 즉시 정차하여 사상자를 구호하는 등 필요한 조치, 피해자에게 인적사항(성명, 전화번호, 주소 등)제공하여야 한다. 이 경우 운전자 등은 경찰공무원이 현장에 있을 때에는 그 경찰공무원에게, 경찰공무원이 현장에 없을 때에는 가장 가까운 국가경찰관서에 지체없이 신고하여야 한다. 경찰공무원이 대통령령으로 정하는 바에 따라 필요한 조사를 한다.

**22** **특별교통안전 의무교육을 받아야 하는 대상이 아닌 사람은?**

① 운전면허효력 정지처분을 받은 초보운전자로서 그 정지기간이 끝나지 아니한 사람
② 운전면허 취소처분을 받은 사람으로서 운전면허를 다시 받으려는 사람
③ 운전면허 취소처분 또는 운전면허효력 정지처분이 면제된 사람으로서 면제된 날부터 6개월이 지나지 않은 사람
④ 어린이 보호구역에서 운전 중 어린이를 사상하는 사고를 유발하여 벌점을 받은 날부터 1년 이내의 사람

③ 운전면허 취소처분 또는 운전면허효력 정지처분이 면제된 사람으로서 면제된 날부터 1개월이 지나지 않은 사람

**23** **특례의 적용이 배제되어 형사처벌 대상이 되는 경우가 아닌 것은?**

① 신호 · 지시 위반 사고
② 1차 사고 후 불가항력에 의한 2차 사고
③ 횡단 · 유턴 또는 후진 중 사고
④ 횡단보도에서 보행자 보호의무 위반 사고



정답 19.③ 20.④ 21.④ 22.③ 23.②

**24** **중앙선 침범을 적용할 수 없는 경우에 해당하는 것은?**

① 커브길 과속으로 중앙선을 침범한 사고
② 휴대폰 통화를 하다가 중앙선을 침범한 사고
③ 사고를 피하기 위해 급제동하다 중앙선을 침범한 사고
④ 졸다가 뒤늦게 급제동으로 중앙선을 침범한 사고

 부득이한 경우에는 중앙선 침범을 적용할 수 없다.

**25** **안전운전과 난폭운전에 대한 설명으로 옳지 않은 것은?**

① 안전운전 – 모든 자동차 장치를 정확히 조작하여 운전하는 경우
② 안전운전 – 다른 사람에게 위험과 장해를 주지 않는 속도와 방법으로 운전하는 경우
③ 난폭운전 – 운전미숙으로 인해 다른 사람에게 위해를 초래하는 운전을 하는 경우
④ 난폭운전 – 다른 사람의 통행을 현저히 방해하는 운전을 하는 경우

 ③ 고의나 인식할 수 있는 과실로 다른 사람에게 현저한 위해를 초래하는 운전을 하는 경우가 난폭운전이다.

**26** **다음 중 클러치의 구비 조건에 해당하는 것은?**

① 평형이 편중될 것
② 회전 관성이 적을 것
③ 발열이 좋을 것
④ 구조가 복잡할 것

 클러치의 구비 조건 : 구조가 간단하고 고장이 적을 것, 조작이 쉬울 것, 회전 관성이 적을 것, 회전력 단속 작용이 확실하고 회전 부분의 평형이 좋을 것 등

**27** **변속기에 관한 설명으로 옳지 않은 것은?**

① 엔진의 동력을 전달하거나 차단하는 역할을 한다.
② 변속이 연속적으로 되어야 한다.
③ 동력 전달 효율이 좋아야 한다.
④ 가볍고 단단하며 조작이 쉬워야 한다.

 변속기는 엔진의 출력을 자동차 주행속도에 알맞게 회전력과 속도로 바꾸어 구동바퀴에 전달하는 역할을 한다.
① 클러치가 엔진의 동력을 변속기에 전달하거나 차단하는 역할을 한다.

**28** **엔진 오버히트가 발생하는 원인이 아닌 것은?**

① 냉각수가 부족한 경우
② 엔진 오일이 부적당한 경우
③ 엔진 내부가 얼어 냉각수가 순환하지 않는 경우
④ 추울 때 냉각수에 부동액이 들어 있지 않은 경우

 ②는 엔진 오일의 소비량이 많아지는 원인이다. 이런 경우에는 규정에 맞는 엔진 오일로 교환하여야 한다.

**29** **공기식 브레이크에서 탱크 내 압력이 규정값에 도달하여 공기압축기에서 압축공기가 공급되지 않을 경우 밸브를 닫아 탱크 내의 공기가 누출되지 않도록 하는 것은?**

① 브레이크 밸브
② 릴레이 밸브
③ 체크 밸브
④ 퀵 릴리스 밸브

 ① 브레이크 밸브 : 페달 작동 시 플런저가 배출 밸브를 눌러 압축공기가 앞 브레이크 체임버와 릴레이 밸브에 보내져 브레이크 작용을 한다.
④ 퀵 릴리스 밸브 : 브레이크 밸브와 브레이크 체임버 사이에 설치되어 페달을 놓으면 브레이크 밸브에서 공기가 배출되므로 스프링의 힘으로 밸브가 제자리로 돌아가는데, 이때 배출구를 열어 브레이크 체임버 내의 공기를 신속히 배출한다.

정답 24.③ 25.③ 26.② 27.① 28.② 29.③

## 30 타이어에 대한 설명으로 옳지 않은 것은?

① 아스팔트 도로보다 콘크리트 도로에서 마모가 심한 편이다.
② 타이어는 브레이크 디스크의 마찰력을 높여 준다.
③ 튜브리스 타이어는 못 등에 찔려도 급격한 공기 누출이 없다.
④ 타이어에 의한 주행 이상 현상으로 수막현상이 발생할 수 있다.

② 타이어는 자동차의 진행방향을 유지하고 브레이크의 제동력과 엔진의 구동력을 노면에 전달하는 기능이 있다.

## 31 자동차의 토인에 대한 설명으로 옳은 것은?

① 정면에서 보았을 때 앞바퀴가 수직선과 이루는 각
② 앞바퀴를 옆에서 보았을 때 수직선과 킹핀이 이루는 각
③ 위에서 내려다보았을 때 양쪽 바퀴 중심선 사이의 거리가 앞쪽이 뒤쪽보다 약간 작게 되어 있는 것
④ 정면에서 보았을 때 킹핀이 수직선과 이루는 각

① 캠버, ② 캐스터, ④ 조향축(킹핀) 경사각

## 32 노면으로부터 전달되는 충격을 완화하여 차제와 승객, 화물을 보호하는 장치는?

① 제동장치　② 완충장치
③ 조향장치　④ 변속장치

완충장치(현가장치)는 스프링, 쇽업소버, 스태빌라이저 등으로 등으로 구성되어 있다.

## 33 차량 급제동 시 차체는 주행함에도 바퀴의 미끄러짐이 없는 제동 효과를 얻을 수 있는 것은?

① TRC 브레이크　② ABS 브레이크
③ HAC 브레이크　④ BAS 브레이크

① TRC 브레이크 : 'Traction Contro'(구동력 제어장치)
② ABS 브레이크 : 'Anti lock Braking System'(잠김 방지 브레이크 장치)
③ HAC 브레이크 : 'Hill start Assist Control'(경사로 밀림 방지장치)
④ BAS 브레이크 : 'Brake Assist System'(제동 보조 장치)

## 34 운전석과 관련 안전운전을 위한 내용으로 옳지 않은 것은?

① 운행 전에 좌석의 전 · 후, 각도, 높이를 조절한다.
② 운행 중에는 좌석을 조절하지 않는다.
③ 운전석 시트 주변에 움직이는 물건이 없도록 한다.
④ 운전석에서 머리는 머리지지대와 밀착되어 있어야 한다.

운전석에서 머리지지대와 머리 사이는 주먹 하나 사이가 될 수 있도록 한다.

## 35 클러치가 이탈하면서 나타나는 영향으로 틀린 것은?

① 등판 능력 감소
② 연료 소비량 증가
③ 엔진 과열
④ 출력 증대

클리치가 미끄러지는 원인으로는 클러치 페달의 자유간격 없음, 클러치 디스크 마멸이 심함, 클러치 디스크에 오일이 묻어 있음, 클러치 스프링 장력이 약함 등이다. 이에따른 영향은 구동력이 감소하여 출발이 어렵고, 종속이 잘 되지 않게 된다.

## 36 자동차의 단위시간당 주행거리를 나타내는 것은?

① 회전계　② 압력계
③ 속도계　④ 수온계

① 회전계 : 엔진의 분당 회전수
② 압력계 : 엔진오일의 압력
④ 수온계 : 엔진냉각수의 온도



정답 30.② 31.③ 32.② 33.② 34.④ 35.④ 36.③

**37** **자동차의 일상점검 시 주의사항으로 적절하지 않은 것은?**

① 평탄하고 환기가 잘 되는 장소에서 실시한다.
② 변속레버는 후진(R)에 놓고 점검을 실시한다.
③ 엔진 점검은 가급적 엔진을 끄고 식은 후 실시한다.
④ 배터리를 만질 때에는 배터리의 ⊖단자를 분리한다.

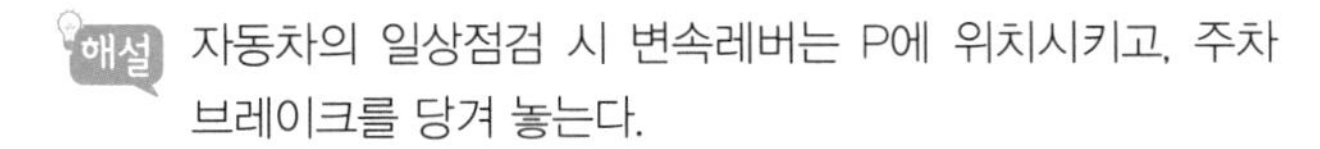
해설 자동차의 일상점검 시 변속레버는 P에 위치시키고, 주차 브레이크를 당겨 놓는다.

**38** **겨우내 사용한 스노우타이어 보관방법으로 옳은 것은?**

① 공기압은 약 10%가량 빼준 상태에서 보관한다.
② 습기 많은 곳에서 보관한다.
③ 휠에 끼워 세로로 세워서 보관한다.
④ 햇볕이 많이 드는 장소에 보관한다.

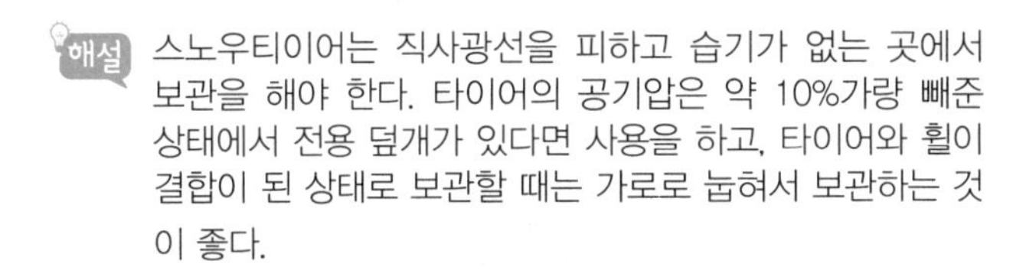
해설 스노우티이어는 직사광선을 피하고 습기가 없는 곳에서 보관을 해야 한다. 타이어의 공기압은 약 10%가량 빼준 상태에서 전용 덮개가 있다면 사용을 하고, 타이어와 휠이 결합이 된 상태로 보관할 때는 가로로 눕혀서 보관하는 것이 좋다.

**39** **다음 중 부탄과 프로판을 섞어서 제조된 가스는?**

① 액화가스 ② 액화석유가스
③ 액화천연가스 ④ 압축천연가스

해설 ② 액화석유가스(LPG) : 석유 정제과정의 부산물로 이루어진 혼합가스
③ 액화천연가스(LNG) : 천연가스를 액화시켜 부피를 현저히 작게 만들어 저장, 운반 등 사용상의 효용성을 높이기 위한 액화가스
④ 압축천연가스(CNG) : 천연가스를 고압으로 압축하여 고압 압력용기에 저장한 기체상태의 연료

**40** **책임보험이나 책임공제에 미가입한 경우에 따른 과태료 최고 한도 금액은?**

① 자동차 1대당 300만 원
② 자동차 1대당 70만 원
③ 자동차 1대당 100만 원
④ 자동차 1대당 50만 원

해설 책임보험이나 책임공제에 미가입한 경우 가입하지 않은 기간이 10일 이내인 경우는 3만 원, 가입하지 않은 기간이 10일을 넘는 경우는 3만 원에서 11일째부터 계산하여 1일마다 8천 원을 더한 금액의 과태료를 부과하고, 최고 한도 금액은 자동차 1대당 100만 원이다.

**41** **버스의 교통사고 가운데 가장 사고 빈도가 높은 것은?**

① 교차로 내 사고
② 횡단보도 사고
③ 승 · 하차 시 사고
④ 차내 승객사고

해설 회전 · 급정거 등으로 인한 차내 승객 사고가 가장 빈도가 높다.

**42** **시야에 대한 설명으로 옳지 않은 것은?**

① 양안 시야는 보통 180°～200° 정도이다.
② 시야는 움직이는 상태에서 속도에 영향을 받는다.
③ 시야는 눈의 위치를 바꿔 가며 볼 수 있는 좌 · 우의 범위이다.
④ 운전 중인 운전자의 시야는 시속 40km로 주행 중일 때는 약 100° 정도로 축소된다.

해설 ③ 시야는 눈의 위치를 바꾸지 않고도 볼 수 있는 좌 · 우의 범위이다.

정답 37.② 38.① 39.② 40.③ 41.④ 42.③

**43 안전운행에 대한 설명으로 옳지 않은 것은?**

① 운전 중 눈은 한곳에 집중하여 보면서 다른 곳으로 서서히 눈을 돌린다.
② 운전 중 피곤함을 느끼면 운전을 지속하기보다는 차를 멈추도록 한다.
③ 눈이 감기거나 전방을 제대로 주시할 수 없다면 창문을 열어 신선한 공기를 마신다.
④ 장거리 운행 시 정기적으로 차를 멈추고, 차에서 내려 가벼운 운동이나 체조를 한다.

해설 ① 한곳에 주의가 집중되어 있을 때에는 인지할 수 있는 시야 범위가 좁아지므로, 계속 눈을 움직이면서 시선이 고정되지 않게 하고, 주변 상황에 민감하게 반응해야 한다.

**44 운행 중 갑자기 빛이 눈에 비치면 순간적으로 장애물을 볼 수 없는 현상은?**

① 증발현상 ② 현혹현상
③ 암순응 ④ 명순응

해설 ① 증발현상 : 야간에 대향차의 전조등 눈부심으로 인해 순간적으로 보행자를 잘 볼 수 없게 되는 현상
③ 암순응 : 일광 또는 조명이 밝은 조건에서 어두운 조건으로 변할 때 사람의 눈이 그 상황에 적응하여 시력을 회복하는 것
④ 명순응 : 일광 또는 조명이 어두운 조건에서 밝은 조건으로 변할 때 사람의 눈이 그 상황에 적응하여 시력을 회복하는 것

**45 알코올이 운전에 미치는 영향으로 옳지 않은 것은?**

① 알코올은 긴장을 풀어 주어 주의력을 향상시킨다.
② 시각 · 청각 등을 통해 수집한 정보를 종합하여 판단할 능력을 감소시킨다.
③ 심리-운동 협응능력의 저하로 차의 균형을 유지하기 힘들다.
④ 위험한 상황에 직면했을 때 적절하게 대처할 수 있는 능력이 상실된다.

해설 알코올은 주의력을 감소시켜서 사고의 위험을 높인다.

**46 외륜차에 대한 설명으로 옳은 것은?**

① 앞바퀴 안쪽과 뒷바퀴 안쪽 회전반경의 차
② 앞바퀴 바깥쪽과 뒷바퀴 바깥쪽 회전반경의 차
③ 뒷바퀴 안쪽과 앞바퀴 앞바퀴 바깥쪽 회전반경의 차
④ 뒷바퀴 바깥쪽과 앞바퀴 안쪽의 회전반경의 차

해설 ① 내륜차 ② 외륜차
소형차에 비해 축간거리가 긴 대형차에서 내륜차 또는 외륜차가 크다.

**47 시내버스 계기판의 알림 내용으로 연결이 틀린 것은?**

① 속도계 – 자동차의 시간당 주행속도를 나타낸다.
② 회전계 – 엔진오일의 압력을 나타낸다.
③ 수온계 – 엔진냉각수의 온도를 나타낸다.
④ 연료계 – 연료탱크에 남아 있는 연료의 잔류량을 나타낸다.

해설 ② 회전계(타코미터)는 엔진의 분당 회전수(rpm)를 나타낸다. 엔진오일의 압력은 엔진오일 압력계가 나타낸다.

**48 고인물이 있는 노면에서 타이어의 접지 압력과 관련 설명으로 옳지 않은 것은?**

① 수막현상을 일으키는 임계속도는 타이어에 가해지는 접지압력(P)과 반비례한다.
② 버스 등의 중차량은 승용차에 비해 수막현상의 발생 가능성이 상대적으로 낮다.
③ 고인물의 깊이가 깊을수록 수막현상을 일으키는 임계속도가 낮아진다.
④ 타이어의 마모가 적을수록, 배수에 유리한 리브(rib)형의 접지면(tread)일수록 수막현상의 발생속도가 낮다.

해설 수막현상을 일으키는 임계속도는 타이어에 가해지는 접지압력(P)과 비례하는 것으로 본다.

정답 43.① 44.② 45.① 46.② 47.② 48.①

## 49 다음 중 설명이 옳은 것은?

① 공주거리 = 제동거리 + 정지시간
② 제동거리 = 공주거리 + 제동시간
③ 정지거리 = 공주거리 + 제동거리
④ 안전거리 = 제동거리 + 정지거리

 ① 공주거리 : 자동차를 정지시켜야 할 상황임을 인지하고 브레이크 페달로 발을 옮겨 브레이크가 작동을 시작하기 전까지 이동한 거리
② 제동거리 : 브레이크 페달에 발을 올려 브레이크가 작동을 시작하는 순간부터 자동차가 완전히 정지할 때까지 이동한 거리
④ 안전거리 : 충돌을 피할 수 있는 필요한 거리

## 50 차로와 교통사고에 관련한 설명으로 옳지 않은 것은?

① 일반적으로 횡단면의 차로폭이 넓을수록 교통사고 예방의 효과가 있다.
② 차로폭이 과다하게 넓으면 주행의 안정성으로 교통사고가 적을 수 있다.
③ 차의 너비가 차로폭보다 넓은 경우 사고의 위험이 커질 수 있다.
④ 차선을 설치한 경우가 설치하지 않은 경우보다 교통사고 발생률이 낮다.

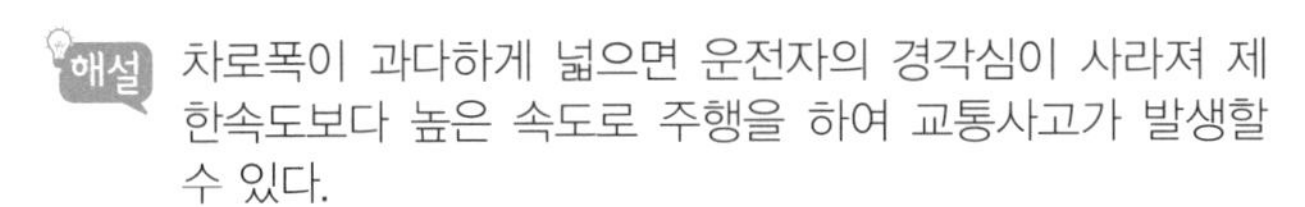
해설 차로폭이 과다하게 넓으면 운전자의 경각심이 사라져 제한속도보다 높은 속도로 주행을 하여 교통사고가 발생할 수 있다.

## 51 시간대에 따라 양방향의 통행량이 뚜렷하게 다른 도로에는 교통량이 많은 쪽으로 차로의 수를 확대하여 설치하는 것은?

① 추월차로 ② 변속차로
③ 가변차로 ④ 오르막차로

 **차로의 설치**(법 제14조)
시 · 도경찰청장은 차마의 교통을 원활하게 하기 위하여 필요한 경우에는 도로에 행정안전부령으로 정하는 차로를 설치할 수 있다. 이 경우 시 · 도경찰청장은 시간대에 따라 양방향의 통행량이 뚜렷하게 다른 도로에는 교통량이 많은 쪽으로 차로의 수가 확대될 수 있도록 신호기에 의하여 차로의 진행방향을 지시하는 가변차로를 설치할 수 있다.

## 52 중앙분리대의 기능에 대한 설명으로 잘못된 것은?

① 횡단하는 보행자에게 안전섬이 제공됨으로써 안전한 횡단이 확보된다.
② 야간에 주행할 때 발생하는 전조등 불빛에 의한 눈부심이 방지된다.
③ 중앙분리대의 폭이 좁을수록 반대편 차량과의 충돌 위험은 감소한다.
④ 정면충돌사고를 차량단독사고로 변환시킴으로써 사고로 인한 위험을 감소시킨다.

 ③ 중앙분리대의 폭이 넓을수록 대향차량과의 충돌 위험은 감소한다.

## 53 회전교차로 통행방법으로 틀린 것은?

① 진입하려는 경우에는 서행하거나 일시정지해야 한다.
② 손이나 방향지시기 또는 등화로써 신호하는 차에게 진로를 양보한다.
③ 회전교차로에서는 시계 반대방향으로 통행하여야 한다.
④ 회전교차로에 진입하고자 하는 차량이 우선권을 갖는다.

 회전교차로에 이미 진행하고 있는 차가 있는 때에는 그 차에 진로를 양보하여야 한다.

## 54 길어깨 폭이 협소한 장소에 설치되어 고장 난 차량이 대피할 수 있는 공간은?

① 비상주차대 ② 가변차로
③ 변속차로 ④ 양보차로

 **비상주차대가 설치되는 장소**
- 고속도로에서 길어깨 폭이 2.5m 미만으로 설치되는 경우
- 길어깨를 축소하여 건설되는 긴 교량의 경우
- 긴 터널의 경우 등

정답 49.③ 50.② 51.③ 52.③ 53.④ 54.①

**55 고속주행하는 자동차가 감속하여 다른 도로로 유입할 경우 다른 자동차의 주행을 방해하지 않으면서 안전하게 감속할 수 있도록 설치한 차로는?**

① 가변차로 ② 앞지르기차로
③ 회전차로 ④ 변속차로

 변속차로는 고속 주행하는 자동차가 감속하여 다른 도로로 유입할 경우 또는 저속 자동차가 고속 주행하고 있는 자동차를 사이로 유입할 경우에 본선의 다른 고속 자동차의 주행을 방해하지 않고 안전하게 감속 또는 가속하도록 설치한 차로이다.

**56 방호울타리의 설치 위치 및 기능에 따른 분류와 거리가 먼 것은?**

① 중앙분리대용 방호울타리
② 노측용 방호울타리
③ 차도용 방호울타리
④ 교량용 방호울타리

 방호울타리의 설치 위치 및 기능에 따른 분류 : 중앙분리대용 방호울타리, 노측용 방호울타리, 보도용 방호울타리, 교량용 방호울타리

**57 야간 및 악천후에 운전자의 시선을 명확히 유도해 주기 위해 도로 표면에 설치하는 것은?**

① 표지병 ② 시선유도표지
③ 갈매기표지 ④ 시선유도봉

 ② 시선유도표지 : 직선 · 곡선 구간에서 전방의 도로조건이 변화되는 상황을 반사체를 사용하여 안내해 주는 시설물
③ 갈매기표지 : 급한 곡선 도로에서 곡선의 정도에 따라 사용하여 운전자의 원활한 차량 주행을 도와주는 시설물
④ 시선유도봉 : 시인성 증진 안전시설

**58 안개 낀 도로에서의 안전운행 요령으로 옳지 않은 것은?**

① 전조등, 안개등, 비상점멸표시등을 켜고 운행한다.
② 앞을 분간하지 못할 정도의 짙은 안개일 경우에는 최고속도를 50% 정도 감속하여 운행한다.
③ 앞차와의 차간 거리를 충분히 확보하고, 앞차의 신호에 예의 주시하며 운행한다.
④ 커브길 등에서는 경음기를 울려 자신이 주행하고 있다는 것을 알린다.

 앞을 분간하지 못할 정도의 짙은 안개로 운행이 어려울 때에는 차를 안전한 곳에 세우고 잠시 기다린다. 미등과 비상점멸표시등 등을 점등시켜 충돌사고 등이 발생하지 않도록 조치한다.

**59 언덕길을 내려오는 차량과 올라가는 차량에 대한 설명으로 가장 거리가 먼 것은?**

① 언덕길을 내려오는 차량과 올라가는 차량이 교차할 때에는 올라가는 차량이 양보해야 한다.
② 언덕길을 내려오는 차량은 미리 감속하여 천천히 내려가며 엔진 브레이크로 속도를 조절하는 것이 바람직하다.
③ 언덕길을 올라가는 차량이 부득이하게 앞지르기를 할 때에는 힘과 가속이 좋은 저단 기어를 사용하는 것이 안전하다.
④ 언덕길을 올라가는 차량이 정지하였다가 다시 출발할 때는 풋 브레이크만 사용하는 것이 안전하다.

 오르막길에서 정지하였다가 다시 출발할 때는 핸드 브레이크를 사용하는 것이 안전하다.

**60 봄에 특히 교통사고가 많이 일어나는 곳은?**

① 농촌의 지방도로 ② 버스 정류장
③ 주택가 ④ 공공기관 앞

 봄에는 보행자의 통행과 교통량이 증가하고, 입학시즌을 맞이하여 어린이 관련 교통사고가 많이 발생한다.

정답 55.④ 56.③ 57.① 58.② 59.④ 60.③

**61 안전운행을 위해 주변을 주의해서 보아야 하는 시간은?**

① 전방으로부터 6~10초
② 전방으로부터 12~15초
③ 전방으로부터 4~5초
④ 전방으로부터 20~30초

 안전 운전을 위한 확인은 주변의 모든 것을 빠르게 보고 한 눈에 파악하는 것을 말한다. 적어도 12~15초 전방까지 문제가 발생할 가능성이 있는지를 미리 확인하는 것으로 이 거리는 시가지 도로에서 40~60km 정도로 주행할 경우 200여m의 거리에 해당한다.

**62 시가지에서의 방어운전 내용으로 옳지 않은 것은?**

① 교통체증으로 서로 근접하는 상황이라도 앞차와는 2초 정도의 거리를 둔다.
② 항상 앞차가 앞으로 나가기 전에 자신의 차를 앞으로 움직인다.
③ 다른 차가 멈출 때 앞차의 6~9m 뒤에 멈추도록 한다.
④ 주차한 차와는 가능한 여유 공간을 넓게 유지한다.

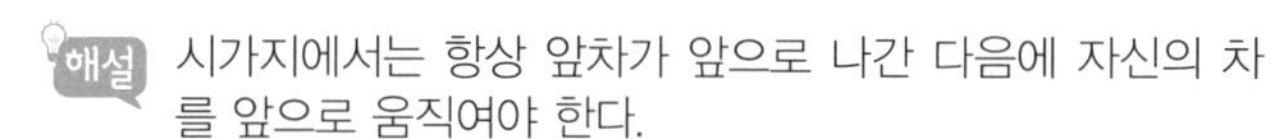
해설 시가지에서는 항상 앞차가 앞으로 나간 다음에 자신의 차를 앞으로 움직여야 한다.

**63 지방도로에서의 방어운전으로 옳지 않은 것은?**

① 언덕 너머 또는 커브 안쪽에 있을 수 있는 위험조건에 안전하게 반응할 수 있을 만큼의 속도로 주행한다.
② 차를 길가로 붙이거나 앞지르기를 할 때에는 자신의 의도를 신호로 나타낸다.
③ 내리막길을 내려갈 때에는 엔진 브레이크로 속도를 조절한다.
④ 자갈길이거나 도로노면의 표시가 잘 보이지 않는 도로에서는 속도를 높인다.

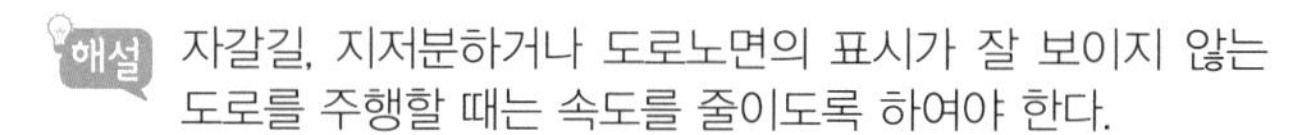
해설 자갈길, 지저분하거나 도로노면의 표시가 잘 보이지 않는 도로를 주행할 때는 속도를 줄이도록 하여야 한다.

**64 철길건널목 통과 중 사고 시 우선적으로 해야 하는 조치는?**

① 열차 정지를 위한 안전조치를 취한다.
② 철도 · 경찰공무원에게 신고한다.
③ 차량를 밀어 이동시킨다.
④ 즉시 승객을 피신시킨다.

 운전자는 건널목을 통과하다가 고장 등의 사유로 건널목 안에서 차 또는 노면전차를 운행할 수 없게 된 경우에는 즉시 승객을 대피시키고 비상신호기 등을 사용하거나 그 밖의 방법으로 철도공원이나 경찰공무원에게 그 사실을 알려야 한다.

**65 고속도로 진입 시의 방법으로 틀린 것은?**

① 고속도로 본선 진입시기를 잘 확인해야 한다.
② 진입 의도를 다른 차량에게 방향지시등으로 알린다.
③ 진입을 위한 가속차로 끝부분에서 감속을 하면서 진입을 한다.
④ 진입 전 충분히 가속하여 본 선 차량의 교통 흐름을 방해하지 않도록 한다.

 고속도로 진입을 위한 가속차로 끝부분에서 감속하지 않도록 해야 한다.

**66 승객을 위한 기본예절과 거리가 먼 것은?**

① 승객의 입장을 이해하고 존중한다.
② 승객에게 상스러운 말을 하지 않는다.
③ 승객에 대한 관심을 갖지 않도록 한다.
④ 승객의 여건, 개인차를 인정하고 배려한다.

 ③ 승객에게 관심을 갖는 것은 승객으로 하여금 나에게 호감을 갖게 한다.

정답 61.② 62.② 63.④ 64.④ 65.③ 66.③

**67** **바람직한 직업관으로 적절하지 않은 것은?**

① 사회구성원으로서 봉사하는 일이라 생각한다.
② 항상 소명의식을 가지고 일하며 천직으로 생각한다.
③ 직업 생활의 최고 목표를 높은 지위에 오르는 것이라고 생각한다.
④ 자기 분야의 최고 전문가가 되겠다는 생각으로 최선을 다해 노력한다.

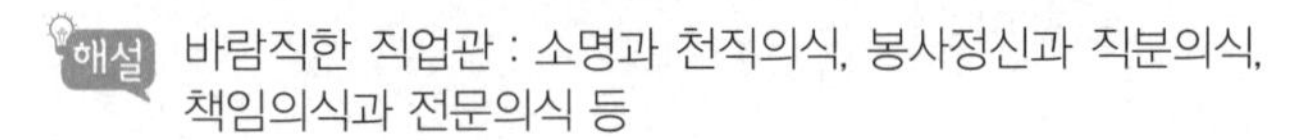
해설 바람직한 직업관 : 소명과 천직의식, 봉사정신과 직분의식, 책임의식과 전문의식 등

**68** **인사에 대한 설명으로 옳지 않은 것은?**

① 머리와 상체가 일직선이 되도록 천천히 숙인다.
② 상대방의 눈을 보지 않고 인사한다.
③ 밝고 부드러운 미소를 지으며 인사한다.
④ 적당한 크기와 속도로 자연스럽게 말한다.

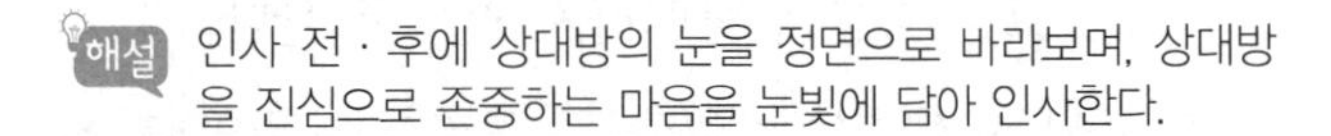
해설 인사 전 · 후에 상대방의 눈을 정면으로 바라보며, 상대방을 진심으로 존중하는 마음을 눈빛에 담아 인사한다.

**69** **운전자의 주의사항으로 운행 전 점검 사항과 가장 거리가 먼 것은?**

① 용모와 복장을 확인한다.
② 차의 내 · 외부 청결을 유지한다.
③ 배차 및 전달사항 확인 후 운행한다.
④ 유도요원의 수신호를 점검한다.

해설 ④ 유도요원의 수신호는 운행 중 주의사항으로 운전자는 후진 시 유도요원의 수신호에 따라 안전하게 후진한다.

**70** **운수종사자의 준수사항으로 틀린 것은?**

① 부당한 운임 또는 요금을 받아서는 안 된다.
② 여객이 승차하기 전에 자동차를 출발시키면 안 된다.
③ 운행 전 안전설비 및 등화장치 등의 이상 유무를 확인해야 한다.
④ 운행 중 중대한 고장이 발견되면 빠르게 차고지로 이동을 한다.

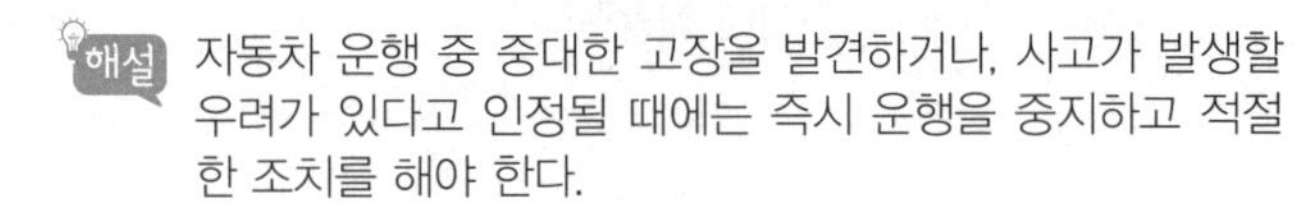
해설 자동차 운행 중 중대한 고장을 발견하거나, 사고가 발생할 우려가 있다고 인정될 때에는 즉시 운행을 중지하고 적절한 조치를 해야 한다.

**71** **시내버스의 승 · 하차에 대한 설명으로 옳지 않은 것은?**

① 연석과의 거리를 멀게하여 정류소에 정차한다.
② 정당한 사유없이 승객의 승차를 거부해서는 안 된다.
③ 승객이 승차하기 전에 차를 출발시키지 않도록 한다.
④ 하차할 여객이 있는 경우 정류소를 지나치면 안 된다.

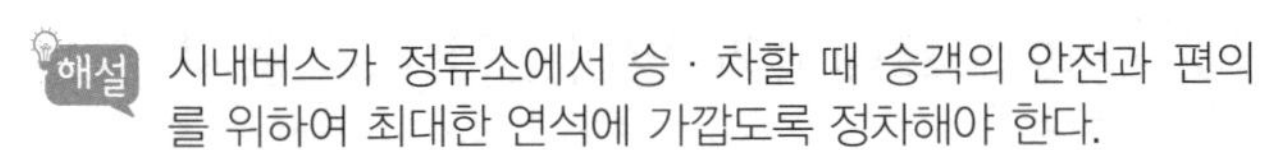
해설 시내버스가 정류소에서 승 · 차할 때 승객의 안전과 편의를 위하여 최대한 연석에 가깝도록 정차해야 한다.

**72** **중앙버스전용차로제의 장점이 아닌 것은?**

① 일반 차량과의 마찰 최소화
② 대중교통의 통행속도 제고
③ 무단 횡단 등 안전 문제 발생
④ 대중교통 이용율 증가

해설 ③ 무단 횡단 등 안전 문제 발생, 설치비용 많이 소요, 일반 차로의 통행량이 다른 전용차로에 비해 많이 감소 등은 중앙버스전용차로제의 단점이다.

정답 67.③ 68.② 69.④ 70.④ 71.① 72.③

**73** 공영제의 장점에 해당하는 것은?

① 공급 비용 최소화
② 수요 공급 체계의 유연성
③ 서비스의 안정적 확보와 개선
④ 행정 및 정부 재정 지원 비용 최소화

 ①, ②, ④는 민영제의 장점이다.

**74** 가로변 버스전용차로의 특징이 아닌 것은?

① 버스전용차로 주 · 정차 차량 근절이 곤란하다.
② 우회전하는 차량과 충돌할 위험이 존재한다.
③ 안전시설 등의 설치 및 유지로 인한 비용이 많이 든다.
④ 종일 또는 출 · 퇴근 시간대 등을 지정하여 운영할 수 있다.

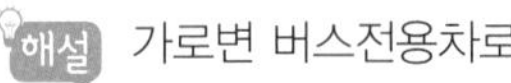 가로변 버스전용차로는 적은 비용으로 운영이 가능하다.

**75** 역류 버스전용차로에 대한 설명으로 옳지 않은 것은?

① 우회전 차량과 충돌 위험이 존재한다.
② 가로변에 설치된 일방통행의 장점 유지가 가능하다.
③ 가로변 버스전용차로에 비해 투자비용이 많이 든다.
④ 잘못 진입한 차량으로 인해 교통 혼잡이 발생할 수 있다.

 ① 가로변 버스전용차로의 단점에 대한 내용이다.
② 는 역류 버스전용차로의 장점이다.
③, ④는 역류 버스전용차로의 단점이다.

**76** 정부 · 지방자치단체의 버스운행관리시스템(BMS) 기대 효과와 거리가 먼 것은?

① 승객 증가로 수지 개선
② 대중교통정책 수립의 효율화
③ 대중교통 흡수 활성화
④ 경제성, 정확성, 객관성 확보

 ① 버스 회사의 기대 효과에 해당한다.

**77** 스마트카드(IC방식)에 대한 설명으로 틀린 것은?

① 보안성이 자기 카드보다 높다.
② 반도체 칩에 정보가 기록된다.
③ 카드에 기록된 정보를 암호화할 수 없다.
④ 자기 카드보다 많은 정보 저장이 가능하다.

 ③ 카드에 기록된 정보는 암호화가 가능하다.

**78** 심폐소생술 시행방법으로 옳지 않은 것은?

① 양 어깨를 가볍게 두드리면서 "괜찮으세요?"라고 물어본 후 반응을 확인한다.
② 머리를 젖히고 턱을 들어올려 기도를 열고, 호흡을 하고 있는지 확인한다.
③ 인공호흡은 가슴이 충분히 올라올 정도로 1회당 1초간 2회 실시한다.
④ 가슴압박 10회와 인공호흡 2회를 반복하여 실시한다.

 가슴압박은 성인에서 분당 100~120회의 속도와 약 5cm 깊이로 강하고 빠르게 30회를 실시한다.

정답 73.③ 74.③ 75.① 76.① 77.③ 78.④

**79 지면으로부터 바닥 최저 높이가 340mm 이하로서 계단이 없는 버스에 해당하는 것은?**

① 마이크로버스 ② 초고상버스
③ 고상버스 ④ 저상버스

중형 저상버스는 경사도 1/12 이하의 경사판(슬로프)과 6cm 이상 조절 가능한 경사장치가 있으며 1곳 이상의 휠체어 탑승 공간을 가지고 있는 버스로서 주로 시내버스로 이용된다.
① 마이크로버스 : 승차정원이 16명 이하의 소형버스
② 초고상버스 : 차 바닥이 3.6m 이상 높게 설계, 주로 관광버스로 이용
③ 고상버스 : 가장 보편적으로 이용되는 차, 바닥을 높게 설계한 차량

**80 교통사고 시 부상자의 의식 상태 확인과 조치 내용으로 틀린 것은?**

① 말을 걸거나 팔을 꼬집어 눈동자를 확인한다.
② 의식이 없다면 기도를 확보한다.
③ 세게 흔들어 깨운다.
④ 구토할 때에는 옆으로 눕힌다.

말을 걸거나 팔을 꼬집어 눈동자를 확인한 후 의식이 있으면 말로 안심을 시킨다. 의식이 없다면 기도를 확보하고, 구토할 때는 목이 오물로 막혀 질식하지 않도록 옆으로 눕혀야 한다.



정답 79.④ 80.③

# 2023 제2회 버스운전자격시험 기출복원문제

**01** 여객자동차 운수사업법의 목적이 아닌 것은?

① 여객의 원활한 수송
② 교통체계의 확립
③ 여객자동차운수사업의 종합적인 발달 도모
④ 공공복리 증진

여객자동차 운수사업법은 여객자동차 운수사업에 관한 질서 확립하고, 여객의 원활한 운송과 여객자동차 운수사업의 종합적인 발달 도모하여 공공복리를 증진하는 것을 목적으로 한다.

**02** 노선 여객자동차운송사업에 해당하지 않는 것은?

① 시내버스운송사업
② 마을버스운송사업
③ 시외버스운송사업
④ 전세버스운송사업

노선 여객자동차운송사업은 자동차를 정기적으로 운행하려는 구간을 정하여 여객을 운송하는 사업이다.
④ 전세버스운송사업은 사업구역을 정하여 그 사업구역 안에서 여객을 운송하는 구역 여객자동차운송사업에 해당한다.

**03** 운송사업자는 신규 채용하거나 퇴직한 운수종사자의 명단을 7일 이내 누구에게 알려야 하는가?

① 교통부장관
② 시 · 도지사
③ 관할경찰서장
④ 시장, 군수

운송사업자(자동차 1대로 운송사업자가 직접 운전하는 여객자동차운송사업의 경우는 제외)는 운송종사자에 대한 다음 각 호의 사항을 각각의 기준에 따라 시 · 도지사에게 알려야 한다(여객자동차 운수사업법 제22조).
1. 신규 채용하거나 퇴직한 운수종사자의 명단 : 신규 채용일이나 퇴직일부터 7일
2. 전월 말일 현재의 운수종사자의 현황 : 매월 10일까지
3. 전월 각 운수종사자에 대한 휴식시간 보장내역 : 매월 10일까지

**04** 6세 미만 아이의 무상운송을 1년에 3회 이상 거절한 경우에 대한 과징금 부과기준에 해당하지 않은 것은?

① 마을버스 – 10만원
② 시내버스 – 10만원
③ 시외버스 – 10만원
④ 전세버스 – 10만원

1년에 3회 이상 6세 미만인 아이의 무상운송을 거절한 경우 시내버스, 농어촌버스, 마을버스, 시외버스는 10만 원의 과징금을 부과한다(여객자동차운수사업법 시행령 별표5).

**05** 시내버스가 등록한 차고지가 아닌 곳에서 밤샘주차를 한 경우 1차 위반 시의 과징금은?

① 30만 원 ② 20만 원
③ 10만 원 ④ 5만 원

면허 또는 허가를 받거나 등록한 차고를 이용하지 않고 차고지가 아닌 곳에서 밤샘주차를 한 경우(여객자동차 운수사업법 시행령 제46조)

| 위반횟수 | 과징금 | | |
|---|---|---|---|
| | 시내버스 · 농어촌버스 · 마을버스 | 시외버스 | 전세버스 |
| 1차 | 10만 원 | 10만 원 | 20만 원 |
| 2차 | 15만 원 | 15만 원 | 30만 원 |

**06** 도로에서 차 · 마를 그 본래의 사용방법에 따라 조종하는 것은?

① 운행 ② 운전
③ 서행 ④ 통행

"운전"이란 도로에서 차마 또는 노면전차를 그 본래의 사용방법에 따라 사용하는 것(조종 또는 자율주행시스템을 사용하는 것을 포함한다)을 말한다(법 제2조26항).

정답 01.② 02.④ 03.② 04.④ 05.③ 06.②

## 07 '안전거리'에 대한 설명으로 옳은 것은?

① 제동되기 시작하여 정지될 때까지 주행한 거리
② 공주거리와 제동거리를 합한 거리
③ 같은 방향으로 가고 있는 앞차가 갑자기 정지하는 경우 그 앞차와의 추돌을 피하는 데 필요한 거리
④ 운전자가 위험을 느끼고 브레이크를 밟았을 때 자동차가 제동되기 전까지 주행한 거리

① 제동거리
② 정지거리
④ 공주거리

## 08 '서행'에 대한 설명으로 옳은 것은?

① 차를 즉시 정지할 수 있는 정도의 느린 속도로 진행하는 것
② 차의 바퀴를 일시적으로 완전히 정지시키는 것
③ 차를 정지시키는 것으로 주차 외의 정지 상태
④ 그 본래의 사용방법에 따라 사용하는 것

② 일시정지
③ 정차
④ 운전

## 09 신호등없는 교차로에서 볼 수 없는 교통표지에 해당하는 것은?

① 양보　　② 일시정지
③ 서행　　④ 비보호 좌회전

④ 비보호 좌회전은 신호등이 직진 신호 시 상황을 봐서 마주오는 차가 없을 때 좌회전이 가능하도록 하는 신호이다. 이때 비보호는 말 그대로 신호등에 의해 운전자의 주행이 보호받지 못한다는 의미이다.

## 10 차로와 차로를 구분하기 위하여 그 경계지점을 안전표지로 표시한 것은?

① 차선　　② 중앙선
③ 주차대　　④ 갓길

'차선'은 차로와 차로를 구분하기 위하여 그 경계지점을 안전표지로 표시한 선을 말한다.

## 11 어린이통학버스의 승 · 하차 시 등화로 옳은 것은?

① 호박색표시등 점멸
② 적색표시등 점멸
③ 적색표시등과 황색표시등 동시에 점멸
④ 황색표시등 점멸

어린이운송용 승합자동차가 도로에 정지하려고 하거나 출발하려고 하는 때(자동차규칙 제48조제4항)
- 도로에 정지하려는 때에는 황색표시등 또는 호박색표시등이 점멸되도록 운전자가 조작할 수 있어야 할 것
- 점멸 이후 어린이의 승하차를 위한 승강구가 열릴 때에는 자동으로 적색표시등이 점멸될 것(적색표시등과 황색표시등 또는 호박색표시등이 동시에 점멸되어서는 아니된다)
- 출발하기 위하여 승강구가 닫혔을 때에는 다시 자동으로 황색표시등 또는 호박색표시등이 점멸될 것

## 12 다음 중 앞지르기가 가능한 경우는?

① 교차로　　② 흰색점선 차로
③ 터널 안　　④ 다리 위

② 흰색점선 차로는 상황에 따라 교통에 유의하여 앞지르기가 가능한 차선이다.
앞지르기 금지 장소는 교차로, 터널 안, 다리 위, 구부러진 길, 비탈길 등이다.

## 13 앞지르기 방법으로 옳지 않은 것은?

① 앞차의 오른쪽으로 앞지르기를 시도한다.
② 앞차가 앞지르기를 하고 있으면 앞지르기를 시도하지 않는다.
③ 앞지르기에 충분한 거리와 시야가 확보되었을 때 앞지르기를 시도한다.
④ 앞지르기에 필요한 속도가 그 도로의 최고속도 범위 이내일 때 앞지르기를 시도한다.

① 앞차의 오른쪽으로 앞지르기를 하지 않는다.

정답 07.③ 08.① 09.④ 10.① 11.② 12.② 13.①

## 14 폭우 · 폭설 · 안개 등으로 가시거리 100m 이내인 경우 최고 속도의 얼마를 줄인 속도로 운행하여야 하는가?

① 70% ② 50%
③ 10% ④ 20%

 악천후 시의 감속운행속도

| 최고속도의 100분의 20을 줄인 속도로 운행 | 최고속도의 100분의 50을 줄인 속도로 운행 |
|---|---|
| • 비가 내려 노면이 젖어 있는 경우<br>• 눈이 20mm 미만 쌓인 경우 | • 폭우 · 폭설 · 안개 등으로 가시거리 100m 이내인 경우<br>• 노면이 얼어붙은 경우<br>• 눈이 20mm 이상 쌓인 경우 |

## 15 어린이통학버스에 대한 주의사항으로 옳지 않은 것은?

① 어린이나 영유아를 태우고 있다는 표시를 한 상태로 도로를 통행하는 어린이통학버스를 앞지르지 못한다.
② 편도 1차로 도로의 반대방향에서 어린이통학버스가 정차하고 있을 때에는 이르기 전에 일시정지하여 안전을 확인한 후 서행을 한다.
③ 주행 차로 옆 차로에 어린이통학버스가 정차하여 점멸등을 켜고 있을 때에는 속도를 줄인 상태에서 서행을 한다.
④ 앞에 어린이통학버스가 정차하여 점멸등을 켜고 있을 때에는 일시정지하여 안전을 확인한 후 서행을 한다.

해설 어린이통학버스가 도로에 정차하여 어린이나 영유아가 타고 내리는 중임을 표시하는 점멸등 등의 장치를 작동 중일 때에는 어린이통학버스가 정차한 차로와 그 차로의 바로 옆 차로로 통행하는 차의 운전자는 어린이통학버스에 이르기 전에 일시정지하여 안전을 확인한 후 서행하여야 한다(도로교통법 제51조제1항).

## 16 운전면허 정지처분은 1회의 위반 · 사고로 인한 벌점이 몇 점 이상일 때 결정 · 집행되는가?

① 100점 이상 ② 60점 이상
③ 30점 이상 ④ 40점 이상

 운전면허의 정지처분은 1회의 위반 · 사고로 인한 벌점 또는 처분벌점이 40점 이상이 된 때부터 결정하여 집행하되, 원칙적으로 1점을 1일로 계산하여 집행한다(도로교통법 시행규칙 제91조제1항관련 별표28).

## 17 인명피해 교통사고 결과에 따른 벌점기준으로 틀린 것은?

① 부상신고 1명마다 – 2점
② 중상 1명마다 – 30점
③ 사망 1명마다 – 90점
④ 경상 1명마다 – 5점

 3주 이상의 치료를 요하는 의사의 진단이 있는 사고로 중상 1명마다 15점의 벌점이 부과된다.

## 18 운전면허의 행정처분 감경사유와 거리가 먼 것은?

① 모범운전자로서 처분 당시 2년 이상 교통봉사활동에 종사하고 있는 경우
② 운전이 가족의 생계를 유지할 중요한 수단이 되는 경우
③ 교통사고를 일으키고 도주한 운전자를 검거하여 경찰서장 이상의 표창을 받은 경우
④ 정기 적성검사에 대한 연기신청을 할 수 없었던 불가피한 사유가 있었던 경우

 모범운전자로서 처분 당시 3년 이상 교통봉사활동에 종사하고 있는 경우이다. 감경사유에 해당하는 사람들은 음주측정요구에 불응 · 도주 · 단속경찰관 폭행의 전력이나 과거 5년 이내에 인적피해 교통사고 · 음주운전 · 운전면허 취소 및 정지의 전력이 없어야 한다.

정답 14.② 15.③ 16.④ 17.② 18.①

**19** **도로교통법상 운전이 금지되는 술에 취한 상태의 기준은 운전자의 혈중알코올농도는 몇 %인가?**

① 0.08% 이상　② 0.05% 이상
③ 0.03% 이상　④ 0.01% 이상

운전이 금지되는 술에 취한 상태의 기준은 운전자의 혈중알코올농도가 0.03% 이상인 경우로 한다(도로교통법 제44조제4항).

**20** **운전 중 휴대용 전화 사용 시의 범칙금액은?**

① 10만 원　② 5만 원
③ 7만 원　④ 3만 원

**21** **운전자에게 부과되는 범칙행위에 대한 범칙금액이 틀린 것은?**

① 최저속도 위반 – 3만 원
② 일시정지 위반 – 3만 원
③ 주차금지 위반 – 5만 원
④ 속도위반(40km/h 초과 60km/h 이하) – 10만 원

① 최저속도 위반은 2만 원의 범칙금액이 부과된다(영 별표8).

**22** **사고운전자가 형사처벌 대상이 되는 경우에 해당하는 것은?**

① 교차로 통행 방법 위반 사고
② 신호 · 지시 위반 사고
③ 통행 우선 순위 위반 사고
④ 법정속도를 15km 초과한 과속 사고

**23** **교통사고처리특례법상의 중대한 교통사고로서 과속으로 인한 사고의 성립요건에 대한 설명으로 옳지 않은 것은?**

① 과속 차량에 충돌되어 인적피해를 입은 경우
② 고속도로나 자동차전용도로에서 법정속도 20km/h를 초과한 경우
③ 제한속도 20km/h를 초과하여 과속으로 운행하면서 사고가 발생한 경우
④ 불특정 다수의 사람 또는 차마의 통행을 위하여 공개된 장소가 아닌 곳에서 사고가 발생한 경우

불특정 다수의 사람 또는 차마의 통행을 위하여 공개된 장소로서 안전하고 원활한 교통을 확보할 필요가 있는 장소일 것을 요건으로 한다.

**24** **안전사고의 처리에서 교통조사관이 교통사고로 처리하는 경우는?**

① 자살 · 자해 행위로 인정되는 경우
② 낙하물에 의하여 차량 탑승자가 사상하였거나 물건이 손괴된 경우
③ 운전자가 피할 수 있었음에도 부주의로 추돌하여 부상자가 발생한 경우
④ 축대, 절개지 등이 무너져 차량 탑승자가 사상하였거나 물건이 손괴된 경우

①, ②, ④의 경우 교통조사관은 교통사고로 처리하지 않고 업무 주무기능에 인계한다. 그러나 운전자가 이를 피할 수 있었던 경우에는 교통사고로 처리한다(교통사고조사규칙 제21조).



정답 19.③ 20.③ 21.① 22.② 23.④ 24.③

**25** **교통사고의 유형 중 '안전거리 미확보'에 대한 설명으로 옳지 않은 것은?**

① 앞차가 정당하게 급정지하는 경우에 사고를 방지할 주의의무는 뒤차의 운전자에게 있다.
② 앞차의 과실 있는 급정지일 경우 사고를 방지할 주의의무는 앞차의 운전자에게 있다.
③ 앞차가 고의적으로 급정지하는 경우에는 앞차에게 사고에 대한 책임을 부과한다.
④ 앞차가 주 · 정차 장소가 아닌 곳에서 급정지하는 경우에 사고를 방지할 주의의무는 뒤차의 운전자에게 있다.

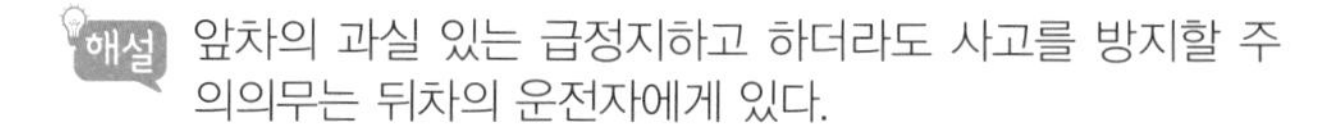
해설 앞차의 과실 있는 급정지하고 하더라도 사고를 방지할 주의의무는 뒤차의 운전자에게 있다.

**26** **브레이크 페달을 밟는 힘이 적어도 제동력이 뛰어나 대형버스에 주로 사용되는 브레이크는?**

① 공기식 브레이크 ② ABS 브레이크
③ 감속 브레이크 ④ 배력식 브레이크

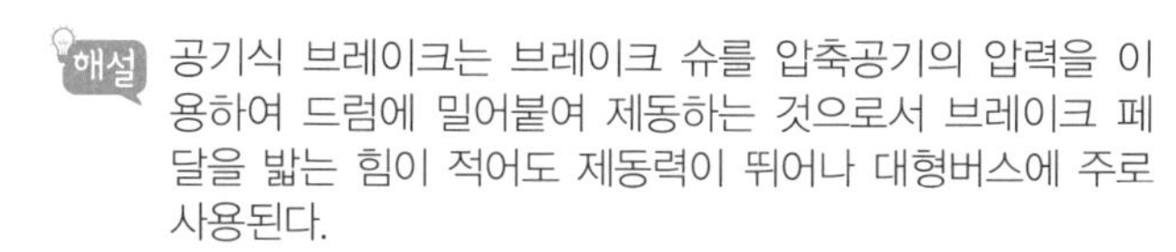
해설 공기식 브레이크는 브레이크 슈를 압축공기의 압력을 이용하여 드럼에 밀어붙여 제동하는 것으로서 브레이크 페달을 밟는 힘이 적어도 제동력이 뛰어나 대형버스에 주로 사용된다.

**27** **브레이크와 타이어에 대한 설명으로 틀린 것은?**

① 타이어는 구동력과 브레이크의 제동력을 노면에 전달한다.
② 브레이크는 운전 속도를 조절하고 제어하기 위한 장치이다.
③ 타이어가 마모되면 제동거리가 짧아진다.
④ 감속 브레이크는 타이어 마모를 감소시킨다.

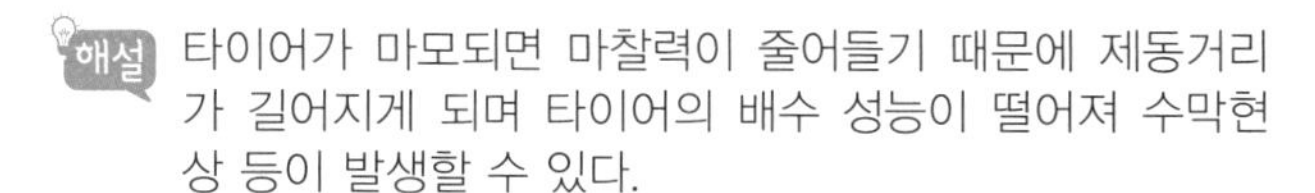
해설 타이어가 마모되면 마찰력이 줄어들기 때문에 제동거리가 길어지게 되며 타이어의 배수 성능이 떨어져 수막현상 등이 발생할 수 있다.

**28** **현가장치(완충장치)를 구성하는 것이 아닌 것은?**

① 스프링 ② 쇽업소버
③ 피트먼 암 ④ 스태빌라이저

해설 현가장치(완충장치)는 스프링, 쇽업소버, 스태빌라이저 등으로 등으로 구성되어 있다.
③ 피트먼 암은 조향장치의 구성품이다.

**29** **승차감을 상승시키고, 수직진동을 열에너지로 변환하는 장치는?**

① 판스프링 ② 코일스프링
③ 쇽업소버 ④ 스태빌라이저

해설 쇽업소버는 승차감을 향상시키고 스프링 피로를 줄이기 위한 장치로서 스프링 작용의 역방향으로 힘을 발생시켜 스프링 진동을 신속히 흡수한다.
④ 스태빌라이저 : 원심력 때문에 차체가 기울어지는 것을 감소하게 하며 차체가 롤링하는 것을 방지한다.

**30** **조향핸들의 조작을 가볍게 하는 것에 영향을 미치는 것은?**

① 토인과 킹핀 경사각
② 캠축과 캠버
③ 토인과 캠축
④ 캠버와 킹핀 경사각

해설 캠버는 정면에서 보았을 때 앞바퀴가 수직선을 이루는 각으로 조향핸들의 조작을 가볍게 하고 수직 방향 하중에 의한 앞 차축 휨 방지를 한다. 또한, 킹핀(조향축) 경사각은 정면에서 보았을 때 킹핀(조향축)이 수직선과 이루는 각으로 조향핸들의 조작을 가볍게 하며 앞바퀴에 복원성을 부여한다. 토인은 앞바퀴의 옆방향 미끄러짐과 타이어의 마멸 방지 역할을 한다.

**31** **공기식 브레이크의 단점은?**

① 베이퍼 록 현상이 발생할 염려가 없다.
② 페달 밟는 양에 따라 제동력을 조절할 수 있다.
③ 엔진 출력을 이용하므로 연료소비량이 증가한다.
④ 공기 다소 누출 시에도 안전도가 높다.

해설 공기식 브레이크의 단점 : 구조 복잡, 유압식에 비해 고가, 연료소비량 증가 등
①, ②, ④는 장점에 해당한다.

정답 25.② 26.① 27.③ 28.③ 29.③ 30.④ 31.③

**32** 수막현상으로 잃는 기능이 아닌 것은?

① 제동력 ② 조향력
③ 접지력 ④ 관성주행성

수막현상은 자동차가 물이 고인 노면을 고속으로 주행할 때 타이어 트레드 홈 사이에 있는 물을 헤치는 기능이 감소되어 물의 저항에 의해 노면으로부터 떠올라 물위를 미끄러지듯이 되는 현상으로 ①, ②, ③의 기능을 상실하게 되어 사고의 위험성이 커질 수 있다. 예방법은 공기압 조금 높이기, 고속 주행하지 않기, 마모된 타이어 사용하지 않기, 리브형 타이어 사용하기 등이 있다.

**33** 휠 얼라인먼트의 역할로 적절하지 않은 것은?

① 타이어의 마멸을 최소로 한다.
② 스프링의 피로를 줄여 준다.
③ 조향핸들의 조작을 가볍게 한다.
④ 조향핸들에 복원성을 부여한다.

휠 얼라인먼트는 조향핸들의 조작을 확실하게 하고, 안정성을 주는 역할을 한다.

**34** 엔진 후드(보닛) 개폐에 대한 설명으로 옳지 않은 것은?

① 대형버스의 경우 일반적으로 자동차 후방에 엔진룸이 있다.
② 엔진 시동 상태에서 항상 엔진 룸을 점검한다.
③ 보닛을 닫은 후 잘 닫혔는지 반드시 확인한다.
④ 키 홈이 있을 경우 키를 사용하여 잠근다.

엔진 시동 상태에서 시스템 점검이 필요한 경우를 제외하고는 엔진 시동을 끄고 키를 뽑은 후에 엔진 룸을 점검한다.

**35** 운행 중 타이어 펑크 시 조치사항으로 옳지 않은 것은?

① 핸들을 견고히 잡아 돌아가지 않도록 한다.
② 급하게 감속하여 길 가장자리로 이동한다.
③ 안전한 장소 주차 후 주차 브레이크를 체결한다.
④ 고장자동차 표지 설치한 후 타이어를 교환한다.

타이어 펑크시 응급조치 사항으로 비상 경고등을 작동시킨 다음 서서히 감속하여 길 가장자리로 이동한 다음 타이어를 교환하도록 해야 한다.

**36** 안전벨트 착용방법으로 옳지 않은 것은?

① 안전벨트가 꼬이지 않도록 주의한다.
② 안전벨트를 착용할 때에는 좌석 등받이에 기대어 똑바로 앉는다.
③ 안전벨트를 복부에 착용한다.
④ 안전벨트에 보조장치를 장착하지 않는다.

안전벨트는 어깨 위와 가슴 부위를 지나도록 착용한다. 복부에 착용하면 충돌했을 때 강한 복부 압박으로 장파열 등 내장이 손상될 수 있다.

**37** 터보차저의 기능으로 맞는 것은?

① 실린더 내에 공기를 압축 공급하는 장치이다.
② 냉각수 유량을 조절하는 장치이다.
③ 기관 회전수를 조절하는 장치이다.
④ 윤활유 온도를 조절하는 장치이다.

터보차저는 자동차의 출력 토크를 높이면서 연비 향상을 도와주는 엔진 보조장치이다.

정답 32.④ 33.② 34.② 35.② 36.③ 37.①

**38** **시동을 켜지 않은 상태에서 승 · 하차 문을 반복 개폐하였을 때 나타나는 문제점은?**

① 배터리가 방전된다.
② 엔진 오버히트가 발생한다.
③ 에어탱크의 공기압이 높아진다.
④ 에어탱크의 공기압이 급격히 저하된다.

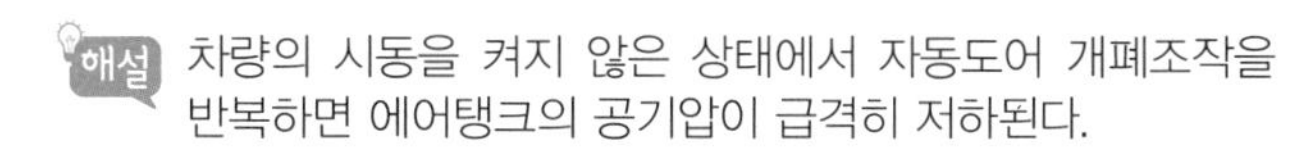
해설 차량의 시동을 켜지 않은 상태에서 자동도어 개폐조작을 반복하면 에어탱크의 공기압이 급격히 저하된다.

**39** **천연가스를 고압으로 압축하여 고압 압력용기에 저장한 기체상태의 연료는?**

① 액화천연가스 ② 액화석유가스
③ 압축천연가스 ④ 정밀압축가스

해설 ① 액화천연가스 : 천연가스를 액화시켜 부피를 현저히 작게 만들어 저장, 운반 등 사용상의 효용성을 높이기 위한 액화가스
② 액화석유가스 : 프로판과 부탄을 섞어서 제조된 가스

**40** **책임보험이나 책임공제에 미가입한 경우 자동차 1대당의 과태료 최고 한도 금액은?**

① 300만 원 ② 100만 원
③ 150만 원 ④ 50만 원

해설 책임보험이나 책임공제에 미가입한 경우 가입하지 않은 기간이 10일 이내인 경우는 3만 원, 가입하지 않은 기간이 10일을 넘는 경우는 3만 원에서 11일째부터 계산하여 1일마다 8천 원을 더한 금액의 과태료를 부과하고, 최고 한도 금액은 자동차 1대당 100만 원이다.

**41** **교통사고의 요인 가운데 인적 요인과 가장 거리가 먼 것은?**

① 운전자의 운전 습관
② 운전자의 적성과 자질
③ 보행자의 교통도덕
④ 보행자의 신체적 조건

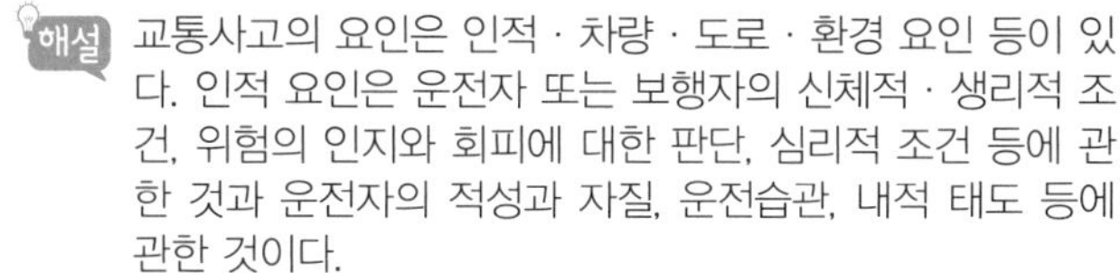
해설 교통사고의 요인은 인적 · 차량 · 도로 · 환경 요인 등이 있다. 인적 요인은 운전자 또는 보행자의 신체적 · 생리적 조건, 위험의 인지와 회피에 대한 판단, 심리적 조건 등에 관한 것과 운전자의 적성과 자질, 운전습관, 내적 태도 등에 관한 것이다.
③ 환경 요인 가운데 사회환경에 해당한다.

**42** **버스 교통사고의 특성으로 옳지 않은 것은?**

① 다른 차에 비해 점유하는 공간이 크다.
② 버스의 좌 · 우회전 시의 내륜차는 승용차에 비해 훨씬 작다.
③ 버스의 급가속, 급제동은 승객의 안전에 영향을 바로 미친다.
④ 버스 주변에 접근하는 승용차나 이륜차, 보행자 등을 볼 수 있는 시야를 확보하기가 승용차 등에 비해 어렵다.

해설 버스의 좌 · 우회전 시의 내륜차는 승용차에 비해 훨씬 크다.

**43** **움직이는 물체 또는 움직이면서 다른 자동차나 사람 등의 물체를 보는 시력은?**

① 정지시력 ② 동체시력
③ 거리시력 ④ 정체시력

해설 동체시력은 물체의 이동속도가 빠를수록, 조도(밝기)가 낮을수록 저하되며 정지시력이 저하되면 동체시력도 저하된다.
① 정지시력 : 일정 거리에서 일정한 시표를 보고 모양을 확인할 수 있는지를 가지고 측정하는 시력

**44** **졸음운전의 징후로 옳지 않은 것은?**

① 하품이 자주 난다.
② 머리를 똑바로 유지하기가 쉬워진다.
③ 앞차에 바짝 붙는다거나 교통신호를 놓친다.
④ 순간적으로 차도에서 갓길로 벗어나가거나 거의 사고 직전에 이르기도 한다.

해설 졸린 상태에서는 머리를 똑바로 유지하기가 힘들어진다.

정답 38.④ 39.③ 40.② 41.③ 42.② 43.② 44.②

**45** **도로교통법상 보행자 보호의무와 관련한 내용으로 옳지 않은 것은?**

① 보행자가 횡단보도를 통행하려고 하는 때에도 그 횡단보도 앞에서 일시정지해야 한다.
② 차로가 설치되지 아니한 좁은 도로에서 보행자의 옆을 지나는 경우 안전거리를 두고 서행해야 한다.
③ 보행자의 통행에 방해가 될 때는 서행하거나 일시정지해 보행자가 안전하게 통행할 수 있도록 해야 한다.
④ 어린이 보호구역 내의 횡단보도 중 신호기가 설치되지 않은 횡단보도에서 보행자가 없을 때는 서행할 수 있다.

보행자 보호
- 운전자는 보행자가 횡단보도를 통행하고 있거나 통행하려고 하는 때에는 보행자의 횡단을 방해하거나 위험을 주지 아니하도록 그 횡단보도 앞(정지선이 설치되어 있는 곳에서는 그 정지선을 말한다)에서 일시정지하여야 한다(법 제27조제1항).
- 운전자는 보행자의 옆을 지나는 경우에는 안전한 거리를 두고 서행하여야 하며, 보행자의 통행에 방해가 될 때에는 서행하거나 일시정지하여 보행자가 안전하게 통행할 수 있도록 하여야 한다(법 제27조제6항).
- 운전자는 어린이 보호구역 내에 설치된 횡단보도 중 신호기가 설치되지 아니한 횡단보도 앞(정지선이 설치된 경우에는 그 정지선을 말한다)에서는 보행자의 횡단 여부와 관계없이 일시정지하여야 한다(법 제27조제7항).

**46** **내리막길을 내려갈 때 브레이크를 반복하여 사용하면 마찰열이 라이닝에 축적되어 브레이크의 제동력이 저하되는 현상은?**

① 스탠딩 웨이브 현상
② 페이드 현상
③ 베이퍼 록 현상
④ 모닝 록 현상

① 스탠딩 웨이브 현상 : 타이어 변형이 다음 접지 면까지도 복원되지 않고 진동의 물결로 남게되는 현상
③ 베이퍼 록 현상 : 브레이크 페달을 밟아도 스펀지를 밟는 것 같고, 유압이 제대로 전달되지 않아 브레이크가 작용하지 않는 현상
④ 모닝 록 현상 : 브레이크 드림에 미세한 녹이 발생하여 평소보다 브레이크가 지나치게 예민하게 작동하는 현상

**47** **자동차가 고속으로 주행할 때 타이어가 접혀 복원되지 않고 진동의 물결로 남게되는 현상은?**

① 스탠딩 웨이브 현상
② 페이드 현상
③ 수막 현상
④ 모닝 록 현상

스탠딩 웨이브 현상은 자동차가 고속으로 주행할 때 타이어의 회전속도가 빨라지면서 접지면에 발생한 타이어 변형이 다름 접지 시점까지도 복원되지 않고 진동의 물결로 남게되는 현상이다. 예방법은 주행속도 줄이기, 타이어 공기압 높이기, 마모된 타이어나 재생타이어 사용하지 않기 등이 있다.

**48** **브레이크가 작동을 시작하는 순간부터 자동차가 완전히 정지할 때까지 자동차가 진행한 시간은?**

① 공주시간 ② 작동시간
③ 제동시간 ④ 정지시간

제동시간은 제동거리 동안 자동차가 진행한 시간이다.
① 공주시간 : 공주거리 동안 자동차가 진행한 시간
④ 정지시간 : 공주시간 + 제동시간

**49** **종단곡선의 정점에서 나타날 수 있는 것은?**

① 종단경사가 큰 곳보다 사고 발생 더욱 증가한다.
② 편경사가 설치되어 원심력에 저항할 수 있도록 한다.
③ 시거가 단축되어 운전자의 불안감을 조성할 수 있다.
④ 운전자의 시거가 확장되어 주행에 안정감을 줄 수 있다.

종단경사(오르막 내리막 경사)가 커짐에 따라 사고 발생이 증가(내리막길에서의 사고율이 오르막길에서 보다 높은 것)할 수 있고, 변경되는 부분에서는 일반적으로 종단곡선이 설치되는데, 이 종단곡선의 정점(산꼭대기, 산등성이)에서는 전방에 대한 시거가 단축되어 운전자의 불안감을 조성할 수 있다.
② 편경사는 평면곡선부에서 자동차가 원심력에 저항할 수 있도록 하기 위해 설치하는 횡단경사이다.



정답 45.④ 46.② 47.① 48.③ 49.③

## 50 중앙분리대 기능으로 옳지 않은 것은?

① 상 · 하 차도의 교통을 분리시켜 정면 충돌을 방지한다.
② 우회전 차로로 활용할 수 있어 교통 소통에 유리하다.
③ 야간 반대편 차의 전조등 불빛에 의한 눈부심을 방지한다.
④ 횡단하는 보행자에게 안전섬으로도 제공될 수 있다.

② 평면교차로가 있는 도로에서는 폭이 충분할 때 좌회전 차로로 활용할 수 있어 교통 소통에 유리하다.

## 51 회전교차로의 기본 운영 원리로 옳지 않은 것은?

① 진입하는 자동차는 회전 중인 자동차에게 양보한다.
② 회전차로 내에 여유 공간이 있을 때까지 양보선에서 대기한다.
③ 진입할 때에는 속도을 높여서 진입해야 한다.
④ 중앙교통섬을 중심으로 시계 반대방향으로 회전하며 통행한다.

회전교차로에 진입할 때에는 충분히 속도를 줄인 후 진입을 해야 한다.

## 52 환경보전의 목적과 거리가 먼 것은?

① 물자를 아껴쓰고 재활용
② 자연환경 깨끗하게 유지
③ 그린벨트의 해제
④ 무분별한 개발을 금지

환경보전의 방법으로 그린벨트를 지정하여 개발을 제한하는 구역을 둔다.

## 53 험한도로의 주행 방법으로 가장 거리가 먼 것은?

① 핸들은 두 손으로 단단하게 쥐고 운전을 한다.
② 가속페달은 천천히 일정한 힘을 주면서 밟는다.
③ 요철이 있는 경우 고속으로 신속히 통과한다.
④ 풋브레이크와 엔진브레이크를 함께 사용을 한다.

험한도로 또는 비포장도로에서는 빠르게 지나가려고 하는 것보다 천천히 전방을 주시하면서 속도를 줄여가며 운전하는 것이 안전운전에 도움이 된다.

## 54 고속도로에서 사고 발생시 견인서비스를 제공하는 기관은?

① 한국도로공사 ② 119
③ 112 ④ 한국교통공사

한국도로공사(1588-2504)에서는 고속도로 무료 견인서비스를 운영한다. 10km까지는 무료로 이동해주고, 그 후에는 km당 2천 원 정도에 견인서비스를 이용할 수 있다.

## 55 교각, 교대, 지하차도 기둥 등으로 차량의 충격에너지를 흡수하는 것은?

① 방호울타리 ② 충격흡수시설
③ 시선유도시설 ④ 과속방지시설

충격흡수시설은 주행차로를 벗어난 차량이 도로상의 구조물 등과 충돌하기 전에 자동차의 충격에너지를 흡수하여 정지하도록 하거나 자동차의 방향을 교정하여 본래의 주행차로로 복귀시킨다.

## 56 자동차가 통과할 때 타이어에서 발생하는 마찰음과 차체의 진동을 통해 운전자의 주의를 환기시키는 시설물은?

① 도로반사경 ② 노면요철포장
③ 과속방지시설 ④ 충격흡수시설

노면요철포장은 졸음운전 또는 운전자의 부주의로 차로를 이탈하는 것을 방지하기 위해 노면에 인위적인 요철을 만들어 운전자의 주의를 환기시켜 자동차가 원래의 차로로 복귀하도록 유도하는 시설이다.

정답 50.② 51.③ 52.③ 53.③ 54.① 55.② 56.②

**57 차로 수가 확대될 수 있도록 신호기에 의해 차로의 진행 방향을 지시하는 차로는?**

① 오르막차로　② 가변차로
③ 감속차로　④ 양보차로

 가변차로는 방향별 교통량이 특정시간대에 현저하게 차이가 발생하는 도로에서 교통량이 많은 쪽으로 차로 수가 확대될 수 있도록 신호기에 의해 차로의 진행방향을 지시하는 차로이다. 가변차로는 차량의 운행속도를 향상시켜 구간 통행 시간을 줄여주고, 차량의 지체를 감소시켜 에너지 소비량과 배기가스 배출량의 감소 효과를 기대할 수 있다.

**58 가로변 정류소에 대한 설명으로 틀린 것은?**

① 교차로 전 정류소에서는 우회전 차량과의 상충이 감소
② 교차로 후 정류소는 우회전 진입버스의 경우 교차로 통과 시간 증가
③ 교차로 전 정류소에서는 교차로 정지신호 시 승객 승하차로 정지시간 최소화
④ 교차로 후 정류소에서는 주행차로 복귀 등 출발 유리

 교차로 전 정류소에서는 우회전 차량과의 상충이 증가된다.

**59 비상주차대가 설치되는 장소는?**

① 도로의 구부러진 곳
② 비탈길 고갯마루
③ 긴 터널
④ 다리 위

 비상주차대가 설치되는 장소
- 고속도로에서 길어깨 폭이 2.5m 미만으로 설치되는 경우
- 길어깨를 축소하여 건설되는 긴 교량의 경우
- 긴 터널의 경우

**60 고속도로를 나올 때 이용하는 차로에 해당하는 것은?**

① 양보차로　② 감속차로
③ 변속차로　④ 가변차로

 변속차로는 고속 주행하는 자동차가 감속하여 다른 도로로 유입할 경우 또는 저속 자동차가 고속 주행하고 있는 자동차들 사이로 유입할 경우에 본선의 다른 고속 자동차의 주행을 방해받지 않고 안전하게 감속 또는 가속하도록 설치되는 차로이다. 대표적으로 고속도로의 인터체인지의 연결로가 해당한다.

**61 안전운전의 5가지 기본 기술에 해당하지 않은 것은?**

① 차가 빠져나갈 공간을 확보한다.
② 운전 중에 전방 가까운 곳을 본다.
③ 다른 사람들이 자신을 볼 수 있게 한다.
④ 교통상황을 전체적으로 살펴본다.

 가능한 시선은 전방 먼 쪽에 두되 바로 앞 도로 부분을 내려다 보지 않도록 하며, 일반적으로 20~30초 전방까지 보아야 한다. 또한, 눈은 계속 움직이면서 주변의 상황에 민감하게 반응하여야 한다.

**62 운전하기 전 시인성을 높이기 위한 방법으로 옳지 않은 것은?**

① 운적석의 높이를 적절히 조정한다.
② 후사경과 사이드 미러를 조정한다.
③ 브레이크 오일을 점검한다.
④ 차 안팎 유리창을 깨끗이 닦는다.

 시인성을 높이는 법
- 운전하기 전의 준비 : 차의 모든 등화를 깨끗이 닦는다. 성애 제거기, 와이퍼, 워셔 등이 제대로 작동되는지를 점검한다.
- 운전 중 행동 : 낮에도 흐린 날 등에는 하향전조등을 켠다. 다른 운전자의 사각에 들어가 운전하는 것을 피한다. 남보다 시력이 떨어지면 힝싱 인경이나 곤덱트렌즈를 착용한다.

정답 57.② 58.① 59.③ 60.③ 61.② 62.③

## 63 야간에 보행자가 입어야 하는 옷색깔과 가장 거리가 먼 것은?

① 적색 옷을 입어야 한다.
② 흑색 옷을 입어야 한다.
③ 밝은 색 옷을 입어야 한다.
④ 흰색 옷을 입어야 한다.

 야간에 하향 전조등만으로 사람이라는 것을 확인하기 가장 어려운 옷 색깔은 흑색이다. 확인하기 쉬운 옷 새깔의 순서는 적색, 백색의 순이다.

## 64 지방도로에서 시간을 다루는 법으로 옳지 않은 것은?

① 천천히 움직이는 차를 주시하고 필요에 따라 속도를 조절한다.
② 교통신호등이 설치되어 있지 않은 곳에서는 속도를 높인다.
③ 낯선 도로를 운전할 때는 여유시간을 가지도록 미리 갈 노선을 계획한다.
④ 도로노면의 표시가 잘 보이지 않은 도로를 주행할 때는 속도를 줄인다.

 ② 교차로, 특히 교통신호등이 설치되어 있지 않은 곳일수록 접근하면서 속도를 줄여야 한다.

## 65 고속도로 교통사고 시 대처 요령으로 틀린 것은?

① 사고 즉시 원인 규명을 위한 사진부터 찍는다.
② 비상등을 켜고, 트렁크를 개방한다.
③ 가드레일 밖 등 안전한 장소로 대피한다.
④ 112, 119 또는 한국도로공사콜센터로 신고한다.

 고속도로 운행 중 교통사고 또는 차량의 결함으로 정차했다면 다른 차의 소통에 방해가 되지 않도록 길 가장자리나 공터 등 안전한 장소에 차를 정차시키고 엔진을 끈다. 차량 내부에 남아있거나 차량 주변에 머무르지 말고, 즉시 우선 비상등을 켜고 트렁크를 개방한 후 가드레일 밖과 같이 안전한 지역으로 신속히 대피한 다음 신고를 하여 2차 사고를 예방한다.

## 66 서비스의 특징에 대한 설명으로 옳지 않은 것은?

① 다양성 – 서비스 질을 유지하기 어렵다.
② 무형성 – 보이지 않는 것이다.
③ 동시성 – 서비스 즉시 사라진다.
④ 무소유 – 누릴 수 있으나 소유하는 것은 불가능하다.

 서비스의 특징
- 소멸성 : 서비스 즉시 사라진다.
- 동시성 : 생산 및 소비가 동시에 이루어지고 재고 발생이 없다.
- 인적 의존성 : 사람에 의해 이루어진다.
- 변동성 : 시간, 요일 및 계절별로 변동성을 가질 수 있다.
- 다양성 : 승객 욕구의 다양함과 감정의 변화, 서비스 제공자에 따라 상대적이며, 승객의 평가 역시 주관적이어서 일관되고 표준화된 서비스 질을 유지하기 어렵다.

## 67 승객만족 개념과 거리가 먼 것은?

① 진실한 마음
② 승객의 입장을 이해, 존중
③ 승객의 개인차를 인정, 배려
④ 승객의 결점은 바로 지적

 승객만족은 승객의 불만이나 요구사항을 알아내어 승객에게 질 좋은 서비스를 제공함으로써 승객이 만족감을 느끼도록 하는 것이다. 승객의 결점을 지적할 때에는 진지한 충고와 격려로 한다.

## 68 호칭에 대한 설명으로 옳지 않은 것은?

① 중 · 고생은 성인에 준하는 호칭을 사용한다.
② '고객'보다는 '승객', '손님'이 바람직하다.
③ 나이가 드신 분은 '어르신'으로 호칭한다.
④ 중년층은 친근감있게 '아저씨', '아줌마'로 호칭한다.

해설 승객에 대한 호칭은 '승객', '손님'이라고 호칭하는 것이 바람직하다.

정답 63.② 64.② 65.① 66.③ 67.④ 68.④

**69** **운전종사자의 준수사항으로 옳지 않은 것은?**

① 차량 출발 전에 승객이 좌석안전띠를 착용하도록 안내해야 한다.
② 승·하차할 여객이 있는데도 정류장을 지나치면 안 된다.
③ 전용 운반상자에 넣은 애완동물을 안으로 데리고 들어올 때는 승차를 제지하고 필요한 사항을 안내해야 한다.
④ 문을 완전히 닫지 아니한 상태에서 자동차를 출발시켜서는 안 된다.

안전운행과 다른 여객의 편의를 위하여 제지, 필요한 사항을 안내해야 하는 행위
- 다른 여객에게 위해를 끼칠 우려가 있는 폭발성 물질, 인화성 물질 등의 위험물을 자동차 안으로 가지고 들어오는 행위
- 다른 여객에게 위해를 끼치거나 불쾌함을 줄 우려가 있는 동물(장애인 보조견 및 전용 운반상자에 넣은 애완동물은 제외)을 자동차 안으로 데리고 들어오는 행위
- 자동차의 출입구 또는 통로를 막을 우려가 있는 물품을 자동차 안으로 가지고 들어오는 행위

**70** **교통사고 발생 시 운전자가 버스회사, 보험회사, 경찰 등에게 알려야 하는 사항이 아닌 것은?**

① 회사명
② 운전자 성명
③ 사고 발생지점 및 상태
④ 도로, 시설물 결함

교통사고 발생 시 운전자의 조치사항으로 사고 발생지점 및 상태, 부상정도 및 부상자 수, 회사명, 운전자 성명, 화물의 상태, 연료 유출여부 등을 알려야 한다.

**71** **운전자가 지켜야할 기본자세로서 옳지 않은 것은?**

① 추측운전
② 여유있는 양보 운전
③ 교통법규 이해와 준수
④ 배기가스로 인한 대기오염 및 소음공해 최소화 노력

**72** **버스 준공영제의 장점이 아닌 것은?**

① 수준 높은 버스 서비스 제공
② 노선체계의 효율적인 운영
③ 인건비 감소
④ 표준운송원가를 통한 경영효율화 도모

버스 준공영제는 운영은 민간, 관리는 공공에서 담당하게 하는 운영체제로서 버스의 소유·운영은 각 버스업체가 유지하고 버스 노선 및 요금 조정, 버스 운행 관리에 대해서는 지방자치단체가 개입한다. 지방자치단체가 결정한 노선 및 요금으로 인해 발생된 운송 수지 적자에 대해서는 지방자치단체에서 보전한다.

**73** **간선급행버스체계(BRT)의 단점에 해당하는 것은?**

① 저렴한 초기 투자 비용
② 노선의 변경과 확장 가능
③ 매연과 온실가스 많이 배출
④ 신속한 승하차 가능한 접근성

①, ②, ④는 장점에 해당한다.
③ 버스는 매연과 온실가스를 많이 배출하는 교통수단이다. 대기오염 관리 면에서는 지하철이나 경전철에 비하여 환경 오염은 단점에 해당한다.

**74** **버스운전자와 버스회사, 관계기관을 대상으로 정시성을 확보하게 해주는 시스템은?**

① 버스정보시스템
② 간선급행버스체계
③ 버스운행관리시스템
④ 버스 준공영제

- 버스운행관리시스템(BMS) : 차내에 단말장치를 설치한 버스와 종합사령실을 유무선 네트워크로 연결하여 운전자·승객·버스회사에게 버스의 위치, 사고정보 등을 실시간으로 보내는 시스템
- 버스정보시스템(BIS) : 버스와 정류소에 무선 송수신기를 설치하여 버스 위치를 실시간으로 파악하여 버스 이용자에게 해당 버스의 도착 예정시간을 안내하고, 인터넷 서비스를 통해 운행정보를 제공하는 시스템

정답 69.③ 70.④ 71.① 72.③ 73.③ 74.③

**75** **교통카드 시스템과 관련하여 정부의 입장과 거리가 먼 것은?**

① 교통환경 개선
② 재정 수입 증대
③ 첨단교통체계의 기반 마련
④ 요금 결정의 자료 확보

 교통카드 시스템 효과
- 이용자 : 현금 소지 불편 해소, 신속한 징수, 교통비 절감, 다양한 교통수단 이용
- 운영자 : 수입 관리 용이, 경영 합리화, 운송 수익 증대, 운행 효율화, 다양한 요금체계 대응
- 정부 : 교통환경 개선, 첨단교통체계의 기반 마련, 교통정책 수립 및 요금 결정의 자료 확보

**76** **시내버스의 운임기준과 요율 결정은 누가 하는가?(단, 광역급행형 제외)**

① 구청장
② 시장, 군수
③ 시 · 도지사
④ 국토교통부장관

 시내 · 농어촌 운임기준과 요율 결정은 시 · 도지사가 하고, 시장 · 군수가 신고한다. 그리고 광역급행형 시내버스, 시외버스, 고속버스는 국토교통부장관이 운임기준과 요율을 결정한다.

**77** **자동차의 운행상황과 교통사고 상황 등이 기록된 장치는?**

① 운행점검장치
② 운행속도장치
③ 운행기록장치
④ 블랙박스

 운행기록장치의 장착(교통안전법 시행규칙 제29조의3)
차량속도의 검출, 분당 엔진회전수(RPM : Revolution Per Minute)의 감지, 브레이크 신호의 감지, GPS를 통한 위치추적, 입력신호 데이터의 저장, 가속도 센서를 이용한 충격감지, 기기 및 통신상태의 오류검출 등의 기능을 갖추어야 하다.

**78** **2대 이상의 차가 동일방향으로 주행 중 뒤차가 앞차의 후면을 충격한 것은?**

① 충돌 ② 추돌
③ 접촉 ④ 전도

 ① 충돌 : 차가 반대방향 또는 측방에서 진입하여 그 차의 정면으로 다른 차의 정면 또는 측면을 충격한 것
③ 접촉 : 차가 추월, 교행 등을 하려다 차의 좌우 측면을 서로 스친 것
④ 전도 : 차가 주행 중 도로 또는 도로 이외의 장소에 차체의 측면이 지면에 접하고 있는 상태

**79** **버스의 종류에 대한 설명으로 옳지 않은 것은?**

① 보닛버스 – 운전석 뒤에 엔진이 있는 버스
② 캡오버버스 – 운전석이 엔진 위에 있는 버스
③ 코치버스 – 3~6명 정도의 승객이 승차 가능하며 화물실이 밀폐되어 있는 버스
④ 마이크로버스 – 승차정원이 16명 이하의 소형 버스

 보닛버스는 운전석이 엔진 뒤 쪽에 있는 버스이다.

**80** **심폐소생술에 대한 설명으로 옳지 않은 것은?**

① 의식을 확인 후 머리를 젖히고, 턱을 들어올려 기도를 연다.
② 인공호흡은 가슴이 충분히 올라올 정도로 2회를 실시한다.
③ 가슴을 압박할 때는 중앙에 두 손을 올려 약하게 누른다.
④ 가슴 압박 30회와 인공호흡 2회를 반복적으로 실시한다.

 가슴을 압박할 때는 분당 100회 속도로 빠르고 강하게 압박해야 한다.

정답 75.② 76.③ 77.③ 78.② 79.① 80.③

80문항 80분

# 2022 제1회 버스운전자격시험 기출복원문제

**01 운전적성정밀검사 중 특별검사를 받아야 하는 사람이 아닌 것은?**

① 중상 이상의 사상사고를 일으킨 자
② 자격유지검사의 적합판정을 받고 3년이 지난 65세인 자
③ 과거 1년간 운전면허 행정처분기준에 따라 계산한 누산점수가 81점 이상인 자
④ 질병, 과로, 그 밖의 사유로 안전운전을 할 수 없다고 인정되는 자인지 알기 위하여 운송사업자가 신청한 자

①, ③, ④는 특별검사를 받아야 하는 자이다.

**02 보도침범 위반사고의 성립요건으로 옳지 않은 것은?**

① 보도와 차도의 구분이 없는 도로에서는 성립하지 않는다.
② 고의적 또는 현저한 부주의에 의한 운전자 과실이어야 한다.
③ 시설물은 보도설치권한이 있는 행정관서에서 설치하여 관리하는 보도여야 한다.
④ 자전거 또는 원동기장치자전거를 타고 가던 중 사고가 난 경우에도 성립한다.

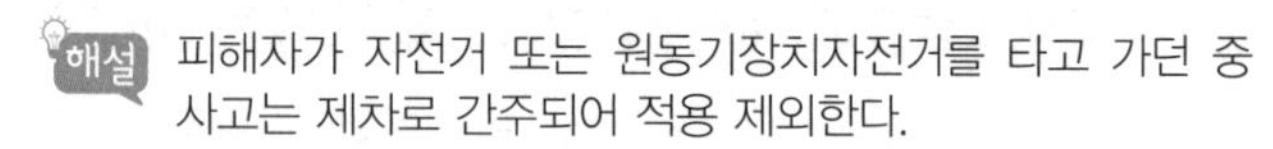
해설 피해자가 자전거 또는 원동기장치자전거를 타고 가던 중 사고는 제차로 간주되어 적용 제외한다.

**03 차단기, 건널목경보기 및 교통안전표지가 설치되어 있는 철길건널목은?**

① 제1종 건널목 ② 제2종 건널목
③ 제3종 건널목 ④ 제4종 건널목

제2종 건널목은 건널목경부기 및 교통안전표지가 설치되어 있는 철길건널목이고, 제3종 건널목은 교통안전표지만 설치되어 있는 철길건널목이다.

**04 다음 용어에 대한 설명으로 옳지 않은 것은?**

① '노선'은 자동차를 정기적으로 운행하거나 운행하려는 구간을 말한다.
② '여객자동차터미널사업'은 여객자동차터미널을 여객자동차운송사업에 사용하게 하는 사업을 말한다.
③ '운행계통'은 노선의 기점·종점과 그 기점·종점 간의 운행경로·운행거리·운행횟수 및 운행대수를 총칭한 것을 말한다.
④ '여객자동차운송사업'이란 다른 사람의 수요에 응하여 유상으로 자동차를 대여하는 사업을 말한다.

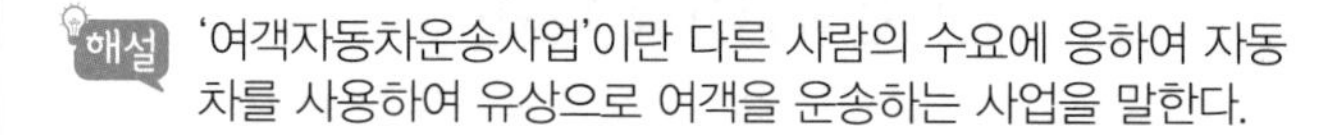
해설 '여객자동차운송사업'이란 다른 사람의 수요에 응하여 자동차를 사용하여 유상으로 여객을 운송하는 사업을 말한다.

**05 좌석안전띠를 매지 아니하거나 동승자에게 좌석안전띠를 매도록 하지 않아도 되는 경우가 아닌 것은?**

① 자동차를 후진시키기 위하여 운전하는 때
② 긴급자동차가 업무 외의 용도로 운행되고 있을 때
③ 경찰용 자동차에 의하여 호위되고 있는 자동차를 승차하는 때
④ 신장, 비만, 그 밖의 신체의 상태에 의하여 좌석안전띠의 착용이 적당하지 않다고 인정되는 자가 운전하는 때

긴급자동차가 그 본래의 용도로 운행되고 있는 때에는 좌석안전띠를 매지 아니하거나 승차자에게 좌석안전띠를 매도록 하지 아니하여도 된다.

정답 01.② 02.④ 03.① 04.④ 05.②

**06** **제1종 보통 운전면허를 받을 수 있는 사람은?**

① 18세 미만인 사람
② 한쪽 눈만 보지 못하는 사람
③ 양쪽 팔을 전혀 쓸 수 없는 사람
④ 알코올중독자로 정상적인 운전을 할 수 없다고 해당 분야 전문의가 인정하는 사람

 ①, ③, ④는 운전면허를 받을 수 없는 사람이다. 한쪽 눈만 보지 못하는 사람은 제1종 운전면허 중 대형면허 · 특수면허를 받을 수 없다.

**07** **편도 2차로 이상의 일반도로에서 자동차의 최고속도로 옳은 것은?**

① 최고속도 60km/h
② 최고속도 80km/h
③ 최고속도 100km/h
④ 최고속도 120km/h

 편도 2차로 이상의 일반도로에서 자동차의 최고속도는 매시 80km 이내이다.

**08** **버스운전자격시험 필기시험은 총점의 몇 할 이상을 얻어야 합격할 수 있는가?**

① 5할 ② 6할
③ 7할 ④ 8할

 **버스운전 자격시험 합격자 결정** : 필기시험 총점의 6할 이상을 얻을 것

**09** **고속도로에서 버스전용차로로 통행할 수 있는 차가 아닌 것은?**

① 4명 이상 승차한 9인승 이하 승용자동차
② 9인승 이상 승합자동차
③ 9인승 이상 승용자동차
④ 6명 이상 승차한 12인승 이하 승합자동차

 고속도로에서 버스전용차로를 통행할 수 있는 차는 9인승 이상 승용자동차 및 승합자동차(승용자동차 또는 12인승 이하의 승합자동차는 6명 이상이 승차한 경우로 한정)이다.

**10** **임의로 결행이나 노선 또는 운행계통의 단축 또는 연장운행을 한 경우의 과징금은?**

① 30만 원 ② 60만 원
③ 100만 원 ④ 360만 원

 임의로 미운행(결행), 도중 회차, 노선 또는 운행계통의 단축 또는 연장운행, 감회 또는 증회운행을 하여 사업계획을 위반한 경우 과징금 100만 원이 부과된다.

**11** **고속 주행하는 자동차가 감속하여 다른 도로로 유입할 경우 다른 자동차의 주행을 방해하지 않으면서 안전하게 감속할 수 있도록 설치한 차로는?**

① 가변차로
② 변속차로
③ 회전차로
④ 앞지르기차로

 변속차로는 고속 주행하는 자동차가 감속하여 다른 도로로 유입할 경우 또는 저속 자동차가 고속 주행하고 있는 자동차들 사이로 유입할 경우에 본선의 다른 고속 자동차의 주행을 방해하지 않고 안전하게 감속 또는 가속하도록 설치하는 차로이다.

**12** **주로 군(광역시의 군은 제외)의 단일 행정구역에서 운행계통을 정하고 여객을 운송하는 사업은?**

① 시내버스운송사업
② 시외버스운송사업
③ 마을버스운송사업
④ 농어촌버스운송사업

 농어촌버스운송사업은 주로 군(광역시의 군은 제외)의 단일 행정구역에서 운행계통을 정하고 국토교통부령으로 정하는 자동차를 사용하여 여객을 운송하는 사업이다.

정답 06.② 07.② 08.② 09.① 10.③ 11.② 12.④

**13** **교통안전표지의 종류에 대한 설명으로 바르지 않은 것은?**

① 지시표지 – 도로교통의 안전을 위하여 각종 주의 · 규제 · 지시 등의 내용을 노면에 기호 · 문자 또는 선으로 도로사용자에게 알리는 표지
② 규제표지 – 도로교통의 안전을 위하여 각종 제한 · 금지 등의 규제를 하는 경우 도로사용자에게 알리는 표지
③ 주의표지 – 도로상태가 위험하거나 주위에 위험물이 있는 경우 필요한 안전조치를 할 수 있도록 도로사용자에게 알리는 표지
④ 보조표지 – 주의표지 · 규제표지 또는 지시표지의 주기능을 보충하여 도로사용자에게 알리는 표지

해설 ①은 노면표시에 대한 설명이다. 지시표지는 도로의 통행방법, 통행구분 등 도로교통의 안전을 위하여 필요한 지시를 하는 경우에 도로사용자가 이에 따르도록 알리는 표지이다.

**14** **중앙선 침범 · 통행구분 위반, 고속도로 · 자동차전용도로 갓길 통행으로 인하여 운전자에게 부과되는 범칙금액은?**

① 4만 원 ② 5만 원
③ 7만 원 ④ 10만 원

해설 중앙선 침범, 통행구분 위반, 고속도로 · 자동차전용도로 갓길 통행 시 승합자동차 등 운전자에게 부과되는 범칙금액은 7만 원이다.

**15** **시내버스가 면허를 받거나 등록한 차고를 이용하지 않고 주차장이 아닌 곳에서 밤샘주차를 한 경우 부과되는 과징금으로 옳은 것은?**

① 10만 원 ② 20만 원
③ 30만 원 ④ 40만 원

해설 시내버스가 면허를 받거나 등록한 차고를 이용하지 아니하고 차고지가 아닌 곳에서 밤샘주차를 한 경우 부과되는 과징금은 1차 위반 시 10만 원, 2차 위반 시 15만 원이다.

**16** **도주(뺑소니) 사고에 해당하지 않는 것은?**

① 피해자를 방치한 채 사고현장을 이탈하여 도주한 경우
② 사고운전자가 연락처를 거짓으로 알려준 경우
③ 현장에 도착한 경찰관에게 거짓으로 진술한 경우
④ 피해자의 부상이 경미하여 연락처를 제공하고 떠난 경우

해설 피해자의 부상이 경미하여 구호조치가 필요하지 않아 연락처를 제공하고 떠난 경우는 도주(뺑소니) 사고에 해당되지 않는다.

**17** **다음 중 난폭운전의 사례에 해당하지 않는 것은?**

① 지그재그로 운전하는 경우
② 운전미숙으로 인한 차선 이탈
③ 좌우로 핸들을 급조작하는 운전
④ 급차로 변경하는 경우

해설 난폭운전 사례에는 급차로 변경, 지그재그 운전, 좌 · 우로 핸들을 급조작하는 운전, 지선도로에서 간선도로로 진입할 때 일시정지 없이 급진입하는 운전 등이 있다.

**18** **밤에 도로에서 차를 운행하는 경우에 켜야 할 승합자동차의 등화는?**

① 차폭등, 미등
② 번호등, 차폭등, 미등
③ 미등, 전조등, 번호등
④ 전조등, 차폭등, 미등, 번호등, 실내조명등

해설 자동차가 밤에 도로에서 차를 운행할 때 켜야 하는 등화 종류는 자동차안전기준에서 정하는 전조등, 차폭등, 미등, 번호등과 실내조명등(실내조명등은 승합자동차와 여객자동차 운수사업법에 따른 여객자동차운송사업용 승용자동차만 해당)이다.

정답 13.① 14.③ 15.① 16.④ 17.② 18.④

## 19 횡단보도로 인정이 되지 않는 경우는?

① 횡단보도 노면표시가 완전히 지워지거나 포장공사로 덮여진 경우
② 횡단보도 노면표시가 있으나 횡단보도표지판이 설치되지 않은 경우
③ 횡단보도 노면표시가 포장공사로 반은 지워졌으나 반이 남아 있는 경우
④ 횡단보도를 설치하려는 도로 표면이 포장되지 않아 횡단보도표지판이 설치되어 있는 경우

해설 횡단보도 노면표시가 완전히 지워지거나 포장공사로 덮여졌다면 횡단보도 효력을 상실한다.

## 20 여객자동차운송사업에 대한 설명으로 옳은 것은?

① 시외버스운송사업은 다른 노선 여객자동차운송사업자가 운행하기 어려운 구간을 대상으로 여객을 운송하는 사업이다.
② 마을버스운송사업은 운행형태에 따라 직행좌석형, 좌석형 및 일반형으로 구분한다.
③ 농어촌버스운송사업은 농촌과 어촌을 기점 또는 종점으로 한다.
④ 마을버스운송사업은 중형승합자동차를 사용하여 여객을 운송한다.

해설 ① 마을버스운송사업은 다른 노선 여객자동차운송사업자가 운행하기 어려운 구간을 대상으로 여객을 운송하는 사업이다.
② 농어촌버스운송사업은 운행형태에 따라 직행좌석형, 좌석형 및 일반형으로 구분한다.
③ 수요응답형 여객자동차운송사업은 농촌과 어촌을 기점 또는 종점으로 한다.

## 21 버스운전업무에 종사하려는 사람은 나이가 몇 세 이상이어야 하는가?

① 16세 ② 18세
③ 20세 ④ 25세

해설 버스운전업무에 종사하려는 사람은 20세 이상으로서 운전경력이 1년 이상이어야 한다.

## 22 다음 중 대형사고에 대한 설명으로 옳은 것은?

① 1명 이상이 사망하거나 5명 이상의 사상자가 발생한 사고
② 2명 이상이 사망하거나 20명 이상의 사상자가 발생한 사고
③ 3명 이상이 사망하거나 10명 이상의 사상자가 발생한 사고
④ 3명 이상이 사망하거나 20명 이상의 사상자가 발생한 사고

해설 대형사고는 3명 이상이 사망(교통사고 발생일부터 30일 이내에 사망)하거나 20명 이상의 사상자가 발생한 사고를 말한다.

## 23 여객자동차운수사업의 과징금 용도로 옳지 않은 것은?

① 여객자동차운수사업자에 대한 대출
② 지방자치단체가 설치하는 터미널을 건설하는 데에 필요한 자금의 지원
③ 운수종사자의 양성, 교육훈련, 그 밖의 자질 향상을 위한 시설과 운수종사자에 대한 지도 업무를 수행하기 위한 시설의 건설 및 운영
④ 벽지노선이나 그 밖에 수익성이 없는 노선으로서 대통령령으로 정하는 노선을 운행하여서 생긴 손실의 보전(補塡)

해설 과징금은 ②, ③, ④ 외에 터미널 시설의 정비·확충, 여객자동차 운수사업의 경영 개선이나 그 밖에 여객자동차 운수사업의 발전을 위하여 필요한 사업 및 보조나 융자, 여객자동차운수사업법을 위반하는 행위를 예방 또는 근절하기 위하여 지방자치단체가 추진하는 사업 외의 용도로는 사용할 수 없다.

정답 19.① 20.④ 21.③ 22.④ 23.①

**24** **여객자동차 운수사업법령상 교통사고로 인하여 2명 이상의 사망자가 발생한 경우 운전자격의 처분기준으로 옳은 것은?**

① 자격취소
② 지격정지 40일
③ 자격정지 50일
④ 자격정지 60일

 교통사고로 사망자 2명 이상은 자격정지 60일, 사망자 1명 및 중상자 3명 이상은 자격정지 50일, 중상자 6명 이상은 자격정지 40일이다.

**25** **도로교통법에 따른 보행자의 보호 방법으로 옳지 않은 것은?**

① 도로에 설치된 안전지대에 보행자가 있는 경우 안전한 거리를 두고 서행하여야 한다.
② 차로가 설치되지 않은 좁은 도로에서 보행자 옆을 지나는 경우 안전한 거리를 두고 서행하여야 한다.
③ 보행자가 횡단보도를 통행하고 있을 때 보행자의 횡단을 방해하거나 위험을 주지 않도록 서행하여야 한다.
④ 교통정리를 하고 있지 않은 교차로 또는 그 부근의 도로를 횡단하는 보행자의 통행을 방해하여서는 안 된다.

 ③ 보행자가 횡단보도를 통행하고 있거나 통행하려고 하는 때에는 보행자의 횡단을 방해하거나 위험을 주지 않도록 그 횡단보도 앞(정지선이 설치되어 있는 곳에서는 그 정지선)에서 일시정지하여야 한다.

**26** **클러치가 미끄러지는 원인이 아닌 것은?**

① 클러치 페달의 유격이 없을 때
② 클러치 디스크의 마멸이 심할 때
③ 클러치 스프링의 장력이 강할 때
④ 클러치 디스크에 오일이 묻어 있을 때

해설 클러치기 미끄러지는 원인은 클러치 스프링의 장력이 약한 경우이다.

**27** **브레이크 제동효과가 불량할 경우의 추정 원인으로 틀린 것은?**

① 공기 누설
② 라이닝 간극 과다
③ 공기압 과소
④ 타이어 마모 심함

 브레이크 제동효과 불량 원인은 공기압 과다, 공기 누설, 라이닝 간극 과다 및 마모상태 심각, 심한 타이어 마모이다.

**28** **장시간 자동으로 문을 열어 놓으면 발생할 수 있는 현상으로 옳은 것은?**

① 연료필터가 막힌다.
② 배터리가 방전될 수 있다.
③ 엔진오일의 점도가 높아진다.
④ 예열작동이 불충분하게 된다.

 장시간 자동으로 문을 열어 놓으면 배터리가 방전될 수 있다.

**29** **에어클리너 필터가 오염되었을 때 구분할 수 있는 색상은?**

① 흰색 ② 노란색
③ 청색 ④ 검은색

 검은색 배출 가스는 초크 고장, 에어클리너 필터 오염, 연료 장치 고장 등이 원인이다.

**30** **자동차 신규검사 신청서류가 아닌 것은?**

① 제원표
② 자동차등록증
③ 신규검사 신청서
④ 말소사실증명서 또는 수입신고서

 신규검사 신청서류는 신규검사 신청서, 출처증명서류(말소사실증명서 또는 수입신고서, 자기인증 면제확인서), 제원표이다.

정답 24.④ 25.③ 26.③ 27.③ 28.② 29.④ 30.②

**31** 다음 중 동력전달장치가 아닌 것은?

① 타이어 ② 클러치
③ 변속기 ④ 쇽업소버

 쇽업소버는 완충(현가)장치이다.

**32** 천연가스의 특징에 대한 설명으로 틀린 것은?

① 불완전 연소로 인한 입자상 물질의 생성이 적다.
② 탄화수소 연료 중의 탄소수가 적고 독성이 낮다.
③ 천연가스를 액화한 것을 CNG(압축천연가스)라고 한다.
④ 영하 20~30도의 저온에서도 가스 상태로서 저온 시동성이 우수하다.

 천연가스를 액화한 것을 LNG(액화천연가스)라고 한다. CNG(압축천연가스)는 천연가스를 고압으로 압축하여 고압 압력용기에 저장한 기체상태의 연료이다.

**33** 엔진 오버히트가 발생할 때의 안전조치로 옳지 않은 것은?

① 비상경고등을 작동한 후 도로 가장자리로 이동하여 정차한다.
② 여름에는 에어컨, 겨울에는 히터의 작동을 중지한다.
③ 엔진이 멈춘 후 보닛을 열어 엔진을 충분히 냉각시킨다.
④ 특이한 사항이 없다면 냉각수를 보충하여 운행한다.

 ③ 엔진이 작동하는 상태에서 보닛을 열어 엔진을 충분히 냉각시킨 후 냉각수 양 점검, 라디에이터 호스 연결 부위 등의 누수여부 등을 확인한다.

**34** ABS 조작에 대한 설명으로 옳지 않은 것은?

① ABS가 정상이면 ABS경고등은 점등된다.
② ABS 차량은 급제동할 때에도 핸들조향이 가능하다.
③ ABS 차량이라도 옆으로 미끄러지는 위험을 방지할 수 없다.
④ 급제동할 때 브레이크 페달을 버스가 완전히 정지할 때까지 계속 밟고 있어야 한다.

 ABS가 정상이면 경고등은 소등된다. 계속 점등된다면 점검이 필요하다.

**35** 운전자가 출발 전 반드시 점검해야 할 사항으로 가장 옳지 않은 것은?

① 후사경을 조절하여 충분한 시계를 확보한다.
② 핸들을 신체에 맞게 조절한다.
③ 배터리액이 넘쳐흐르지는 않았는지 확인한다.
④ 주차브레이크를 해제하여 경고등이 소등되는지 점검한다.

 ③은 운행 후 엔진점검사항이다.

**36** 자동차가 하중을 받았을 때 앞 차축의 휨을 방지하고 조향핸들의 조작을 가볍게 하는 장치는?

① 캠버 ② 토인
③ 캐스터 ④ 스태빌라이저

 캠버는 정면에서 보았을 때 앞바퀴가 수직선과 이루는 각을 의미한다. 캠버는 수직 방향 하중에 의한 앞 차축의 휨을 방지하며, 조향핸들의 조작을 가볍게 한다.

정답 31.④ 32.③ 33.③ 34.① 35.③ 36.①

**37** 수막현상에 대한 설명으로 틀린 것은?

① 차량의 속도가 빠를수록 수막현상이 더 발생한다.
② 타이어 공기압이 낮을수록 수막현상이 더 발생한다.
③ 타이어의 마모가 심할수록 수막현상이 더 발생한다.
④ 수막현상은 차량 속도 및 타이어 마모 정도와는 관계없다.

 ④ 수막현상은 타이어의 공기압, 타이어 마모 정도, 차량의 속도, 노면상태 등의 영향을 받는다.

**38** CNG 자동차의 연료장치 구성품이 아닌 것은?

① 플렉시블 연료 호스
② 압력조정기
③ 퀵 릴리즈 밸브
④ 리셉터클

 CNG 자동차의 연료장치 구성품은 충전용기, 용기 부속품, 리셉터클, 체크밸브, 플렉시블 연료 호스, CNG 필터, 압력조정기, 가스 · 공기 혼소기, 압력계이다.

**39** 풋 브레이크의 보조로 사용되는 브레이크로 베이퍼 록이나 페이드 현상이 발생할 가능성이 높아져 안전한 운전을 할 수 없게 됨에 따라 개발된 것은?

① 주차 브레이크
② 핸드 브레이크
③ 사이드 브레이크
④ 감속 브레이크

 감속 브레이크에 대한 설명이다.

**40** 계기판의 용도에 대한 설명 중 옳지 않은 것은?

① 수온계는 엔진냉각수의 온도를 나타낸다.
② 회전계는 배터리의 충전과 방전상태를 나타낸다.
③ 속도계는 자동차의 시간당 주행속도를 나타낸다.
④ 연료계는 연료탱크에 남아 있는 연료의 잔류량을 나타낸다.

 ② 회전계(타코미터)는 엔진의 분당 회전수(rpm)를 나타낸다.

**41** 중앙분리대의 기능에 대한 설명으로 틀린 것은?

① 필요에 따라 유턴을 방지한다.
② 상 · 하 차도의 교통을 분리시켜 정면 충돌사고를 방지한다.
③ 야간 주행 시 대향차의 전조등 불빛에 의한 눈부심을 방지한다.
④ 평면교차로가 있는 도로에서는 폭이 충분할 때 우회전 차로로 활용할 수 있어 교통소통에 유리하다.

 ④ 평면교차로가 있는 도로에서는 폭이 충분할 때 좌회전 차로로 활용할 수 있어 교통소통에 유리하다.

**42** 평면곡선부에서 자동차가 원심력에 저항할 수 있도록 하기 위하여 설치하는 경사를 무엇이라 하는가?

① 종단경사 ② 편경사
③ 횡단경사 ④ 저단경사

 편경사에 대한 설명이다.



정답 37.④ 38.③ 39.④ 40.② 41.④ 42.②

**43** **안전운전을 할 때 주변 확인 시 주의해서 보아야 할 것이 아닌 것은?**

① 다른 차로의 차량
② 신호등
③ 안전공간
④ 보행자

전방 탐색 시 다른 차로의 차량, 보행자, 자전거 교통의 흐름과 신호등을 주의해서 보아야 한다.

**44** **야간에 대향차의 전조등 눈부심으로 인해 순간적으로 보행자를 잘 볼 수 없게 되는 현상은?**

① 현혹현상 ② 수막현상
③ 모닝 록 현상 ④ 증발현상

증발현상은 보행자가 교차하는 차량의 불빛 중간에 있게 되면 운전자가 순간적으로 보행자를 전혀 보지 못하는 현상을 말한다.

**45** **속도에 대한 정의로 옳지 않은 것은?**

① 설계속도 – 도로설계의 기초가 되는 자동차의 속도
② 규제속도 – 법정속도(시 · 도경찰청장에 의한 지정속도)와 제한속도(도로교통법에 따른 도로별 최고 · 최저속도)
③ 주행속도 – 정지시간을 제외한 실제 주행거리의 평균 주행속도
④ 구간속도 – 정지시간을 포함한 주행거리의 평균 주행속도

② 규제속도 : 법정속도(도로교통법에 따른 도로별 최고 · 최저속도)와 제한속도(시 · 도경찰청장에 의한 지정속도)

**46** **교통섬에 대한 설명으로 옳지 않은 것은?**

① 신호등, 도로표지, 안전표지, 조명 등 노상시설의 설치장소를 제공한다.
② 도로교통의 흐름을 안전하게 유도한다.
③ 보행자가 도로를 횡단할 때 대피섬을 제공한다.
④ 회전차량의 대기장소로 제공된다.

교통섬은 자동차의 안전하고 원활한 교통처리나 보행자 도로횡단의 안전을 확보하기 위해 교차로 또는 차도의 분기점 등에 설치하는 섬모양의 시설이다.

**47** **회전교차로의 일반적인 특징으로 옳지 않은 것은?**

① 인접도로 및 지역에 대한 접근성을 높여 준다.
② 신호교차로에 비해 유지관리비용이 많이 든다.
③ 신호등이 없는 교차로에 비해 상충 횟수가 적다.
④ 교차로 진입과 대기에 대한 운전자의 의사결정이 간단하다.

회전교차로는 신호교차로에 비해 유지관리비용이 적게 들고, 지체시간이 감소되어 연료소모와 배기가스를 줄일 수 있다.

**48** **시야에 대한 설명으로 옳지 않은 것은?**

① 양안 시야는 보통 180°~200° 정도이다.
② WHO에서 운전에 요구되는 최소한의 기준으로 한쪽 눈 시야가 140° 이상 될 것을 권고하고 있다.
③ 운전 중인 운전자의 시야는 시속 40km로 주행 중일 때는 약 100° 정도로 축소된다.
④ 시야란 눈의 위치를 바꿔가며 볼 수 있는 좌우의 범위이다.

시야란 눈의 위치를 바꾸지 않고도 볼 수 있는 좌우의 범위이다.

정답 43.③ 44.④ 45.② 46.④ 47.② 48.④

**49** **버스 교통사고의 주요 요인이 되는 특성이 아닌 것은?**

① 버스는 도로상에서 점유하는 공간이 크다.
② 버스 운전자는 승객들의 운전방해 행위에 쉽게 주의가 분산된다.
③ 버스의 좌우회전 시 내륜차는 승용차에 비해 작다.
④ 버스의 운전석에서는 잘 볼 수 없는 부분이 승용차 등에 비해 훨씬 넓다.

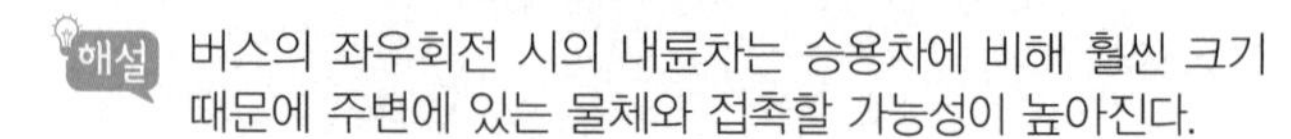
해설 버스의 좌우회전 시의 내륜차는 승용차에 비해 훨씬 크기 때문에 주변에 있는 물체와 접촉할 가능성이 높아진다.

**50** **철길건널목에서의 방어운전에 대한 설명으로 옳지 않은 것은?**

① 철길건널목에 접근할 때에는 속도를 줄인다.
② 철길건널목 건너편의 여유공간을 확인한 후 통과한다.
③ 철길건널목을 통과할 때에는 기어를 변속하지 않는다.
④ 차단기가 내려지고 있거나 경보음이 울리고 있을 때에는 건널목을 신속히 통과한다.

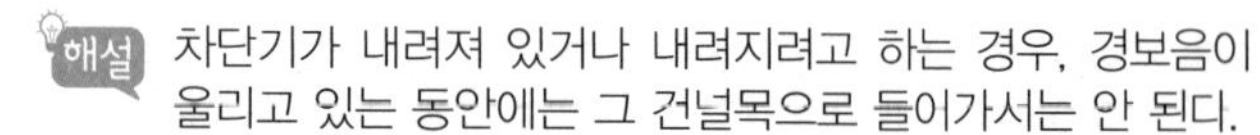
해설 차단기가 내려져 있거나 내려지려고 하는 경우, 경보음이 울리고 있는 동안에는 그 건널목으로 들어가서는 안 된다.

**51** **운전과 관련되는 시각의 특성으로 옳은 것은?**

① 속도가 빨라질수록 시력은 좋아진다.
② 속도가 빨라질수록 시야의 범위가 좁아진다.
③ 속도가 빨라질수록 전방주시점은 가까워진다.
④ 속도가 빨라질수록 가까운 곳의 풍경(근경)은 더욱 선명해진다.

해설 ① 속도가 빨라질수록 시력은 떨어진다.
③ 속도가 빨라질수록 전방주시점은 멀어진다.
④ 속도가 빨라질수록 가까운 곳의 풍경(근경)은 더욱 흐려진다.

**52** **고속도로에서 안전운전방법으로 옳지 않은 것은?**

① 전 좌석 안전띠 착용이 의무사항이다.
② 주변의 교통흐름에 따라 적정속도를 유지한다.
③ 느린 속도의 앞차를 추월할 경우 앞지르기 차로를 이용하며 추월이 끝나면 주행차로로 복귀한다.
④ 고속도로에 진입할 때는 빠른 속도로 가속하고, 진입한 후에는 안전하게 감속한다.

해설 ④ 고속도로 진입은 안전하게 천천히, 진입 후 가속은 빠르게 한다.

**53** **시가지 이면도로에서의 방어운전으로 옳지 않은 것은?**

① 위험한 대상물에 주의하면서 운전한다.
② 주 · 정차된 차량이 출발하려는 경우 따라붙거나 속도를 내어 앞지른다.
③ 이면도로에서는 항상 보행자의 출현 등 돌발 상황에 대비한다.
④ 자전거나 이륜차가 통행하는 경우 통행공간을 배려하면서 운전한다.

해설 ② 주 · 정차된 차량이 출발하려는 경우 안전거리를 확보한다.



정답 49.③ 50.④ 51.② 52.④ 53.②

**54** **방호울타리의 기능으로 옳지 않은 것은?**

① 보행자의 무단 횡단을 방지한다.
② 긴급자동차의 주행을 원활하게 한다.
③ 자동차를 정상적인 진행방향으로 복귀시킨다.
④ 탑승자의 상해나 자동차의 파손을 감소시킨다.

 ②는 포장된 길어깨에 대한 설명이다.

**55** **길어깨(갓길)에 대한 설명으로 옳지 않은 것은?**

① 보도가 없는 도로에서는 보행자의 통행 장소로 제공된다.
② 곡선도로의 시거가 감소하여 교통의 안전성이 확보된다.
③ 고장차가 대피할 수 있는 공간을 제공하여 교통 혼잡을 방지한다.
④ 도로관리 작업장이나 지하매설물을 설치할 수 있는 장소를 제공한다.

 ② 길어깨는 곡선도로의 시거를 증가시키기 때문에 교통의 안전성이 확보된다.

**56** **핸들 옆 조명 스위치는 2단계에서 어떤 등이 켜지는가?**

① 차폭등, 미등, 번호판등, 계기판등, 전조등
② 차폭등, 미등
③ 차폭등, 미등, 번호판등, 계기판등
④ 차폭등, 미등, 번호판등

- 1단계 : 차폭등, 미등, 번호판등, 계기판등
- 2단계 : 차폭등, 미등, 번호판등, 계기판등, 전조등

**57** **안전운행에 대한 설명으로 옳지 않은 것은?**

① 운전 중 피곤함을 느끼면 운전을 지속하기보다는 차를 멈추도록 한다.
② 운전 중 눈은 한곳에 집중하여 보면서 다른 곳으로 서서히 눈을 돌린다.
③ 장거리 운행 시 정기적으로 차를 멈추어 차에서 나와 가벼운 체조를 한다.
④ 눈이 감기거나 전방을 제대로 주시할 수 없다면 창문을 열거나 에어컨 환기 시스템을 가동하여 신선한 공기를 마신다.

 ② 한 곳에 주의가 집중되어 있을 때에는 인지할 수 있는 시야 범위가 좁아지므로, 계속 눈을 움직이면서 시선이 고정되지 않게 하고, 주변 상황에 민감하게 반응해야 한다.

**58** **종단선형과 관련된 교통사고에 대한 설명으로 틀린 것은?**

① 오르막길에서보다 내리막길에서의 사고율이 높다.
② 일반적으로 종단경사가 커짐에 따라 사고발생률이 낮아진다.
③ 종단곡선의 정점에서 전방에 대한 시거가 단축되어 운전자에게 불안감을 조성할 수 있다.
④ 양호한 선형조건에서 제한되는 시거가 불규칙적으로 나타나면 평균보다 높은 사고율을 보인다.

 ② 일반적으로 종단경사가 커짐에 따라 사고발생이 증가할 수 있다.

정답 54.② 55.② 56.① 57.② 58.②

**59** **교통사고 3대 요인 중 차량요인과 가장 거리가 먼 것은?**

① 적하
② 부속품
③ 도로구조
④ 차량구조장치

 ③은 도로요인이다. 차량요인에는 차량구조장치, 부속품, 적하 등이 있다.

**60** **터널 주행 중 화재가 났을 때 행동요령으로 가장 적절한 것은?**

① 차량에서 내린 후 문을 닫고 터널 안에서 대기한다.
② 차량에서 내려 진화를 시도한 후 119에 신고한다.
③ 차량을 터널 밖으로 신속히 옮긴 후 119에 신고한다.
④ 엔진을 켠 채로 차량에서 내린 후 터널 밖으로 나간다.

 ① 운전자는 차량과 함께 터널 밖으로 신속히 이동하고, 터널 밖으로 이동이 불가능한 경우에는 최대한 갓길 쪽으로 정차한다.
② 119에 구조요청하고, 터널에 비치된 소화기 등으로 조기 진화를 시도한다.
④ 엔진을 끄고 키를 꽂아둔 채 신속하게 하차한다.

**61** **고무 같은 것이 타는 냄새가 날 때는 자동차의 어느 부분의 이상인가?**

① 바퀴 부분
② 유압장치 부분
③ 전기장치 부분
④ 브레이크 장치 부분

 고무 같은 것이 타는 냄새는 전기장치 부분의 이상이다.

**62** **커브길 주행 시 주의사항으로 틀린 것은?**

① 급핸들 조작이나 급제동은 하지 않는다.
② 중앙선을 침범하거나 도로 중앙으로 치우쳐 운전하지 않는다.
③ 겨울철에는 노면이 얼어 있으므로 사전에 조심하여 운전한다.
④ 주간에는 전조등, 야간에는 경음기를 사용하여 차의 존재를 알린다.

 ④ 커브길 주행 시 주간에는 경음기, 야간에는 전조등을 사용하여 내 차의 존재를 알린다.

**63** **원심력에 대한 설명으로 옳지 않은 것은?**

① 원심력은 속도가 빠를수록 커진다.
② 원심력은 무게나 속도와 상관없다.
③ 원심력은 커브 반경이 짧을수록 커진다.
④ 원심력은 차의 중량이 무거울수록 커진다.

 원심력은 무게가 무거울수록 커지고, 속도의 제곱에 비례해서 커진다.

**64** **내리막길에서 풋 브레이크만 사용하게 되면 라이닝의 마찰에 의해 제동력이 떨어지므로 이를 방지하기 위해 내리막길에서 사용하면 안전한 제동장치는?**

① ABS
② 엔진 브레이크
③ 주차 브레이크
④ 핸드 브레이크

 내리막길에서 풋 브레이크만 사용하게 되면 라이닝의 마찰에 의해 제동력이 떨어지므로 엔진 브레이크를 사용하는 것이 안전하다.

정답 59.③ 60.③ 61.③ 62.④ 63.② 64.②

**65** **어린이가 승용차에 탑승했을 때 주의사항으로 옳지 않은 것은?**

① 어린이는 앞좌석에 앉도록 한다.
② 문은 어린이가 열고 닫지 않게 한다.
③ 차에서 하차할 때에는 어린이와 같이 하차하여야 한다.
④ 여름철 주차 시 어린이를 차안에 혼자 방치하지 않는다.

 ① 어린이는 반드시 뒷좌석에 태우고 도어의 안전잠금장치를 잠근 후에 운행하여야 한다.

**66** **주행 전·후의 안전수칙으로 적절하지 않은 것은?**

① 운전석은 되도록 주행 중에 조작한다.
② 인화성 물질을 차내에 방치하지 않는다.
③ 높이 제한이 있는 도로 주행 시에는 항상 차량의 높이에 주의한다.
④ 차를 후진할 때에는 백미러에만 의존하지 않고 직접 후방을 확인한다.

 좌석은 출발 전에 조정하고 주행 중에는 절대로 조작하지 않는다.

**67** **교통카드 시스템의 운영자 측의 효과로 거리가 먼 것은?**

① 수입관리 용이
② 운송 수익 증대
③ 현금 소지 불편 해소
④ 다양한 요금체계 대응

 ③은 교통카드 시스템을 이용자가 사용하였을 때의 효과로 적절하다.

**68** **운전자의 사명과 기본자세에 대한 설명으로 옳지 않은 것은?**

① 운전자는 공인이라는 사명감이 수반되어야 한다.
② 항상 마음의 여유를 가지고 서로 양보하는 자세로 운전한다.
③ 운행 중에 발생하는 판단되지 않는 상황에서는 추측운전을 한다.
④ 수시로 변하는 교통상황에 맞는 적절한 판단으로 교통법규를 준수한다.

 운행 중에 발생하는 각종 상황에 대해 추측운전은 금지이다. 작은 교통상황의 변화에도 반드시 안전을 확인한 후에 자동차를 조작하여야 한다.

**69** **운행기록분석결과의 활용 방법으로 옳지 않은 것은?**

① 자동차의 운행관리
② 교통수단 및 운행체계의 개선
③ 운송사업자의 교통안전관리 개선
④ 교통수단 이용자에 대한 교육·훈련

 운행기록분석결과는 자동차의 운행관리, 운전자에 대한 교육·훈련, 운전자의 운전습관 교정, 운송사업자의 교통안전관리 개선, 교통수단 및 운행체계의 개선, 교통행정기관의 운행계통 및 운행경로 개선, 그 밖에 사업용 자동차의 교통사고 예방을 위한 교통안전정책의 수립에 활용할 수 있다.

**70** **버스정보시스템(BIS) 도입을 통한 기대효과로 거리가 먼 것은?**

① 교통체증의 효과적인 개선
② 버스운행정보 제공으로 만족도 향상
③ 과속 및 난폭운전으로 인한 불안감 해소
④ 불규칙한 배차, 결행 및 무정차 통과에 의한 불편해소

 버스정보시스템(BIS; Bus Information System)는 버스와 정류소에 무선 송수신기를 설치하여 버스 위치를 실시간으로 파악하여 버스 이용자에게 해당 버스의 도착 예정시간을 안내하고, 인터넷 서비스를 통해 운행정보를 제공하는 시스템이다.

정답 65.① 66.① 67.③ 68.③ 69.④ 70.①

**71** **악수하는 방법으로 옳지 않은 것은?**

① 악수는 직원이 승객에게 청한다.
② 상사가 아랫사람에게 먼저 손을 내민다.
③ 악수하는 손을 흔들거나 꽉 잡지 않는다.
④ 악수하는 도중 상대방의 시선을 피하지 않는다.

해설 악수는 승객이 직원에게, 여자가 남자에게, 선배가 후배에게, 기혼자가 미혼자에게 청한다.

**72** **저상버스의 기준으로 지면으로부터 실내 승객석이 위치한 바닥의 최저 높이로 알맞은 것은?**

① 340mm 이하　　② 400mm 이하
③ 450mm 이하　　④ 500mm 이하

저상버스는 상면지상고(지면으로부터 실내 승객석이 위치한 바닥의 최저 높이)가 340mm 이하로 출입구에 계단이 없고, 차체 바닥이 낮으며, 경사판이 장착되어 있어 장애인이 휠체어를 타거나, 아기를 유모차에 태운 채 오르내릴 수 있을 뿐 아니라 노약자들도 쉽게 이용할 수 있는 버스로서 주로 교통약자를 위한 시내버스에 이용되고 있다.

**73** **교통카드시스템의 구성요소가 아닌 것은?**

① 집계시스템　　② 정산시스템
③ 단말기　　④ 결제시스템

**74** **올바른 운전습관이 아닌 것은?**

① 도로상에서 사고가 발생한 경우 차량을 세워 둔 채로 시비, 다툼 등의 행위로 다른 차량의 통행을 방해하지 않는다.
② 지그재그 운전으로 다른 운전자를 불안하게 만드는 행동은 하지 않는다.
③ 차가 밀리지 않으면 과속으로 운전해 목적지까지 빨리 도착하도록 한다.
④ 운행 중에 갑자기 끼어들거나 다른 운전자에게 욕설을 하지 않는다.

해설 차가 밀리지 않더라도 과속으로 운행해서는 안 된다.

**75** **올바른 직업윤리가 아닌 것은?**

① 생계유지 수단　　② 봉사정신
③ 책임의식　　④ 소명의식

직업을 생계유지 위한 수단으로 보는 것은 잘못된 직업관에 해당한다.

**76** **버스요금체계의 유형이 아닌 것은?**

① 단일운임제　　② 구역운임제
③ 거리체감제　　④ 구간체감제

버스요금체계의 유형에는 단일(균일)운임제, 구역운임제, 거리운임요율제, 거리체감제가 있다.

**77** **간선급행버스체계의 도입 배경으로 적절하지 않은 것은?**

① 교통체증의 지속
② 대중교통 이용률 하락
③ 도로와 교통시설 증가의 둔화
④ 도로 및 교통시설에 대한 투자비 감소

도로 및 교통시설에 대한 투자비의 급격한 증가는 간선급행버스체계(BRT)의 도입 배경 중 하나이다.

**78** **간선급행버스체계의 운영을 위한 구성요소에 해당하지 않는 것은?**

① 교차로 시설 개선　　② 환승시설 개선
③ 통행권 확보　　④ 요금체계 개선

간선급행버스체계 운영을 위한 구성요소는 통행권 확보, 교차로 시설 개선, 자동차 개선, 환승시설 개선, 운행관리시스템이다.

정답 71.① 72.① 73.④ 74.③ 75.① 76.④ 77.④ 78.④

**79** **승객을 응대하는 마음가짐으로 옳지 않은 것은?**

① 항상 긍정적으로 생각한다.
② 자신의 입장에서 생각한다.
③ 예의를 지켜 겸손하게 대한다.
④ 공사를 구분하고 공평하게 대한다.

 ② 승객의 입장에서 생각한다.

**80** **입석 여객의 안전을 위하여 손잡이대 또는 손잡이를 설치해야 하는 버스에 해당하지 않는 것은?**

① 마을버스 ② 전세버스
③ 농어촌버스 ④ 일반형 시외버스

 시내버스, 농어촌버스, 마을버스, 일반형시외버스 및 수요응답형 여객자동차의 차실에는 입석 여객의 안전을 위하여 손잡이대 또는 손잡이를 설치해야 한다. 다만, 냉방장치에 지장을 줄 우려가 있다고 인정되는 경우에는 그 손잡이대를 설치하지 않을 수 있다.

정답 79.② 80.②

# 2022 제2회 버스운전자격시험 기출복원문제

**01 교통안전시설이 표시하는 신호 또는 지시와 교통정리를 하는 경찰공무원 등의 신호 또는 지시가 서로 다른 경우에는 경찰공무원 등의 신호 또는 지시에 따라야 한다. 다음 중 경찰공무원 등에 해당하지 않는 사람은?**

① 교통정리를 하는 경찰공무원
② 제주특별자치도의 자치경찰공무원
③ 업무를 마치고 소방서로 복귀하는 구급차를 유도하는 소방공무원
④ 군사훈련 및 작전에 동원되는 부대의 이동을 유도하는 군사경찰

 경찰공무원 등은 교통정리를 하는 경찰공무원 또는 경찰보조자를 말한다. 모범운전자, 군사훈련 및 작전에 동원되는 부대의 이동을 유도하는 군사경찰, 본래의 긴급한 용도로 운행하는 소방차 · 구급차를 유도하는 소방공무원이 경찰공무원을 보조하는 경찰보조자이다.

**02 운전면허 취소처분 기준에 해당하지 않는 것은?**

① 운전면허 행정처분 기간 중에 운전한 때
② 자동차관리법에 따라 등록되지 않은 자동차를 운전한 때
③ 수시적성검사에 불합격하거나 수시적성검사 기간을 초과한 때
④ 자동차를 이용하여 형법상 사기와 공갈죄 및 손괴죄로 구속되었을 때

해설 자동차 등을 이용하여 형법상 특수상해, 특수폭행, 특수협박, 특수손괴를 행하여 구속된 때에는 운전면허 취소처분에 해당한다.

**03 버스운전업무 종사자격의 요건이 아닌 것은?**

① 교통안전체험이론교육을 수료할 것
② 20세 이상으로 자동차 운전경력이 1년 이상일 것
③ 사업용 자동차를 운전하기에 적합한 운전면허를 보유하고 있을 것
④ 국토교통부장관이 정하는 운전적성에 대한 정밀검사기준에 적합할 것

 자격요건을 갖춘 사람이 교통안전체험에 관한 연구 · 교육시설에서 안전체험, 교통사고 대응요령 및 여객자동차 운수사업법령 등에 관하여 실시하는 이론 및 실기교육을 이수하고 시행규칙 제55조(운전자격의 등록 등)에 따라 자격증을 취득하여야 한다.

**04 자가용자동차를 유상 운송용으로 제공 또는 임대하거나 이를 알선할 수 있는 경우로 옳지 않은 것은?**

① 천재지변, 긴급 수송, 교육 목적을 위한 운행
② 출 · 퇴근시간대 승용자동차를 함께 타는 경우
③ 국가 또는 지방자치단체 소유의 자동차로서 장애인 등의 교통편의를 위해 운행하는 경우
④ 천재지변으로 인하여 수송력 공급의 증가가 긴급히 필요하여 대통령의 허가를 받은 경우

 천재지변이나 그 밖에 이에 준하는 비상사태로 인하여 수송력 공급의 증가가 긴급히 필요한 경우로서 특별자치시장 · 특별자치도지사 · 시장 · 군수 · 구청장(자치구의 구청장)의 허가를 받은 경우에 자가용자동차를 유상 운송용으로 제공 또는 임대하거나 이를 알선할 수 있다.

정답 01.③ 02.④ 03.① 04.④

**05** 어린이보호구역 또는 주거지역 안에 설치하는 속도제한표시 테두리 선의 노면표시 색채는?

① 녹색　② 파란색
③ 노란색　④ 빨간색

 소방시설 주변 정차 · 주차금지표시 및 어린이보호구역 또는 주거지역 안에 설치하는 속도제한표시 테두리선의 노면표시는 빨간색으로 표시한다.

**06** 다음 중 16인 이상 승합자동차의 면허는?

① 1종 보통면허　② 1종 대형면허
③ 2종 보통면허　④ 특수면허

 승차정원 15명 이하의 승합자동차는 제1종 보통면허로 운전이 가능하다.

**07** 보행자의 도로횡단에 대한 설명으로 옳지 않은 것은?

① 보행자는 차의 바로 앞이나 뒤로 횡단해야 한다.
② 도로횡단시설을 이용할 수 없는 지체장애인의 경우에는 도로를 횡단할 수 있다.
③ 보행자는 횡단보도가 설치되어 있지 않은 도로에서는 가장 짧은 거리로 횡단해야 한다.
④ 보행자는 안전표지 등에 의하여 횡단이 금지되어 있는 경우에는 그 도로를 횡단하면 아니 된다.

 ① 보행자는 차의 바로 앞이나 뒤로 횡단하여서는 아니 된다.

**08** 앞지르기 방법에 대한 설명으로 옳지 않은 것은?

① 모든 차의 운전자는 다른 차를 앞지르려면 앞차의 좌측으로 통행하여야 한다.
② 경찰공무원의 지시에 따라 정지하거나 서행하고 있는 차를 앞지르기할 수 있다.
③ 도로교통법에 따른 명령에 따라 정지하거나 서행하고 있는 차를 앞지르기하지 못한다.
④ 앞차의 좌측에 다른 차가 앞차와 나란히 가고 있는 경우에는 앞차를 앞지르지 못한다.

 모든 차의 운전자는 경찰공무원의 지시에 따라 정지하거나 서행하고 있는 차를 앞지르지 못하며, 앞으로 끼어들지 못한다.

**09** 다음 중 범칙금이 부과되지 않는 소음으로 옳은 것은?

① 엔진 공회전에 의한 소음
② 급발진, 급가속에 의한 소음
③ 반복적 · 연속적인 경음기 울림으로 인한 소음
④ 시동 후 동력전달 시 엔진에서 발생하는 소음

 **급발진, 급가속, 엔진 공회전 또는 반복적 · 연속적인 경음기 울림으로 인한 소음 발생 행위** : 범칙금액 5만 원(승합자동차 등)

정답 05.④ 06.② 07.① 08.② 09.④

**10 정차 및 주차가 금지되는 장소가 아닌 것은?**

① 건널목의 가장자리 또는 횡단보도로부터 5m 이내인 곳
② 교차로의 가장자리 또는 도로의 모퉁이로부터 5m 이내인 곳
③ 교차로, 횡단보도, 건널목이나 보도와 차도가 구분된 도로의 보도
④ 안전지대가 설치된 도로에서는 그 안전지대의 사방으로부터 각각 10m 이내인 곳

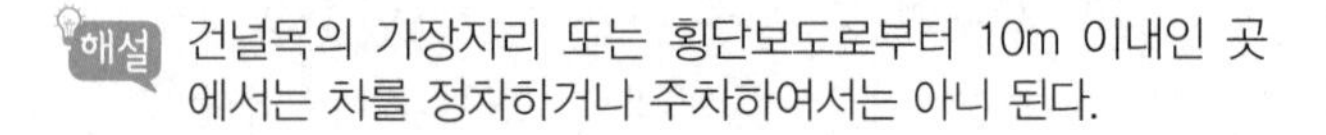
해설 건널목의 가장자리 또는 횡단보도로부터 10m 이내인 곳에서는 차를 정차하거나 주차하여서는 아니 된다.

**11 스키드마크(skid mark)의 의미로 적절한 것은?**

① 차가 추월, 교행 등을 하려다가 차의 좌우측면을 서로 스친 것
② 차의 급제동으로 타이어의 회전이 정지된 상태에서 노면에 미끄러져 생긴 타이어 마모흔적 또는 활주흔적
③ 차가 반대방향 또는 측방에서 진입하여 그 차의 정면으로 다른 차의 정면 또는 측면을 충격한 것
④ 급핸들 등으로 차의 바퀴가 돌면서 차축과 평행하게 옆으로 미끄러져 생긴 타이어 마모흔적

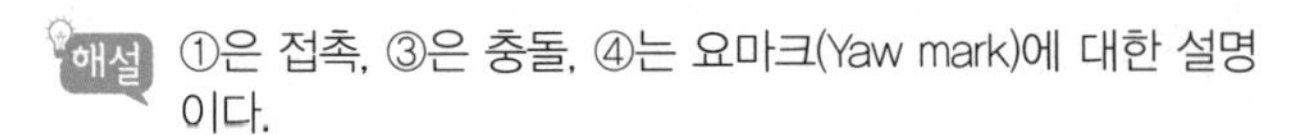
해설 ①은 접촉, ③은 충돌, ④는 요마크(Yaw mark)에 대한 설명이다.

**12 주차금지 장소가 아닌 것은?**

① 터널 안 및 다리 위
② 다중이용업소의 영업장이 속한 건축물로 시 · 도경찰청장이 지정한 곳
③ 도로공사를 하고 있는 경우에는 그 공사 구역의 양쪽 가장자리 10m 이내인 곳
④ 시 · 도경찰청장이 교통의 안전과 원활한 소통을 확보하기 위하여 필요하다고 인정하여 지정한 곳

해설 모든 차의 운전자는 도로공사를 하고 있는 경우에는 그 공사 구역의 양쪽 가장자리로부터 5미터 이내인 곳에 차를 주차해서는 아니 된다.

**13 고속도로에서 안전거리 미확보 시 범칙금은?**

① 3만 원　② 5만 원
③ 7만 원　④ 10만 원

해설 고속도로 · 자동차전용도로 안전거리 미확보(승합자동차) : 범칙금액 5만 원, 벌점 10점

**14 비탈진 좁은 도로에서 사람을 태웠거나 물건을 실은 자동차와 동승자가 없고 물건을 싣지 않은 자동차가 서로 마주보고 진행할 경우 진로를 양보해야 하는 경우는?**

① 올라가는 자동차
② 짐을 실은 자동차
③ 내려가는 자동차
④ 사람을 태운 자동차

해설 비탈진 좁은 도로에서 자동차가 서로 마주보고 진행하는 경우에는 올라가는 자동차에게 진로를 양보한다.

정답 10.① 11.② 12.③ 13.② 14.①

**15** **일시정지하여야 하는 상황으로 옳지 않은 것은?**

① 보도와 차도가 구분된 도로에서 도로 외의 곳을 출입하는 때에는 보도를 횡단하기 직전에 일시정지하여야 한다.
② 모든 차의 운전자는 철길건널목을 통과하려는 경우에는 건널목 앞에서 일시정지하여야 한다.
③ 모든 차의 운전자는 교통정리를 하고 있지 않고 좌우를 확인할 수 없거나 교통이 빈번한 교차로에서는 일시정지하여야 한다.
④ 보행자전용도로의 통행이 허용된 운전자는 보행자가 없는 경우에는 일시정지하지 않고 신속히 진행한다.

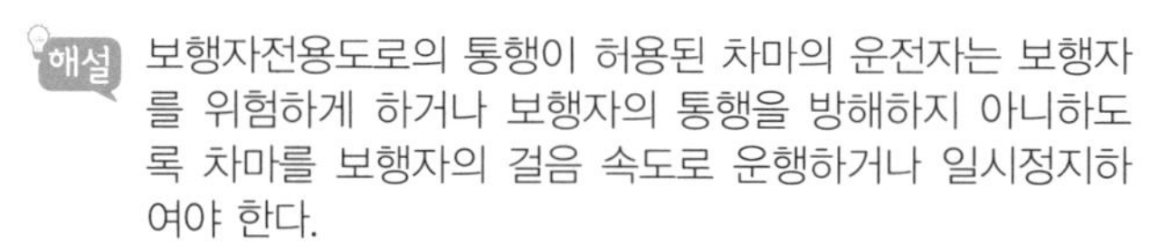
해설 보행자전용도로의 통행이 허용된 차마의 운전자는 보행자를 위험하게 하거나 보행자의 통행을 방해하지 아니하도록 차마를 보행자의 걸음 속도로 운행하거나 일시정지하여야 한다.

**16** **여객자동차운수업에 종사하는 65세 이상 70세 미만인 사람이 받는 검사로 옳은 것은?**

① 자격유지검사　② 정기적성검사
③ 특별검사　④ 신규검사

자격유지검사의 대상은 65세 이상 70세 미만인 사람(자격유지검사의 적합판정을 받고 3년이 지나지 아니한 사람은 제외), 70세 이상인 사람(자격유지검사의 적합판정을 받고 1년이 지나지 아니한 사람은 제외)이다.

**17** **제1종 운전면허에 필요한 도로교통법령에 따른 정지시력의 기준은?**

① 두 눈을 동시에 뜨고 잰 시력이 0.8 이상, 두 눈의 시력이 각각 0.5 이상
② 두 눈을 동시에 뜨고 잰 시력이 0.5 이상, 두 눈의 시력이 각각 0.4 이상
③ 두 눈을 동시에 뜨고 잰 시력이 0.8 이상, 두 눈의 시력이 각각 0.6 이상
④ 두 눈을 동시에 뜨고 잰 시력이 0.5 이상, 두 눈의 시력이 각각 0.6 이상

도로교통법령에 따른 시력의 기준(교정시력 포함)
- 제1종 운전면허 : 두 눈을 동시에 뜨고 잰 시력이 0.8 이상, 두 눈의 시력이 각각 0.5 이상
- 제2종 운전면허 : 두 눈을 동시에 뜨고 잰 시력이 0.5 이상(단, 한쪽 눈을 보지 못하는 사람은 다른 쪽 눈의 시력이 0.6 이상)

**18** **차도를 통행할 수 있는 사람이나 행렬이 아닌 것은?**

① 도로에서 청소나 보수 등 작업을 하고 있는 사람
② 유모차를 밀고 가는 사람
③ 군부대의 단체 행렬
④ 장의(장례) 행렬

차도를 통행할 수 있는 사람 또는 행렬
- 말 · 소 등의 큰 동물을 몰고 가는 사람
- 사다리, 목재, 그 밖에 보행자의 통행에 지장을 줄 우려가 있는 물건을 운반 중인 사람
- 도로에서 청소나 보수 등 작업을 하고 있는 사람
- 군부대나 그 밖에 이에 준하는 단체의 행렬
- 기(旗) 또는 현수막 등을 휴대한 행렬
- 장의(葬儀) 행렬

**19** **차량 신호등에 대한 설명으로 옳지 않은 것은?**

① 황색등화 시 교차로에 차마의 일부라도 진입한 경우에는 신속히 교차로 밖으로 진행하여야 한다.
② 적색등화 시 횡단보도 및 교차로의 직전에서 정지해야 하지만 신호에 따라 진행하는 다른 차마의 교통을 방해하지 않고 우전회할 수 있다.
③ 녹색등화 시 비보호좌회전표지가 있는 곳에서는 좌회전할 수 없다.
④ 황색등화가 점멸하는 경우에 차마는 다른 교통에 주의하면서 진행할 수 있다.

녹색등화 시 비보호좌회전표지 또는 비보호좌회전표시가 있는 곳에서는 좌회전할 수 있다.

정답 15.④ 16.① 17.① 18.② 19.③

**20** **보행자의 통행방법에 대한 설명으로 옳지 않은 것은?**

① 보행자는 보도에서는 좌측통행을 원칙으로 한다.
② 기 또는 현수막 등을 휴대한 행렬은 차도를 통행할 수 있다.
③ 보행자는 보도와 차도가 구분된 도로에서는 언제나 보도로 통행하여야 한다.
④ 보행자는 보도와 차도가 구분되지 아니한 도로 중 중앙선이 있는 도로에서는 길가장자리 또는 길가장자리구역으로 통행하여야 한다.

 ① 보행자는 보도에서는 우측통행을 원칙으로 한다.

**21** **고속도로 외의 도로에서 버스전용차로를 통행할 수 없는 차는?**

① 36인승 이상의 사업용 승합자동차
② 시 · 도경찰청장이 지정하여 운행하는 통학 · 통근용 16인승 이상 승합자동차
③ 36인승 이상의 대형승합자동차
④ 증명서를 발급받은 어린이통학버스

 36인승 미만의 사업용 승합자동차는 고속도로 외의 도로에서 버스전용차로를 통행할 수 있다.

**22** **녹색의 등화에 대한 설명으로 옳지 않은 것은?**

① 버스전용차로에 차마는 직진할 수 있다.
② 차마는 직진 또는 우회전할 수 있다.
③ 차마는 정지선에서 정지하여야 한다.
④ 보행자는 횡단보도를 횡단할 수 있다.

 녹색의 등화 시 차마는 직진 또는 우회전할 수 있고, 비보호좌회전표지 또는 비보호좌회전표시가 있는 곳에서는 좌회전할 수 있다.

**23** **술에 취한 상태에서 운전을 하다가 2회 이상 교통사고를 일으킨 경우의 운전면허 취득 결격기간으로 옳은 것은?**

① 운전면허가 취소된 날부터 1년
② 운전면허가 취소된 날부터 2년
③ 운전면허가 취소된 날부터 3년
④ 운전면허가 취소된 날부터 5년

 술에 취한 상태에서 운전을 하다가 2회 이상 교통사고를 일으킨 경우에는 운전면허가 취소된 날부터 3년이 지나지 아니하면 운전면허를 받을 수 없다.

**24** **앞차의 정당한 급정지에 해당하지 않는 경우는?**

① 앞차가 정지하거나 감속하는 것을 보고 급정지하는 경우
② 전방의 돌발 상황을 보고 급정지하는 경우
③ 앞차의 교통사고를 보고 급정지하는 경우
④ 신호를 착각하여 급정지하는 경우

 ④는 앞차의 상당성(위험한 상황에서 그럴 수 있다고 보는 당연성) 있는 급정지에 해당한다

**25** **혈중알코올농도 0.03% 이상 0.08% 미만인 상태에서 운전한 경우의 벌점은?**

① 30점 ② 50점
③ 100점 ④ 150점

 술에 취한 상태의 기준을 넘어서 운전한 때(혈중알코올농도 0.03% 이상 0.08% 미만)인 경우 : 벌점 100점

**26** **버스나 화물차와 같은 대형차에 주로 사용되는 현가장치는?**

① 토션바 스프링 ② 코일 스프링
③ 섀시 스프링 ④ 판 스프링

 버스나 화물차에 사용되는 것은 판 스프링이다.



정답 20.① 21.① 22.③ 23.③ 24.④ 25.③ 26.④

**27** **터보차저의 관리 요령에 대한 설명으로 옳지 않은 것은?**

① 터보차저 베어링부의 소착 등이 발생하지 않도록 터보차저의 온도를 식힌 후 엔진을 끈다.
② 초기 시동 시 냉각된 엔진이 따뜻해질 때까지 공회전시킨다.
③ 회전부의 원활한 윤활과 터보차저에 이물질이 들어가지 않도록 한다.
④ 공회전 또는 워밍업 시 무부하 상태에서 급가속한다.

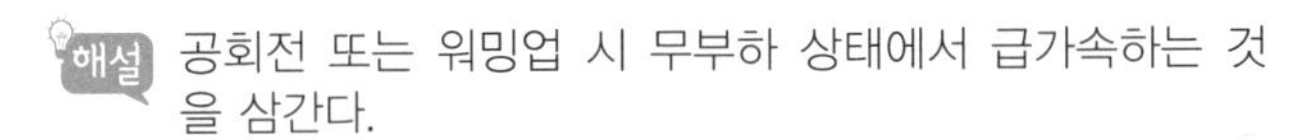
해설 공회전 또는 워밍업 시 무부하 상태에서 급가속하는 것을 삼간다.

**28** **가스 공급라인 등 연결부에서 가스가 누출될 때 조치방법에 대한 설명으로 옳지 않은 것은?**

① 탑승하고 있는 승객을 안전한 곳으로 대피시킨다.
② 누설 부위를 비눗물 또는 가스검진기 등으로 확인한다.
③ 엔진시동을 끈 후 메인전원 스위치를 차단하고 차량 부근으로 화기 접근을 금지한다.
④ 연결부위에서 가스가 새는 경우, 너트를 조여도 가스가 새면 연결부위의 너트를 교체한다.

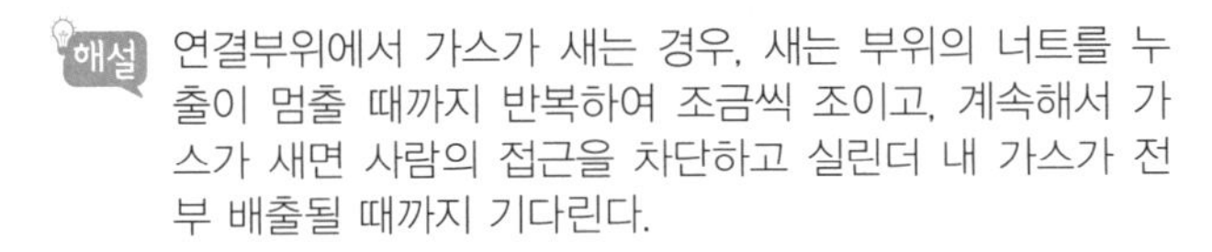
해설 연결부위에서 가스가 새는 경우, 새는 부위의 너트를 누출이 멈출 때까지 반복하여 조금씩 조이고, 계속해서 가스가 새면 사람의 접근을 차단하고 실린더 내 가스가 전부 배출될 때까지 기다린다.

**29** **자동차의 엔진이 쉽게 꺼지는 원인으로 옳지 않은 것은?**

① 연료 필터 막힘
② 밸브 간극 비정상
③ 공회전 속도가 높음
④ 에어클리너 필터 오염

해설 ③ 공회전 속도가 낮을 때 엔진이 쉽게 꺼질 수 있으며, 공회전 속도를 조절하여 조치한다.

**30** **공기식 브레이크의 특징으로 적절한 것은?**

① 공기 누출 시 안전도가 낮다.
② 유압 브레이크보다 값이 싸다.
③ 엔진 출력을 사용하므로 연료소비량이 많다.
④ 페달을 밟는 양에 따라 제동력이 조절되지 않는다.

해설 ① 공기가 누출되어도 제동 성능이 현저히 저하되지 않아 안전도가 높다.
② 유압 브레이크보다 값이 비싸다.
④ 페달을 밟는 양에 따라 제동력이 조절된다.

**31** **시동모터가 회전하지만 엔진시동이 걸리지 않을 때의 점검방법으로 옳은 것은?**

① 퓨즈의 단선 여부를 점검한다.
② 배터리 방전 상태를 점검한다.
③ 연료 유무 및 연료필터를 점검한다.
④ 배터리 단자의 연결 상태를 점검한다.

해설 시동모터는 회전하나 시동이 걸리지 않을 때 연료 유무를 점검한다.

정답 27.④ 28.④ 29.③ 30.③ 31.③

**32 엔진 후드 개폐 시 주의사항으로 옳지 않은 것은?**

① 항상 엔진을 정지시키고 엔진 룸을 점검한다.
② 도어를 닫은 후에는 확실히 닫혔는지 확인하고, 키 홈이 장착되어 있는 자동차는 키를 사용하여 잠근다.
③ 엔진 시동 상태에서 시스템 점검이 필요한 경우를 제외하고는 엔진 시동을 끄고 키를 뽑고 나서 엔진룸을 점검한다.
④ 엔진 시동 상태에서 점검 및 작업을 해야 할 경우에는 넥타이, 옷소매 등이 엔진 또는 라디에이터 팬 가까이 닿지 않도록 주의한다.

해설 엔진 시동 상태에서 시스템 점검이 필요한 경우를 제외하고는 엔진 시동을 끄고 키를 뽑고 나서 엔진룸을 점검한다.

**33 연료 주입구 개폐 시 주의사항으로 옳지 않은 것은?**

① 연료를 충전할 때에는 항상 엔진을 정지시킨다.
② 연료 주입구 근처에 불꽃이나 화염을 가까이 하지 않는다.
③ 캡을 열 때 연료에 압력이 가해져 있을 수 있으므로 천천히 분리한다.
④ 연료 캡에서 연료가 새거나 바람 빠지는 소리가 들리면 신속히 분리한다.

해설 ④ 연료 캡에서 연료가 새거나 바람 빠지는 소리가 들리면 연료 캡을 완전히 분리하기 전에 이런 상황이 멈출 때까지 대기한다.

**34 주행 중에 발생하는 열의 발산이 좋아 발열이 적고 펑크 수리가 간단하지만 유리 조각 등에 의해 손상되면 수리하기가 어려운 타이어는?**

① 바이어스 타이어
② 튜브리스 타이어
③ 레디얼 타이어
④ 스노타이어

튜브리스 타이어는 주행 중에 발생하는 열의 발산이 좋아 발열이 적고, 못에 찔려도 공기가 급격히 빠지지 않고 펑크 수리가 간단하다.

**35 감속브레이크의 장점에 대한 설명으로 옳지 않은 것은?**

① 클러치 관련 부품의 마모가 감소한다.
② 페달을 밟는 양에 따라 제동력이 조절된다.
③ 브레이크 슈, 드럼, 타이어의 마모를 줄일 수 있다.
④ 주행할 때 안전도를 높이고 운전자의 피로를 줄일 수 있다.

②는 공기식 브레이크의 장점이다.

**36 튜닝검사 시 구조 · 장치 변경승인 불가 항목에 해당하는 것은?**

① 총중량이 증가되는 튜닝
② 승차장치 및 물품적재장치의 튜닝
③ 길이, 너비 및 높이의 구조변경 튜닝
④ 조향장치, 제동장치, 연료장치의 튜닝

구조 · 장치 변경승인 불가 항목은 총중량이 증가되는 튜닝, 승차정원 또는 최대적재량의 증가를 가져오는 승차장치 또는 물품적재장치의 튜닝, 튜닝 전보다 성능 또는 안전도가 저하될 우려가 있는 경우의 튜닝이다.



정답 32.① 33.④ 34.② 35.② 36.①

**37** 다음 중 자동차의 계기판 용어가 아닌 것은?

① 수온계 ② 전압계
③ 회전계 ④ 기압계

 회전계는 엔진의 분당 회전수를 나타내고, 수온계는 엔진 냉각수의 온도를 나타내고, 전압계는 배터리의 충전 및 방전 상태를 나타낸다.

**38** 운행 전 차량 외관점검 사항으로 옳지 않은 것은?

① 차체가 기울지는 않았는지 점검한다.
② 번호판의 오염이나 손상은 없는지 점검한다.
③ 유리는 깨끗하며 깨진 곳은 없는지 점검한다.
④ 브레이크 페달의 작동은 이상 없는지 점검한다.

해설 ④는 운행 중 점검사항에서 출발 전 확인사항이다.

**39** 타이어 마모를 방지하는 역할을 하는 것은?

① 조향축 ② 캠버
③ 토인 ④ 캐스터

 토인은 앞바퀴의 옆방향 미끄러짐을 방지하고, 타이어 마멸을 방지한다.

**40** 현가장치에서 스프링의 종류로 옳지 않은 것은?

① 공기 스프링 ② 코일 스프링
③ 판 스프링 ④ 밸브 스프링

 완충(현가)장치의 스프링에는 판 스프링, 코일 스프링, 토션바 스프링, 공기 스프링이 있다.

**41** 자동차 페이드 현상에 대한 설명으로 옳지 않은 것은?

① 주로 겨울철에 대표적으로 많이 나타난다.
② 풋 브레이크의 지나친 사용으로 일어난다.
③ 드럼식 브레이크에서 빈번하게 발생한다.
④ 브레이크 제동력이 감소되는 현상이다.

 ① 주로 무더운 날씨를 보이는 여름에 많이 나타난다.

**42** 고속도로에서 차로에 대한 설명으로 옳지 않은 것은?

① 주행차로는 고속도로에서 주행할 때 통행하는 차로이다.
② 가속차로는 주행차로에 진입하기 위해 속도를 높이는 차로이다.
③ 감속차로는 주행차로를 벗어나 고속도로에서 빠져나가기 위해 감속하기 위한 차로이다.
④ 오르막차로는 오르막 구간에서 고속자동차와 다른 자동차를 분리하여 통행시키기 위한 차로이다.

 ④ 오르막차로는 오르막 구간에서 저속자동차와 다른 자동차를 분리하여 통행시키기 위한 차로이다.

**43** 내륜차와 외륜차의 영향을 가장 많이 받는 차량은?

① 소형차
② 대형차
③ 중형차
④ 이륜차

 내륜차와 외륜차의 차이는 대형차일수록 크다.

정답 37.④ 38.④ 39.③ 40.④ 41.① 42.④ 43.②

**44** **교통섬에 대한 설명으로 옳지 않은 것은?**

① 보행자 도로횡단의 안전을 확보하기 위해 설치한다.
② 자동차의 안전하고 원활한 교통처리를 위해 설치한다.
③ 자동차가 원심력에 저항할 수 있도록 하기 위해 설치한다.
④ 교차로 또는 차도의 분기점에 설치하는 섬 모양의 시설이다.

 ③은 편경사에 대한 설명이다.

**45** **일반적인 중앙분리대의 기능에 대한 설명으로 옳지 않은 것은?**

① 차량의 중앙선 침범에 의한 치명적인 정면충돌사고를 방지한다.
② 도로 중심축의 교통마찰을 감소시켜 교통소통을 원활하게 유지한다.
③ 야간에 주행할 때 발생하는 전조등 불빛으로 인한 눈부심을 방지한다.
④ 도로관리 작업공간, 지하매설물 등을 설치할 수 있는 장소를 제공한다.

 ④는 길어깨(갓길)의 기능이다. 중앙분리대는 도로표지, 기타 교통관제시설 등을 설치할 수 있는 공간을 제공한다.

**46** **교통사고의 4대 요인이 아닌 것은?**

① 인적 요인 ② 환경 요인
③ 도로 요인 ④ 물리적 요인

 교통사고의 4대 요인은 인적요인, 차량요인, 도로요인, 환경요인이다.

**47** **동체시력의 특징에 대한 설명으로 옳지 않은 것은?**

① 동체시력은 연령이 높을수록 저하된다.
② 정지시력이 저하되면 동체시력도 저하된다.
③ 동체시력은 조도(밝기)가 낮을수록 저하된다.
④ 동체시력은 물체의 이동속도가 느릴수록 저하된다.

 ④ 동체시력은 물체의 이동속도가 빠를수록 저하된다.

**48** **앞차가 갑자기 정지하게 될 경우 그 앞차와의 추돌을 방지하기 위해 필요한 거리는?**

① 공주거리 ② 제동거리
③ 정지거리 ④ 안전거리

 ① 공주거리 : 운전자가 자동차를 정지시켜야 할 상황임을 인지하고 브레이크 페달로 발을 옮겨 브레이크가 작동을 시작하기 전까지 이동한 거리
② 제동거리 : 운전자가 브레이크 페달에 발을 올려 브레이크가 작동을 시작하는 순간부터 자동차가 완전히 정지할 때까지 이동한 거리
③ 정지거리 : 공주거리와 제동거리를 합한 거리

**49** **방호울타리의 기능으로 옳지 않은 것은?**

① 보행자의 무단 횡단을 방지한다.
② 긴급자동차의 주행을 원활하게 한다.
③ 자동차를 정상적인 진행방향으로 복귀시킨다.
④ 탑승자의 상해나 자동차의 파손을 감소시킨다.

 ② 포장된 길어깨의 장점에 대한 설명이다.



정답 44.③ 45.④ 46.④ 47.④ 48.④ 49.②

**50** 주행 중 차의 앞바퀴가 터졌을 때 방어운전법으로 적절한 것은?

① 다른 차량 주변으로 가깝게 다가간다.
② 핸들을 단단하게 잡아 차가 한쪽으로 쏠리는 것을 막고 의도한 방향을 유지한 다음 속도를 줄인다.
③ 수시로 브레이크 페달을 작동해서 제동이 제대로 되는지를 살펴본다.
④ 차가 한쪽으로 미끄러지는 것을 느끼면 핸들 방향을 그 방향으로 틀어 주며 대처한다.

① 다른 차량 주변으로 가깝게 다가가지 않는다.
③ 미끄러짐 사고 시 방어운전법이다.
④ 뒷바퀴의 바람이 빠졌을 시 방어운전법이다.

**51** 타이어 마모에 영향을 주는 요소에 대한 설명으로 틀린 것은?

① 커브 구간이 반복될수록 타이어 마모를 줄일 수 있다.
② 타이어에 걸리는 차의 하중이 커지면 타이어는 크게 굴곡되어 타이어 마모를 촉진한다.
③ 타이어와 노면 사이에 미끄럼을 생기게 하는 마찰력은 타이어 마모를 촉진시킨다.
④ 포장도로는 비포장도로를 주행하였을 때보다 타이어 마모를 줄일 수 있다.

차가 커브를 돌 때 관성에 의한 원심력과 타이어 구동력 간의 마찰력 차이에 의해 미끄러짐 현상이 발생하면 타이어 마모를 촉진한다. 따라서 커브의 구부러진 상태나 커브 구간이 반복될수록 타이어 마모는 촉진된다.

**52** 커브길 주행방법에 대한 설명으로 옳지 않은 것은?

① 고단 기어로 변속한다.
② 가속페달을 밟아 속도를 서서히 높인다.
③ 회전이 끝나는 부분에 도달하였을 때 핸들을 바르게 한다.
④ 커브길에 진입하기 전 도로 폭을 확인하고 엔진 브레이크를 작동시켜 속도를 줄인다.

① 감속된 속도에 맞는 기어로 변속한다.

**53** 곡선부 방호울타리의 기능에 대한 설명으로 옳지 않은 것은?

① 곡선도로의 시거가 증가하여 교통의 안전성이 확보된다.
② 자동차의 차도 이탈을 방지한다.
③ 탑승자의 상해 및 자동차의 파손을 감소시킨다.
④ 운전자의 시선을 유도한다.

①은 길어깨의 기능이다.

**54** 종단경사가 큰 도로의 특징이 아닌 것은?

① 내리막길에서의 사고율이 오르막길에서 보다 높다.
② 종단경사가 변경되는 부분에서는 일반적으로 종단곡선이 설치된다.
③ 일반적으로 종단경사가 커짐에 따라 자동차 속도 변화가 커 사고 발생이 증가한다.
④ 종단곡선의 정점(산꼭대기, 산등성이)에서는 전방에 대한 시거가 확보되어 운전자가 불안감을 갖지 않는다.

종단곡선의 정점(산꼭대기, 산등성이)에서는 전방에 대한 시거가 단축되어 운전자에게 불안감을 조성할 수 있다.

정답 50.② 51.① 52.① 53.① 54.④

**55** **수막현상을 방지하기 위한 방법으로 옳지 않은 것은?**

① 저속으로 주행한다.
② 마모된 타이어를 사용하지 않는다.
③ 타이어의 공기압을 조금 낮게 한다.
④ 배수효과가 좋은 타이어를 사용한다.

③ 공기압을 조금 높게 한다.

**56** **자동차가 고속으로 주행 시 타이어의 회전 속도가 빨라지면 접지부에서 받은 타이어의 주름이 다음 접지 시점까지도 복원되지 않고 접지의 뒤쪽에 진동의 물결이 일어나는 현상은?**

① 스탠딩 웨이브 현상
② 수막현상
③ 페이드 현상
④ 베이퍼 록 현상

스탠딩 웨이브 현상에 대한 설명이다.

**57** **고속도로 진출입부에서의 방어운전으로 옳지 않은 것은?**

① 진입을 위한 가속차로 끝부분에서는 감속하여 운행한다.
② 본선 진입 의도를 다른 차량에게 방향지시등으로 알린다.
③ 본선 진입 전 충분히 가속하여 교통 흐름을 방해하지 않는다.
④ 고속도로 본선 진입 시기를 잘못 맞추면 추돌사고가 발생할 수 있다.

① 고속도로 진입을 위한 가속차로 끝부분에서 감속하지 않도록 주의한다.

**58** **자동차 운행 시 운전자의 운전과정의 순서로 옳은 것은?**

① 인지－판단－조작
② 조작－인지－판단
③ 판단－인지－조작
④ 인지－조작－판단

운전자는 교통상황을 알아차리고(인지), 자동차를 어떻게 운전할 것인지를 결정하고(판단), 자동차를 움직이는 운전 행위(조작)에 이르는 '인지－판단－조작'의 과정을 수없이 반복한다.

**59** **운전과 관련되는 시각의 특성으로 옳지 않은 것은?**

① 속도가 빨라질수록 시력은 떨어진다.
② 속도가 빨라질수록 전방주시점은 멀어진다.
③ 속도가 빨라질수록 시야의 범위가 넓어진다.
④ 속도가 빨라질수록 가까운 곳의 풍경은 더욱 흐려진다.

③ 속도가 빨라질수록 시야의 범위가 좁아진다.

**60** **야간운전 시 주의사항으로 옳지 않은 것은?**

① 앞차의 미등만 보고 주행한다.
② 해가 지기 시작하면 곧바로 전조등을 켠다.
③ 승합자동차는 야간에는 실내조명등을 켜고 운행한다.
④ 자동차가 서로 마주보고 진행하는 경우에는 전조등 불빛의 방향을 아래로 향하게 한다.

① 앞차의 미등만 보고 주행하지 않는다.



정답 55.③ 56.① 57.① 58.① 59.③ 60.①

**61** **운전종사자가 다른 승객의 편의를 위해 제지를 취할 수 있는 경우로 옳지 않은 것은?**

① 자동차 안에서 전자담배를 몰래 피우려는 경우
② 출입구 혹은 통로를 막을 우려가 있는 물품을 가지고 들어오는 경우
③ 장애인 보조견 및 전용 운반상자에 넣은 애완동물을 데리고 들어오는 경우
④ 위해를 끼칠 우려가 있는 폭발성 · 인화성 등 위험물을 가지고 들어오는 경우

 다른 여객에게 위해를 끼치거나 불쾌감을 줄 우려가 있는 동물을 자동차 안으로 데리고 들어오는 경우 다른 승객의 편의를 위하여 제지할 수 있지만, 장애인 보조견 및 전용 운반상자에 넣은 애완동물은 제외한다.

**62** **교차로 통행 중 안전운전방법으로 옳지 않은 것은?**

① 진행방향과 다른 방향의 지시등을 작동시키지 않는다.
② 회전할 때에는 원심력이 발생하여 차량이 이탈하지 않도록 감속하여 진입한다.
③ 대향차가 교차로를 통과하고 있을 때에는 양보신호를 보내고 신속하게 좌회전한다.
④ 좌회전 차로가 2개 설치된 교차로에서 좌회전할 때에는 1차로(중 · 소형승합자동차), 2차로(대형승합자동차) 통행기준을 준수한다.

 ③ 대향차가 교차로를 통과하고 있을 때에는 완전히 통과시킨 후 좌회전한다.

**63** **차량점검 및 자기 관리에 대한 설명으로 옳지 않은 것은?**

① 운행 중간 휴식시간에도 차량의 외관 상태를 확인한다.
② 운행 시작 전 또는 종료 후에는 차량상태를 철저히 점검한다.
③ 운행 중에 차량 이상이 발견된 경우에는 차량에서 내려 점검한다.
④ 술이나 약물의 영향이 있는 경우에는 관리자에게 배차 변경을 요청한다.

 ③ 운행 중에 차량 이상이 발견된 경우에는 즉시 관리자에게 연락하여 조치를 받는다.

**64** **다음 중 도로의 안전시설이 아닌 것은?**

① 비상주차대 ② 과속방지시설
③ 방호울타리 ④ 시선유도시설

 도로의 안전시설에는 시선유도시설, 방호울타리, 충격흡수시설, 과속방지시설, 도로반사경, 조명시설, 미끄럼방지시설, 노면요철포장, 긴급제동시설 등이 있다.

**65** **교차로가 버스전용차로에 있는 차량 감속에 이용되는 정류소는?**

① 가로변의 교차로 통과 전 버스정류소
② 중앙버스전용차로의 도로구간 내 버스정류소
③ 중앙버스전용차로의 교차로 통과 전 버스정류소
④ 중앙버스전용차로의 교차로 통과 후 버스정류소

 중앙버스전용차로의 교차로 통과 후 버스정류소는 교차로가 버스전용차로에 있는 차량 감속에 이용되며, 버스전용차로에 있는 자동차와 좌회전하려는 자동차의 상충을 최소화한다.

정답 61.③ 62.③ 63.③ 64.① 65.④

**66** **다음 중 올바른 인사방법은?**

① 말로만 하는 인사
② 망설인 후 하는 인사
③ 무표정으로 하는 인사
④ 눈을 맞추고 하는 인사

올바른 인사방법
• 머리와 상체가 일직선이 되도록 천천히 숙인다.
• 상대방과 눈을 맞추고 존중하는 마음을 눈빛에 담는다.
• 항상 밝은 표정으로 미소를 짓고 자연스럽게 말한다.

**67** **우리나라가 버스 준공영제를 도입하게 된 배경으로 옳지 않은 것은?**

① 버스 노선 사유화
② 근로자의 공무원화로 인건비 증가
③ 교통 효율성 제고를 위해 버스 교통 활성화 필요
④ 버스 교통의 공공성에 따른 공공 역할 분담 필요

②는 공영제의 단점이다.

**68** **버스운행관리시스템의 주요 기능으로 옳지 않은 것은?**

① 노선 임의변경 관제
② 정류소 간 주행시간 표출
③ 배차간격 미준수 버스 관제
④ 누적 운행시간 및 횟수 통계관리

버스운행관리시스템의 주요 기능
• 실시간 운행상태 파악 : 버스운행의 실시간 관제, 정류소별 도착시간 관제, 배차간격 미준수 버스 관제
• 전자지도 이용 실시간 관제 : 노선 임의변경 관제, 버스 위치표시 및 관리, 실제 주행여부 관제
• 버스운행 및 통계관리 : 누적 운행시간 및 횟수 통계관리, 기간별 운행통계관리, 버스 · 노선 · 정류소별 통계관리

**69** **운전자가 승객응대를 위해 가져야 할 마음가짐으로 부적절한 것은?**

① 사명감
② 공평한 응대
③ 겸손과 예의
④ 운전자 입장에서 생각하기

④ 승객 입장에서 생각하기

**70** **광역급행형 시내 · 농어촌버스의 운임기준과 요율결정은 누가 하는가?**

① 국토교통부장관
② 시장 · 군수
③ 버스회사 사장
④ 시 · 도지사

시외버스, 고속버스, 광역급행형 시내버스는 국토교통부장관이 운임의 기준 · 요율을 결정한다.

**71** **운전자의 즉시 보고사항이 아닌 것은?**

① 결근, 지각, 조퇴가 필요한 경우
② 운행 중 스노체인을 장착하는 경우
③ 운전면허 정지 및 취소 등의 행정처분을 받았을 때
④ 운전면허증 기재사항 변경, 질병 등 신상변동이 발생했을 때

결근 · 지각 · 조퇴가 필요한 때, 운전면허증 기재사항 변경 · 질병 등 신상변동이 발생한 때, 운전면허 정지 및 취소 등의 행정처분을 받았을 때에는 즉시 회사에 보고하여야 한다.



정답 66.④ 67.② 68.② 69.④ 70.① 71.②

**72** 다음 중 버스운송사업자의 준수사항으로 옳지 않은 것은?

① 특별한 편의 제공 ② 청결상태 유지
③ 복장의 개성화 ④ 차내 게시 의무

 운송사업자는 노약자, 장애인 등에 대해서는 특별한 편의를 제공하고, 회사명 · 자동차번호 · 운전자성명 · 불편사항 연락처 및 차고지 등을 적은 표지판을 자동차 안에서 쉽게 볼 수 있는 위치에 게시하며, 자동차를 항상 깨끗하게 유지하고, 관할관청이 필요하다고 인정하는 경우에는 운수종사자에게 단정한 복장과 모자를 착용하게 해야 한다.

**73** 심폐소생술에서 가슴압박과 인공호흡의 적절한 반복 횟수는?

① 20회-2회 ② 30회-1회
③ 30회-2회 ④ 40회-3회

 30회 가슴압박과 2회 인공호흡을 반복한다.

**74** 역류버스전용차로에 대한 설명으로 옳지 않은 것은?

① 가로변에 설치된 일방통행의 장점을 살릴 수 있다.
② 시행준비가 까다롭지 않고 투자비용이 적게 소요되는 장점이 있다.
③ 일방통행로에 대중교통수요 등으로 인해 버스노선이 필요한 경우에 설치한다.
④ 일방통행로에서 차량이 진행하는 반대방향으로 1~2개 차로를 버스전용차로로 제공하는 것이다.

해설 역류버스전용차로는 시행준비가 까다롭고 투자비용이 많이 소요된다.

**75** 차량 고장 시 운전자의 조치사항에 대한 설명으로 옳지 않은 것은?

① 정차 차량의 결함이 심할 때는 비상등을 점멸시키면서 길어깨에 바짝 차를 대서 정차한다.
② 비상전화를 하기 전에 차의 후방에 경고반사판을 설치한다.
③ 고장차를 즉시 알 수 있도록 표시를 하거나 눈에 띄게 한다.
④ 구조차가 도착할 때까지 차안에서 대기한다.

 구조차가 도착할 때까지 차량 내에서 대기하는 것은 위험하기 때문에 안전지대로 나가서 기다리도록 유도한다.

**76** 운전자가 삼가야 하는 행동으로 옳지 않은 것은?

① 고속도로에서 갓길로 통행하지 않는다.
② 과속으로 운행하며 급브레이크를 밟는 행위를 하지 않는다.
③ 교통경찰관의 단속에 불응하거나 항의하는 행위를 하지 않는다.
④ 정체현상으로 교차로를 통과하지 못할 때에는 교차로에 진입하지 않는다.

 교차로 전방의 정체현상으로 통과하지 못할 때에는 교차로에 진입하지 않고 대기한다. 신호등이 바뀌기 전에 빨리 출발하라고 전조등을 깜빡이거나 경음기로 재촉하는 행위를 하지 않는다.

**77** 교통카드시스템 도입효과 중 이용자 측면의 내용이 아닌 것은?

① 교통비 절감
② 운송수입금 관리 용이
③ 현금 소지의 불편 해소
④ 요금 지불 및 징수의 신속성

 ②는 운영자 측면의 효과이다.

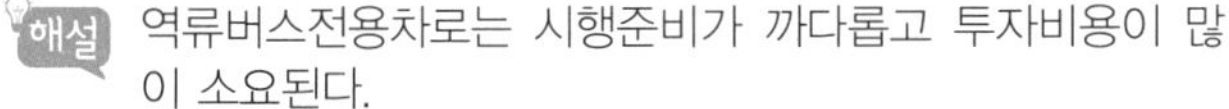
정답 72.③ 73.③ 74.② 75.④ 76.④ 77.②

**78** **운전석의 위치나 승차정원에 따른 버스의 종류가 아닌 것은?**

① 마이크로버스 ② 보닛버스
③ 캡오버버스 ④ 저상버스

버스 운전석의 위치나 승차정원에 따른 종류는 보닛버스, 캡오버버스, 코치버스, 마이크로버스이다.

**79** **대중교통 전용지구의 목적으로 옳지 않은 것은?**

① 도심 교통환경 개선
② 도심 상업지구의 비활성화
③ 쾌적한 보행자 공간의 확보
④ 대중교통의 원활한 운행 확보

대중교통 전용지구의 목적
- 도심 상업지구의 활성화
- 쾌적한 보행자 공간의 확보
- 대중교통의 원활한 운행 확보
- 도심 교통환경 개선

**80** **버스 민영제의 단점이 아닌 것은?**

① 버스운임이 과도하게 상승할 수 있다.
② 비수익노선의 운행서비스의 공급 애로가 있다.
③ 타 교통수단과의 연계교통체계 구축이 어렵다.
④ 노선신설, 정류소 설치 등 외부 간섭의 증가로 비효율성이 증대한다.

④는 버스 공영제의 단점이다.

정답 78.④ 79.② 80.④

# 제1부

# 교통 · 운수 관련법규 및 교통사고 유형

버스운전 자격시험

# 제1장 여객자동차 운수사업법령

## 1 여객자동차 운수사업법의 목적 등

### 01

**여객자동차 운수사업법의 목적과 가장 거리가 먼 것은?**

① 여객자동차운수사업에 관한 질서 확립
② 여객의 원활한 운송
③ 여객자동차운수사업의 종합적인 발달 도모
④ 여객운수사업자의 경제적 이익 증대

해설

여객자동차 운수사업법의 목적으로 공공복지 증진 등이 있다.

**※ 여객자동차 운수사업법 관련 용어의 정의**

| | |
|---|---|
| 자동차 | 자동차관리법에 따른 승용자동차, 승합자동차 및 특수자동차(캠핑용자동차를 말하며, 자동차 대여사업에 한정함) |
| 여객자동차 운수사업 | 여객자동차운송사업, 자동차대여사업, 여객자동차터미널사업 및 여객자동차운송플랫폼사업 |
| 여객자동차 운송사업 | 다른 사람의 수요에 응하여 자동차를 사용하여 유상으로 여객을 운송하는 사업 |
| 자동차대여사업 | 다른 사람의 수요에 응하여 유상으로 자동차를 대여하는 사업 |
| 여객자동차 터미널 | 도로의 노면, 그 밖에 일반교통에 사용되는 장소가 아닌 곳으로서 승합자동차를 정류시키거나 여객을 승하차시키기 위하여 설치된 시설과 장소 |
| 여객자동차 터미널사업 | 여객자동차터미널을 여객자동차운송사업에 사용하게 하는 사업 |
| 노선 | 자동차를 정기적으로 운행하거나 운행하려는 구간 |
| 운행계통 | 노선의 기점 · 종점과 그 기점 · 종점 간의 운행경로 · 운행거리 · 운행횟수 및 운행대수를 총칭한 것 |
| 관할관청 | 관할이 정해지는 국토교통부장관, 대도시권광역교통위원회, 시 · 도지사(특별시장 · 광역시장 · 특별자치시장 · 도지사 또는 특별자치도지사) |
| 정류소 | 여객이 승차 · 하차할 수 있도록 노선 사이에 설치한 장소 |

## 2 여객자동차운송사업

### 01 중요

**노선 여객자동차운송사업에서 운행 형태에 따라 광역급행형, 직행좌석형, 좌석형, 일반형으로 구분하는 운송사업은?**

① 시외버스운송사업 ② 시내버스운송사업
③ 마을버스운송사업 ④ 전세버스운송사업

해설

시내버스운송사업의 운행 형태를 말한다.

### 02

**자동차의 표시 등에 대한 설명으로 옳지 않은 것은?**

① 외부에서 알아보기 쉽도록 차체 면에 항구적인 방법으로 표시하여야 한다.
② 시외직행버스는 "직행"이라고 표시한다.
③ 구체적인 표시 방법 및 위치 등은 대통령령으로 정한다.
④ 한정면허를 받은 여객자동차운송사업용 자동차의 경우에는 "한정"이라고 표시한다.

해설

구체적인 표시방법 및 위치 등은 관할관청이 정한다(여객자동차 운수사업법 시행규칙 제39조제2항).

※ 자동차에 표시하여야 하는 사항

| | |
|---|---|
| 시외버스 | • 시외우등고속버스 : "우등고속"<br>• 시외고속버스 : "고속"<br>• 시외우등직행버스 : "우등직행"<br>• 시외직행버스 : "직행"<br>• 시외우등일반버스 : "우등일반"<br>• 시외일반버스 : "일반" |
| 그 밖의 자동차 | • 전세버스운송사업용 자동차 : "전세"<br>• 한정면허를 받은 여객자동차운송사업용 자동차 : "한정"<br>• 특수 여객자동차운송사업용 자동차 : "장의"<br>• 마을버스운송사업용 자동차 : "마을버스" |

## 3 운수종사자의 자격요건 및 운전자격의 관리

### 01

**운전적성정밀검사 중 신규검사를 받아야 하는 경우가 아닌 것은?**

① 신규검사의 적합판정을 받은 자로서 운전적성정밀검사를 받은 날부터 3년 이내에 취업하지 아니한 자
② 여객자동차운송사업용 자동차의 운전업무에 종사하다가 퇴직한 자로서 신규검사를 받은 날부터 3년이 지난 후 재취업하려는 자
③ 질병, 과로, 그 밖의 사유로 안전운전을 할 수 없다고 인정되는 자인지 알기 위하여 운송사업자가 신청한 자
④ 신규로 여객자동차운송사업용 자동차를 운전하려는 자

해설

③은 특별검사를 받아야 하는 경우이다(여객자동차 운수사업법 시행규칙 제49조제3항).

※ 운전적성정밀검사의 종류

| | |
|---|---|
| 신규검사 | • 신규로 여객자동차운송사업용 자동차를 운전하려는 자<br>• 여객자동차운송사업용 자동차 또는 화물자동차운송사업용 자동차의 운전업무에 종사하다가 퇴직한 자로서 신규검사를 받은 날부터 3년이 지난 후 재취업하려는 자(재취업일까지 무사고로 운전한 자는 제외)<br>• 신규검사의 적합판정을 받은 자로서 운전적성정밀검사를 받은 날부터 3년 이내에 취업하지 않은 자(취업일까지 무사고로 운전한 사람 제외) |
| 특별검사 | • 중상 이상의 사상사고를 일으킨 자<br>• 과거 1년간 운전면허 행정처분기준에 따라 계산한 누산점수가 81점 이상인 자<br>• 질병, 과로, 그 밖의 사유로 안전운전을 할 수 없다고 인정되는 자인지 알기 위하여 운송사업자가 신청한 자 |
| 자격유지검사 | • 65세 이상 70세 미만인 사람(자격유지검사 적합판정을 받고 3년이 지나지 않은 사람은 제외)<br>• 70세 이상인 사람(자격유지검사 적합판정을 받고 1년이 지나지 않은 사람은 제외) |

### 02 중요

**다음 중 버스운전자격을 취득할 수 있는 사람은?**

① 약취 · 유인의 죄를 범하고 금고 이상의 실형을 선고받고 집행이 종료된 후 2년이 지나지 않은 사람
② 버스운전 자격시험일 전 3년간 공동 위험행위 규정에 해당하여 운전면허가 취소된 사람
③ 사기죄를 범하고 금고 이상의 실형을 선고받고 집행이 종료된 후 2년이 지나지 않은 사람
④ 상습절도죄를 범하고 금고 이상의 형의 집행유예를 선고받고 그 집행유예기간 중에 있는 사람

### 03

**운전자격의 취소 및 효력정지의 개별기준 중 자격취소를 할 수 있는 경우가 아닌 것은?**

① 여객자동차운송사업의 면허를 받거나 등록한 법인의 임원 중 파산선고를 받고 복권되지 않은 사람
② 도로교통법 위반으로 사업용 자동차를 운전할 수 있는 운전면허가 취소된 경우
③ 특정강력범죄의 처벌에 관한 특례법상의 횡령죄를 범하여 금고 이상의 실형을 선고받고 그 집행이 끝나거나 면제된 날부터 2년이 지나지 않은 사람
④ 정당한 사유 없이 여객의 승차를 거부하는 행위를 하여 1년간 3번의 과태료 처분을 받고도 같은 위반행위를 한 경우

해설

특정강력범죄의 처벌에 관한 특례법상의 횡령죄는 자격취소의 대상이 아니다.

## 4 각종 금지사항 및 위반행위에 대한 벌칙

### 01

**허가를 받지 아니하고 자가용자동차를 유상으로 운송에 사용하거나 임대한 경우에 시장 · 군수 또는 구청장이 그 자동차의 사용을 제한하거나 금지할 수 있는 기간은?**

① 1년 이내 ② 2년 이내
③ 6개월 이내 ④ 3개월 이내

해설

여객자동차 운수사업법 제83조제1항 참조

## 02 중요

**승합자동차 중 시내버스운송사업용의 차령은 몇 년인가?**

① 9년 ② 10년
③ 10년 6개월 ④ 6년

해설

승합자동차 중 시내버스 · 농어촌버스 · 마을버스 · 시외버스운송사업용의 차령은 9년이다(여객자동차 운송사업법 시행령 별표2).

## 03

**차령이 6년 이내인 여객자동차운송사업용 자동차로 대폐차에 충당할 수 있는 사업자에 해당하지 않는 것은?**

① 시내버스운송사업의 면허를 받은 자
② 농어촌버스운송사업의 면허를 받은 자
③ 마을버스운송사업의 등록을 한 자
④ 전세버스운송사업의 면허를 받은 자

해설

①, ②, ③ 외에 시외버스운송사업의 면허를 받은 자, 전세버스운송사업의 등록을 한 자 및 특수여객자동차운송사업의 등록을 한 자도 포함된다(여객자동차 운수사업법 제84조제2항, 시행령 제40조제6항).

## 04

**시내버스 운행 중 임의로 도중 회차 시 부과되는 과징금은?**

① 30만 원 ② 100만 원
③ 60만 원 ④ 50만 원

해설

임의로 결행, 도중 회차, 노선 또는 운행계통의 단축 또는 연장 운행, 감회 또는 증회 운행하여 사업계획을 위반한 경우의 과징금(1차 위반) : 시내버스 · 농어촌버스 · 마을버스 · 시외버스는 100만 원(여객자동차 운수사업법 시행령 별표5)

## 05

**다음 위반행위의 과태료가 20만 원인 경우가 아닌 것은?**

① 부당한 운임 또는 요금을 받는 행위
② 일정한 장소에 오랜 시간 정차하여 여객을 유치하는 행위
③ 문을 완전히 닫지 아니한 상태에서 자동차를 출발시키거나 운행하는 행위
④ 여객이 자동차의 출입구 또는 통로를 막을 우려가 있는 물품을 자동차 안으로 가지고 들어오는 행위에 대한 안내방송을 하지 않은 경우

해설

④ 과태료 10만 원(여객자동차 운수사업법 시행령 별표6)

## 06

**6세 미만 아이의 무상운송을 1년에 3회 이상 거절한 경우 과징금 부과기준이 잘못된 것은?**

① 시내버스 – 10만 원
② 시외버스 – 10만 원
③ 마을버스 – 10만 원
④ 전세버스 – 10만 원

해설

1년에 3회 이상 6세 미만인 아이의 무상운송을 거절한 경우 시내버스, 농어촌버스, 마을버스, 시외버스는 10만 원의 과징금을 부과한다(여객자동차운수사업법 시행령 별표5).

# 제2장 도로교통법령

## 1 도로교통법의 목적

### 01

**도로교통법상의 '차'에 해당하지 않는 것은?**

① 자동차 ② 유모차
③ 건설기계 ④ 자전거

해설

다만, 철길이나 가설(架設)된 선을 이용하여 운전되는 것, 유모차, 보행보조용 의자차, 노약자용 보행기 등 행정안전부령으로 정하는 기구 · 장치는 제외한다(도로교통법 제2조17항).

### 02 중요

**'서행'에 대한 설명으로 옳은 것은?**

① 차를 즉시 정지할 수 있는 정도의 느린 속도로 진행하는 것
② 차의 바퀴를 일시적으로 완전히 정지시키는 것
③ 차를 정지시키는 것으로 주차 외의 정지상태
④ 그 본래의 사용방법에 따라 사용하는 것

해설

② 일시정지, ③ 정차, ④ 운전

### 03

**일시정지에 대한 설명으로 옳은 것은?**

① 운전가가 5분을 초과하지 아니하고 차를 정지시키는 것을 말한다.
② 차를 즉시 정지시킬 수 있는 정도의 느린 속도로 진행 하는 것을 말한다.
③ 운전자가 차에서 떠나서 즉시 그 차를 운전할 수 없는 상태를 두는 것을 말한다.
④ 반드시 차가 멈추고 얼마간의 시간 동안 정지상태를 유지해야 하는 것을 말한다.

해설

일시정지란 차 또는 노면전차의 운전자가 그 차 또는 노면전차의 바퀴를 일시적으로 완전히 정지시키는 것을 말한다.

## 2 신호기 및 안전표지

### 01

**다음 중 차량신호등 신호의 종류가 아닌 것은?**

① 황색등화의 점멸
② 녹색화살표등화의 점멸
③ 적색화살표등화의 점멸
④ 적색 ×표 표시등화의 점멸

해설

화살표 등화 중 '녹색화살표의 등화'는 있으나 '녹색화살표등화의 점멸'은 없다.

### 02

**차량 신호등의 신호에 대한 설명으로 바르지 않은 것은?**

① 적색등화 시에도 우회전할 수 있다.
② 황색등화 시 서행하면서 진행할 수 있다.
③ 적색×표등화 시 그 차로로 진행할 수 없다.
④ 녹색신호에 따라 직진 중이라도 다른 차에 주의해야 한다.

해설

황색의 등화 시 차마는 정지선이 있거나 횡단보도가 있을 때에는 그 직전이나 교차로 직전에 정지해야 하며, 이미 교차로에 차마의 일부라도 진입한 경우에는 신속히 교차로 밖으로 진행해야 한다(도로교통법 시행규칙 별표2).

### 03 중요

**녹색등화에서 교차로 내를 직진하던 중 황색등화로 바뀌었을 때 알맞은 조치는?**

① 속도를 줄여 서행하면서 진행한다.
② 일시정지하여 다음 신호를 기다린다.
③ 신속히 교차로 밖으로 진행한다.
④ 일시정지하여 좌우를 확인한 후 진행한다.

해설

황색등화 시 교차로 내에 진입하였다면 신속히 진행하고, 교차로 전일 때에는 정지선에 정지한다.

※ 차량신호등

| 신호의 종류 | | 신호의 뜻 |
|---|---|---|
| 원형등화 | 녹색의 등화 | • 차마는 직진 또는 우회전할 수 있다.<br>• 비보호좌회전표지 또는 비보호좌회전표시가 있는 곳에서는 좌회전할 수 있다. |
| | 황색의 등화 | • 차마는 정지선이 있거나 횡단보도가 있을 때에는 그 직전이나 교차로의 직전에 정지하여야 하며, 이미 교차로에 차마의 일부라도 진입한 경우에는 신속히 교차로 밖으로 진행하여야 한다.<br>• 차마는 우회전할 수 있고 우회전하는 경우에는 보행자의 횡단을 방해하지 못한다. |
| | 적색의 등화 | • 차마는 정지선, 횡단보도 및 교차로의 직전에서 정지해야 한다.<br>• 차마는 우회전하려는 경우 정지선, 횡단보도 및 교차로의 직전에서 정지한 후 신호에 따라 진행하는 다른 차마의 교통을 방해하지 않고 우회전할 수 있지만, 우회전 삼색등이 적색의 등화인 경우 우회전할 수 없다. |
| | 황색 등화의 점멸 | 차마는 다른 교통 또는 안전표지의 표시에 주의하면서 진행할 수 있다. |
| | 적색 등화의 점멸 | 차마는 정지선이나 횡단보도가 있을 때에는 그 직전이나 교차로의 직전에 일시정지한 후 다른 교통에 주의하면서 진행할 수 있다. |
| 화살표등화 | 녹색화살표의 등화 | 차마는 화살표시방향으로 진행할 수 있다. |
| | 황색화살표의 등화 | • 화살표시방향으로 진행하려는 차마는 정지선이 있거나 횡단보도가 있을 때에는 그 직전이나 교차로 직전에 정지하여야 한다.<br>• 이미 교차로에 차마의 일부라도 진입한 경우에는 신속히 교차로 밖으로 진행하여야 한다. |
| | 적색화살표의 등화 | 화살표시방향으로 진행하려는 차마는 정지선, 횡단보도 및 교차로 직전에서 정지하여야 한다. |
| | 황색화살표 등화의 점멸 | 차마는 다른 교통 또는 안전표지의 표시에 주의하면서 화살표시방향으로 진행할 수 있다. |
| | 적색화살표 등화의 점멸 | 차마는 정지선이나 횡단보도가 있을 때에는 그 직전이나 교차로 직전에 일시정지한 후 다른 교통에 주의하면서 화살표시방향으로 진행할 수 있다. |
| 사각형등화 | 녹색화살표의 등화(하향) | 차마는 화살표로 지정한 차로로 진행할 수 있다. |
| | 적색×표 표시의 등화 | 차마는 ×표가 있는 차로로 진행할 수 없다. |
| | 적색×표 표시 등화의 점멸 | • 차마는 ×표가 있는 차로로 진입할 수 없다.<br>• 이미 차마의 일부라도 진입한 경우에는 신속히 그 차로 밖으로 진로를 변경하여야 한다. |

**04**

**다음 규제표지 중 '승합자동차 통행금지'에 대한 것은?**

해설

① 앞지르기 금지
② 최저속도제한
③ 화물자동차 통행금지

## (2) 교통안전표지의 종류(규칙 제8조)

### ① 주의표지

|  | |  |  | |  |
|---|---|---|---|---|---|
| Y자형 교차로 | 우선도로 | 회전형 교차로 | 철길 건널목 | 양측방 통행 | 강변 도로 |

### ② 규제표지

|  |  |  |  |  |  |
|---|---|---|---|---|---|
| 통행금지 | 승합자동차 통행금지 | 직진금지 | 정차 주차금지 | 최고속도 제한 | 서행 |

### ③ 지시표지

|  |  |  |  |  |  |
|---|---|---|---|---|---|
| 자동차 전용도로 | 자전거 전용도로 | 회전 교차로 | 양측방 통행 | 일방통행 | 버스 전용차로 |

### ④ 보조표지

| 100m앞부터 | 안전속도 30 | 안 개 지 역 | | 구 간 내 400m | 해 제 |
|---|---|---|---|---|---|
| 거리 | 안전속도 | 기상상태 | 노면상태 | 구간내 | 해제 |

### ⑤ 노면표시

| | | | 30 | | |
|---|---|---|---|---|---|
| 차선 | 버스 전용차로 | 직진금지 | 속도제한 (어린이보호 구역안) | 서행 | 안전지대 |

## 3 차마의 통행방법

### 01 중요

**편도 3차로 이상인 고속도로에서 오른쪽 차로를 통행할 수 없는 차는?**

① 적재중량 1.5톤을 초과하는 화물자동차
② 승용자동차
③ 특수자동차
④ 건설기계

해설
②의 주행차로는 왼쪽 차로이다.

### 02 중요

**고속도로에서 버스전용차로를 통행할 수 있는 차로 옳은 것은?**

① 3인 이상 승차한 승용 · 승합자동차
② 4인 이상이 승차한 승용자동차
③ 6인 이상이 승차한 12인승 이하의 승합자동차
④ 5인 이상 승차한 승용 · 승합자동차

해설
고속도로에서 버스전용차로를 통행할 수 있는 차(도로교통법 시행령 별표1) : 9인승 이상 승용자동차 및 승합자동차(승용자동차 또는 12인승 이하의 승합자동차는 6명 이상이 승차한 경우로 한정)

#### ※ 차로에 따른 통행차의 기준(규칙 별표9)

| 도로 | | 차로 구분 | 통행할 수 있는 차종 |
|---|---|---|---|
| 고속도로 외의 도로 | | 왼쪽 차로 | 승용자동차 및 경형 · 소형 · 중형 승합자동차 |
| | | 오른쪽 차로 | 대형승합자동차, 화물자동차, 특수자동차, 건설기계(덤프트럭, 아스팔트살포기, 콘크리트믹서트럭 등), 이륜자동차, 원동기장치자전거 |
| 고속도로 | 편도 2차로 | 1차로 | 앞지르기하려는 모든 자동차(다만, 차량통행량 증가 등 도로상황으로 인하여 부득이하게 시속 80km 미만으로 통행할 수밖에 없는 경우에는 앞지르기하는 경우가 아니라도 통행할 수 있음) |
| | | 2차로 | 모든 자동차 |
| | 편도 3차로 이상 | 1차로 | 앞지르기하려는 승용자동차 및 앞지르기하려는 경형 · 소형 · 중형 승합자동차(다만, 차량통행량 증가 등 도로상황으로 인하여 부득이하게 시속 80km 미만으로 통행할 수밖에 없는 경우에는 앞지르기하는 경우가 아니라도 통행할 수 있음) |
| | | 왼쪽 차로 | 승용자동차 및 경형 · 소형 · 중형 승합자동차 |
| | | 오른쪽 차로 | 대형 승합자동차, 화물자동차, 특수자동차, 건설기계(덤프트럭, 아스팔트살포기, 콘크리트믹서트럭 등) |

※ 모든 차는 지정된 차로의 오른쪽 차로로 통행할 수 있다. 앞지르기할 때에는 지정된 차로 왼쪽 바로 옆 차로로 통행할 수 있다.

### 03

**다음 중 자동차의 속도를 제한할 수 없는 사람은?**

① 시 · 도경찰청장
② 서울경찰청장
③ 도로교통공단 이사장
④ 경찰청장

해설
경찰청장이나 시 · 도경찰청장은 도로에서 일어나는 위험을 방지하고 교통의 안전과 원활한 소통을 확보하기 위하여 필요하다고 인정하는 경우에는 다음의 구분에 따라 구역이나 구간을 지정하여 속도를 제한할 수 있다(도로교통법 제17조제2항).
- 경찰청장 : 고속도로
- 시 · 도경찰청장 : 고속도로를 제외한 도로

#### ※ 자동차의 운행속도

| 도로 구분 | | | 최고속도 | 최저속도 |
|---|---|---|---|---|
| 일반도로 | 주거지역<br>상업지역<br>공업지역 | | 50km/h 이내<br>(시 · 도경찰청장이 원활한 소통을 위하여 지정한 노선 또는 구간에서는 60km/h 이내) | 제한 없음 |
| | 그 외 지역 | | 60km/h 이내<br>(편도 2차로 이상 도로에서는 80km/h 이내) | |
| 자동차전용도로 | | | 90km/h | 30km/h |
| 고속도로 | 편도 1차로 | | 80km/h | 50km/h |
| | 편도 2차로 이상 | 모든 고속도로 | • 100km/h<br>• 80km/h : 적재중량 1.5톤 초과 화물자동차, 특수자동차, 건설기계, 위험물운반자동차 | 50km/h |
| | | 지정 · 고시한 노선 또는 구간 | • 120km/h 이내<br>• 90km/h 이내 : 적재중량 1.5톤 초과 화물자동차, 특수자동차, 건설기계, 위험물운반자동차 | 50km/h |

## 04 중요

**비 · 안개 · 눈 등으로 인한 악천후 시 최고속도의 100분의 50을 줄인 속도로 운행하여야 하는 경우가 아닌 것은?**

① 폭우 · 폭설 · 안개 등으로 가시거리가 100m 이내인 경우
② 노면이 얼어붙은 경우
③ 비가 내려 노면이 젖어 있는 경우
④ 눈이 20mm 이상 쌓인 경우

해설
③의 경우 최고속도의 100분의 20을 줄인 속도로 운행하여야 한다.

## 05 중요

**교차로에서의 통행방법으로 옳지 않은 것은?**

① 우회전을 하려는 차는 미리 도로의 우측 가장자리를 서행하면서 우회전하여야 한다.
② 어떠한 경우라도 좌회전할 때 교차로의 중심 바깥쪽을 통과할 수 없다.
③ 우회전을 하기 위해 손이나 방향지시기로 신호를 하는 차가 있는 경우에 그 뒤차의 운전자는 신호를 한 앞차의 진행을 방해하면 안 된다.
④ 교통정리를 하고 있지 않고 일시정지나 양보를 표시하는 안전표지가 설치된 교차로에 들어갈 때는 다른 차의 진행을 방해하지 않도록 일시정지나 양보를 하여야 한다.

해설
교차로에서 좌회전하려는 경우에는 미리 도로의 중앙선을 따라 서행하면서 교차로의 중심 안쪽을 이용하여 좌회전하여야 한다. 다만, 시 · 도경찰청장이 교차로의 상황에 따라 특히 필요하다고 인정하여 지정한 곳에서는 교차로의 중심 바깥쪽을 통과할 수 있다(도로교통법 제25조제2항).

더 알아보기

**회전교차로 통행방법**

① 모든 차의 운전자는 회전교차로에서는 반시계방향으로 통행하여야 한다.
② 모든 차의 운전자는 회전교차로에 진입하려는 경우에는 서행하거나 일시정지하여야 하며, 이미 진행하고 있는 다른 차가 있는 때에는 그 차에 진로를 양보하여야 한다.
③ 회전교차로 통행을 위하여 손이나 방향지시기 또는 등화로써 신호를 하는 차가 있는 경우 그 뒤차의 운전자는 신호를 한 앞차의 진행을 방해하여서는 아니 된다.

## 06

**다음 중 안전거리 미확보 사고가 성립하지 않는 것은?**

① 앞차가 고의적으로 급정지하는 경우
② 앞차가 초행길로 인해 급정지하는 경우
③ 앞차가 전방의 돌발상황을 보고 급정지하는 경우
④ 앞차가 주 · 정차 장소가 아닌 곳에서 급정지하는 경우

해설
앞차가 후진하는 경우, 앞차가 고의로 급정지하는 경우, 앞차가 의도적으로 급정지하는 경우에는 안전거리 미확보 사고가 성립하지 않는다.

## 07

**다음 중 다른 차를 앞지르기 하지 못하는 곳이 아닌 것은?**

① 다리 위
② 터널 안
③ 교차로
④ 안전표지가 없는 도로의 구부러진 곳

해설
도로의 구부러진 곳, 비탈길의 고갯마루 부근 또는 가파른 비탈길의 내리막 등 시 · 도경찰청장이 도로에서의 위험을 방지하고 교통의 안전과 원활한 소통을 확보하기 위하여 필요하다고 인정하는 곳으로서 안전표지로 지정한 곳이 앞지르기 금지 장소이다.

## 08 중요

**앞지르기 방법에 대한 설명으로 옳지 않은 것은?**

① 모든 차의 운전자는 다른 차를 앞지르려면 앞차의 좌측으로 통행하여야 한다.
② 앞지르려고 하는 모든 차의 운전자는 반대방향의 교통에도 주의를 기울여야 한다.
③ 앞차의 좌측에 다른 차가 앞차와 나란히 가고 있는 경우에는 앞차를 앞지르지 못한다.
④ 경찰공무원의 지시에 따라 정지하거나 서행하고 있는 차를 앞지르기를 할 수 있다.

해설
모든 차의 운전자는 경찰공무원의 지시에 따라 정지하거나 서행하고 있는 차를 앞지르지 못하며, 앞으로 끼어들지 못한다.

## 09

**다음 중 서행이 아닌 일시정지를 해야 하는 곳은?**

① 도로가 구부러진 부근
② 교통정리를 하고 있지 아니하고 좌우를 확인할 수 없거나 교통이 빈번한 교차로
③ 가파른 비탈길의 내리막
④ 비탈길의 고갯마루 부근

해설
①, ③, ④는 서행해야 하는 곳에 해당한다.

## 10 중요

**정차 및 주차의 금지장소가 아닌 곳은?**

① 교차로의 가장자리나 도로의 모퉁이로부터 5m 이내인 곳
② 안전지대의 사방으로부터 각각 10m 이내인 곳
③ 건널목 가장자리 또는 횡단보도로부터 10m 이내인 곳
④ 위험방지를 위하여 일시정지한 경우의 곳

해설
도로교통법이나 도로교통법에 따른 명령 또는 경찰공무원의 지시를 따르는 경우와 위험방지를 위하여 일시정지하는 경우에는 예외이다.

## 11

**주차금지의 장소가 아닌 곳은?**

① 터널 밖 주변
② 다리 위
③ 도로공사를 하고 있는 경우에는 그 공사 구역의 양쪽 가장자리로부터 5m 이내인 곳
④ 다중이용업소의 영업장이 속한 건축물로 소방본부장의 요청에 의하여 시 · 도경찰청장이 지정한 곳으로부터 5m 이내인 곳

해설
터널 안이 주차금지의 장소이다.

## 12

**도로에서 정차 또는 주차하는 경우에 켜야 할 승합자동차의 등화로 옳은 것은?**

① 미등 및 차폭등
② 미등 및 차폭등, 번호등
③ 미등 번호등, 실내번호등
④ 후부 반사기를 포함한 미등

더 알아보기

**차를 운행할 때 도로에서 켜야 하는 등화(영 제19조)**

① 자동차 : 전조등 · 차폭등 · 미등 · 번호등과 실내조명등(실내조명등은 승합자동차와 여객자동차운송사업용 승용자동차만 해당)
② 원동기장치자전거 : 전조등 및 미등
③ 견인되는 차 : 미등 · 차폭등 및 번호등
④ 노면전차 : 전조등, 차폭등, 미등 및 실내조명등
⑤ 위의 규정 외의 차 : 시 · 도경찰청장이 정하여 고시하는 등화

## 13 중요

**보행자의 보호에 대한 설명으로 옳지 않은 것은?**

① 모든 운전자는 보행자가 횡단보도를 통행하고 있을 때에만 그 횡단보도 앞에서 일시정지하면 된다.
② 보도와 차도가 구분되지 않은 도로 중 중앙선이 없는 도로에서 보행자의 옆을 지나는 경우 안전거리를 두고 서행해야 한다.
③ 보행자우선도로, 도로 외의곳에서 보행자의 옆을 지나는 경우 안전거리를 두고 서행해야 한다.
④ 어린이 보호구역 내의 횡단보도 중 신호기가 설치되지 않은 횡단보도에서서는 보행자의 횡단 여부와 관계없이 일시정지해야 한다.

해설
모든 운전자는 보행자가 횡단보도를 통행하고 있거나 통행하려고 하는 때에는 그 횡단보도(정지선이 설치되어 있다면 정지선)앞에서 일시정지해야 한다.(법 제27조제1항)

## 4 운전자 및 고용주의 의무

### 01 중요

**도로교통법상 운전이 금지되는 술에 취한 상태의 기준은 운전자의 혈중알코올농도 몇%인가?**

① 0.01% 이상 ② 0.1% 이상
③ 0.03% 이상 ④ 0.12% 이상

해설
운전이 금지되는 술에 취한 상태의 기준은 운전자의 혈중알코올농도가 0.03% 이상인 경우로 한다(도로교통법 제44조제4항).

### 02

**운전자의 준수사항에 대한 설명으로 옳지 않은 것은?**

① 물이 고인 곳을 운행할 때에는 고인 물을 튀게 하여 다른 사람에게 피해를 주는 일이 없도록 한다.
② 어린이에 대한 교통사고의 위험이 있는 것을 발견한 경우에는 일시정지한다.
③ 도로에서 자동차를 세워 둔 채 시비 · 다툼 등의 행위를 하여 다른 차의 통행을 방해하지 않도록 한다.
④ 자동차의 앞면 창유리는 40% 미만, 운전석 좌우옆면 창유리는 70% 미만의 가시광선 투과율의 차를 운전해야 한다.

해설
자동차의 창유리 가시광선 투과율이 앞면 창유리는 70% 미만, 운전석 좌우옆면 창유리는 40% 미만보다 낮아 교통안전 등에 지장을 줄 수 있는 차를 운전하지 않는다.

더 알아보기

**운전 중 휴대용 전화를 사용하는 경우**

- 자동차 등 또는 노면전차가 정지하고 있는 경우
- 긴급자동차를 운전하는 경우
- 각종 범죄 및 재해 신고 등 긴급한 필요가 있는 경우
- 안전운전에 장애를 주지 않는 장치로서 손으로 잡지 않고도 휴대용 전화(자동차용 전화 포함)를 사용할 수 있도록 해 주는 장치를 이용하는 경우

### 03

**좌석안전띠를 매지 아니하거나 동승자에게 좌석안전띠를 매도록 하지 않아도 되는 경우가 아닌 것은?**

① 자동차를 후진시키기 위하여 운전하는 때
② 긴급자동차가 업무 외의 용도로 운행되고 있을 때
③ 경찰용 자동차에 의하여 호위되고 있는 자동차를 승차하는 때
④ 신장, 비만, 그 밖의 신체의 상태에 의하여 좌석안전띠의 착용이 적당하지 않다고 인정되는 자가 운전하는 때

해설
긴급자동차가 그 본래의 용도로 운행되고 있는 때에는 좌석안전띠를 매지 아니하거나 승차자에게 좌석안전띠를 매도록 하지 아니하여도 된다.

### 04

**어린이통학버스로 신고할 수 있는 자동차에 대한 설명이다. 옳지 않은 것은?**

① 앞면과 뒷면에는 분당 60회 이상 120회 이하로 점멸되는 각각 2개의 적색표시등과 2개의 황색표시등 또는 호박색표시등을 설치해야 한다.
② 승차정원은 9인승 이상의 자동차에 한하되 어린이 5명을 승차정원 3명으로 본다.
③ 보험업법에 따른 보험 또는 여객자동차운수사업법에 따른 공제조합에 가입되어 있어야 한다.
④ 어린이통학버스 앞면 창유리 우측상단과 뒷면 창유리 중앙하단의 보기 쉬운 곳에 어린이 보호표지를 부착해야 한다.

해설
② 어린이 1명을 승차정원 1명으로 본다(도로교통법 시행규칙 제34조).

더 알아보기

**지체 없이 신고하여야 하는 사항**

- 사고가 일어난 곳
- 사상자 수 및 부상 정도
- 손괴한 물건 및 손괴 정도
- 그 밖의 조치사항 등

## 5 고속도로 및 자동차전용도로에서의 특례

### 01

**고속도로 또는 자동차전용에서 차를 정차 또는 주차시킬 수 있는 경우가 아닌 것은?**

① 정차 또는 주차할 수 있도록 안전표지를 설치한 곳
② 사업상의 이유로 전화를 하기위해 길가장자리구역(갓길을 포함)에 정차 또는 주차시키는 경우
③ 통행료를 내기 위하여 통행롤를 받는 곳에서 정차하는 경우
④ 교통이 밀리거나 그 밖의 부득이한 사유로 움직일 수 없을 때에 고속도로 또는 자동차전용도로의 차로에 일시 정차 또는 주차시키는 경우

해설
고장이나 그 밖의 부득이한 사유로 길가장자리구역(갓길을 포함)에 정차 또는 주차시키는 경우가 해당될 수 있다.

### 02 중요

**고속도로에서는 2차사고 발생 시 사망사고로 이어질 가능성이 높다. 야간에 사고 발생 시 안전삼각대와 함께 추가로 설치하여야 하는 표지가 아닌 것은?**

① 적색의 섬광 신호 ② 안전표지판
③ 전기제등 ④ 불꽃신호

해설
자동차의 운전자는 고장이나 그 밖의 사유로 고속도로 또는 자동차전용도로에서 자동차를 운행할 수 없게 되었을 때에는 안전삼각대와 사방 500미터 지점에서 식별할 수 있는 적색의 섬광신호 · 전기제등 또는 불꽃신호(다만, 밤에 고장이나 그 밖의 사유로 고속도로 등에서 자동차를 운행할 수 없게 되었을 때로 한정)를 설치하여야 한다(도로교통법 시행규칙 제40조).

더 알아보기

**고장자동차의 표지**
- 안전삼각대
- 사방 500미터 지점에서 식별할 수 있는 적색의 섬광신호 · 전기제등 또는 불꽃신호(다만, 밤에 고장이나 그 밖의 사유로 고속도로 등에서 자동차를 운행할 수 없게 되었을 때로 한정)

## 6 교통안전교육

### 01 중요

**특별교통안전 의무교육의 대상이 아닌 사람은?**

① 술에 취한 상태에서의 운전으로 교통사고를 일으킨 사람
② 운전면허 취소처분을 받은 사람으로서 운전면허를 다시 받으려는 사람
③ 운전면허효력 정지처분이 면제된 사람으로 면제된 날부터 6개월이 지나지 않은 사람
④ 어린이 보호구역에서 운전 중 어린이를 사상하는 사고를 유발하여 벌점을 받은 날부터 1년 이내의 사람

해설
운전면허 취소 처분 또는 운전면허효력 정지처분이 면제된 사람으로 면제된 날부터 1개월이 지나지 않은 사람이다.

### 02

**도로교통공단에서 강의, 시청각교육 또는 현장체험교육 등의 방법으로 3시간 이상 48시간 이하로 실시하는 것은?**

① 교통안전교육
② 운전적성정밀검사
③ 교통안전체험교육
④ 특별교통안전의무교육

해설
특별교통안전 의무교육 및 특별교통안전 권장교육(특별교통안전교육)은 규정된 사항에 대하여 강의 · 시청각교육 또는 현장체험교육 등의 방법으로 3시간 이상 48시간 이하로 각각 실시한다(도로교통법 시행령 제38조).

※ 운전면허의 결격사유
- 18세 미만(원동기장치자전거의 경우에는 16세 미만)인 사람
- 교통상의 위험과 장해를 일으킬 수 있는 정신질환자 또는 뇌전증환자로서 대통령령으로 정하는 사람
- 듣지못하는 사람(제1종 대형면허 · 특수면허만 해당), 앞을 보지 못하는 사람(한쪽 눈만보지 못하는 사람의 경우에는 제1종 대형면허 ·

특수면허만 해당)이나 그 밖에 대통령령으로 정하는 신체장애인
- 교통상의 위험과 장해를 일으킬 수 있는 마약 · 대마 · 향정신성의약품 또는 알코올 중독자로서 대통령령으로 정하는 사람

## 7 운전면허

### 01 중요

**제1종 보통면허로 운전할 수 없는 차량은?**

① 12인승 승용차
② 15인승 승합차
③ 콘크리트믹서트럭
④ 도로를 운행하는 3톤 미만 지게차

해설

제1종 보통면허로 운전할 수 차
- 승용자동차
- 승차정원 15인 이하의 승합자동차
- 승차정원 12인 이하의 긴급자동차(승용 및 승합자동차에 한정)
- 적재중량 12톤 미만의 화물자동차
- 건설기계(도로를 운행하는 3톤 미만 지게차)
- 총중량 10톤 미만의 특수자동차(대형견인차, 소형견인차 및 구난차 제외)
- 원동기장치자전거

### 02 중요

**제1종 운전면허에 필요한 도로교통법령에 따른 정지시력(교정시력 포함)의 기준은?**

① 한쪽 눈을 보지 못하는 사람이 보통면허를 취득하려는 경우에는 다른 쪽 눈의 시력이 0.6 이상이어야 한다.
② 한쪽 눈을 보지 못하는 사람이 보통면허를 취득하려는 경우에는 다른 쪽 눈의 시력이 0.8 이상이어야 한다.
③ 두 눈을 동시에 뜨고 잰 시력이 0.5 이상이고, 두 눈의 시력이 각각 0.3 이상
④ 두 눈을 동시에 뜨고 잰 시력이 0.8 이상이고, 두 눈의 시력이 각각 0.6 이상

해설

도로교통법령에 따른 시력의 기준(교정시력 포함)
- 제1종 운전면허: 두 눈을 동시에 뜨고 잰 시력이 0.8 이상이고, 두 눈의 시력이 각각 0.5 이상일 것. 다만, 한쪽 눈을 보지 못하는 사람이 보통면허를 취득하려는 경우에는 다른 쪽 눈의 시력이 0.8 이상
- 제2종 운전면허: 두 눈을 동시에 뜨고 잰 시력이 0.5 이상일 것. 다만, 한쪽 눈을 보지 못하는 사람은 다른 쪽 눈의 시력이 0.6 이상

※ 제1종 운전면허로 운전할 수 있는 차의 종류
(규칙 별표18)

| 구분 | 운전할 수 있는 차량 |
|---|---|
| 대형면허 | • 승용자동차<br>• 승합자동차<br>• 화물자동차<br>• 건설기계<br>– 덤프트럭, 아스팔트살포기, 노상안정기<br>– 콘크리트믹서트럭, 콘크리트펌프, 천공기(트럭적재식)<br>– 콘크리트믹서트레일러, 아스팔트콘크리트재생기<br>– 도로보수트럭, 3톤 미만의 지게차<br>• 특수자동차(대형견인차, 소형견인차 및 구난차 제외)<br>• 원동기장치자전거 |
| 보통면허 | • 승용자동차<br>• 승차정원 15명 이하 승합자동차<br>• 적재중량 12톤 미만의 화물자동차<br>• 건설기계(도로를 운행하는 3톤 미만 지게차로 한정)<br>• 총중량 10톤 미만의 특수자동차(대형견인차, 소형견인차 및 구난차 제외)<br>• 원동기장치자전거 |
| 소형면허 | 삼륜화물자동차, 삼륜승용자동차, 원동기장치자전거 |
| 특수면허 | • 대형견인차 : 견인형 특수자동차, 제2종보통면허로 운전할 수 있는 차량<br>• 소형견인차 : 총중량 3.5톤 이하 견인형 특수자동차, 제2종보통면허로 운전할 수 있는 차량<br>• 구난차 : 구난형 특수자동차, 제2종보통면허로 운전할 수 있는 차량 |

### 03

**다음 중 운전면허응시 결격기간이 가장 긴 것은?**

① 자동차를 이용한 범죄행위
② 운전면허시험에 대신 응시한 경우
③ 음주운전 중 인적 피해사고 야기 후 도주한 경우
④ 무면허 운전을 3회 이상 위반한 경우

해설

① 3년, ② 2년, ③ 5년, ④ 2년

## 8 운전면허의 행정처분 및 범칙행위
(규칙 별표28)

### 01 중요

**도로교통법령상 1년간 누진 벌점이 몇 점이어야 운전면허가 취소되는가?**

① 80점 ② 121점
③ 201점 ④ 271점

해설

1회의 위반 · 사고로 인한 벌점 또는 연간 누산점수가 1년간 121점 이상, 2년간 201점 이상, 3년간 271점 이상에 도달한 때에는 그 운전면허를 취소한다(도로교통법 시행규칙 별표28).

### 02

**다음 중 운전면허 행정처분이 나머지와 다른 하나는?**

① 운전면허증 제시의무 위반
② 운전 중 휴대전화 사용
③ 술에 취한 상태에서 음주측정 불응
④ 승객의 차내 소란행위 방치운전

해설

③ 운전면허 취소처분
• 운전면허 정지처분 : ① 벌점 30점, ② 벌점 15점, ④ 벌점 40점 부과

### 03

**운전면허 취소처분 개별기준에 해당하지 않는 것은?**

① 난폭운전으로 구속된 때
② 수시적성검서에 불합격하거나 수시적성검사 기간을 초과한 때
③ 운전면허 행정처분 기간 중에 운전한 때
④ 운전면허를 도난 당하였을 때

해설

운전면허증을 도난, 분실하였을 때는 제외가 된다.

※ 벌점 · 누산점수 초과로 인한 면허취소

| 기간 | 벌점 또는 누산점수 |
|---|---|
| 1년간 | 121점 이상 |
| 2년간 | 201점 이상 |
| 3년간 | 271점 이상 |

### 04

**운전면허의 행정처분 감경사유와 거리가 먼 것은?**

① 모범운전자로서 처분 당시 2년 이상 교통봉사활동에 종사하고 있는 경우
② 운전이 가족의 생계를 유지할 중요한 수단이 되는 경우
③ 교통사고를 일으키고 도주한 운전자를 검거하여 경찰서장 이상의 표창을 받은 경우
④ 정기 적성검사에 대한 연기신청을 할 수 없었던 불가피한 사유가 있었던 경우

해설

모범운전자로서 처분 당시 3년 이상 교통봉사활동에 종사하고 있는 경우이다. 감경사유에 해당하는 사람들은 음주측정요구에 불응 · 도주 · 단속경찰관 폭행의 전력이나 과거 5년 이내에 인적피해 교통사고 · 음주운전 · 운전면허 취소 및 정지의 전력이 없어야 한다.

※ 운전자에게 부과되는 범칙행위 및 범칙금액

| 범칙행위 | 범칙금액<br>(승합자동차 등) |
|---|---|
| • 속도위반(60km/h 초과)<br>• 어린이통학버스 운전자의 의무 위반(좌석안전띠를 매도록 하지 않은 경우 제외)<br>• 인적사항 제공의무 위반 | 13만 원 |
| • 속도위반(40km/h 초과 60km/h 이하)<br>• 승객의 차안 소란행위 방치 운전<br>• 어린이통학버스 특별보호 위반 | 10만 원 |
| • 중앙선 침범 · 통행구분 위반<br>• 신호 · 지시 위반<br>• 횡단 · 유턴 · 후진 위반<br>• 앞지르기 방법 위반<br>• 앞지르기 금지시기 · 장소 위반<br>• 철길건널목 통과방법 위반<br>• 회전교차로 통행방법 위반<br>• 속도위반(20km/h 초과 40km/h 이하)<br>• 횡단보도 보행자 횡단방해(신호 또는 지시에 따라 도로를 횡단하는 보행자 통행방해 포함)<br>• 보행자전용도로 통행 위반(통행방법 위반 포함)<br>• 승차인원 초과, 승객 또는 승하차자 추락방지조치 위반<br>• 어린이 · 앞을 보지 못하는 사람 등의 보호 위반<br>• 운전 중 영상표시장치 조작<br>• 운전 중 휴대용 전화 사용<br>• 운전 중 운전자가 볼 수 있는 위치에 영상 표시<br>• 고속도로 · 자동차전용도로 갓길통행<br>• 고속도로버스전용차로 · 다인승전용차로 통행 위반 | 7만 원 |

| | |
|---|---|
| • 긴급자동차에 대한 양보 · 일시정지 위반<br>• 긴급한 용도나 그밖의 허용된 사항 외에 경광등이나 사이렌 사용<br>• 운행기록계 미설치 자동차운전금지 등의 위반 | 7만 원 |
| • 통행금지제한 위반<br>• 고속도로 진입 위반<br>• 일반도로 전용차로 통행 위반<br>• 노면전차 전용로 통행위반<br>• 고속도로, 자동차전용도로 안전거리 미확보<br>• 앞지르기 방해금지 위반<br>• 보행자 통행방해 또는 보호 불이행<br>• 교차로에서의 양보운전 위반<br>• 교차로 통행방법 위반<br>• 회전교차로 통행방법 위반<br>• 정차 · 주차금지 위반(신속한 소방활동을 위해 특히 필요하다고 인정하는 곳에 따라 안전표지가 설치된 곳에서의 정차 · 주차금지 위반은 제외)<br>• 정차 · 주차방법 위반<br>• 주차금지 위반<br>• 안전운전의무 위반<br>• 정차 · 주차 위반에 대한 조치 불응<br>• 적재제한 위반 · 적재물 추락방지 위반 또는 영유아나 동물을 안고 운전하는 행위<br>• 도로에서의 시비, 다툼 등으로 차마의 통행 방해행위<br>• 급발진, 급가속, 엔진 공회전 또는 반복적 · 연속적인 경음기 울림으로 인한 소음 발생 행위<br>• 고속도로 지정차로 통행 위반<br>• 고속도로 · 자동차전용도로 횡단 · 유턴 · 후진 위반<br>• 고속도로 · 자동차전용도로 정차 · 주차금지 위반<br>• 고속도로 · 자동차전용도로에서 고장 등 경우 조치 불이행 | 5만 원 |
| • 지정차로 통행 위반 · 차로너비보다 넓은 차 통행금지 위반(진로변경 금지장소에서의 진로변경 포함)<br>• 속도위반(20km/h 이하)<br>• 진로변경방법 위반<br>• 급제동금지 위반<br>• 끼어들기금지 위반<br>• 서행의무 위반<br>• 일시정지 위반<br>• 좌석안전띠 미착용<br>• 방향전환 · 진로변경 시 신호 불이행<br>• 운전석 이탈 시 안전확보 불이행<br>• 어린이통학버스와 비슷한 도색 · 표지 금지 위반 | 3만 원 |
| • 최저속도 위반<br>• 일반도로 안전거리 미확보<br>• 불법부착장치 차 운전(교통단속용 장비의 기능을 방해하는 장치를 한 차의 운전은 제외)<br>• 등화점등 · 조작 불이행(안개 끼거나 비 또는 눈 올 때 제외)<br>• 사업용 승합자동차 또는 노면전차의 승차거부 | 2만 원 |

### ※ 어린이보호구역 및 노인 · 장애인보호구역에서의 과태료(영 별표7)

| 범칙행위 | | 과태료<br>(승합자동차 등) |
|---|---|---|
| 신호 또는 지시를 따르지 않은 차 또는 노면전차의 고용주 등 | | 14만 원 |
| 제한속도를 준수하지 않은 차 또는 노면전차의 고용주 등 | • 60km/h 초과<br>• 40km/h 초과 60km/h 이하<br>• 20km/h 초과 40km/h 이하<br>• 20km/h 이하 | 17만 원<br>14만 원<br>11만 원<br>7만 원 |
| 정차 및 주차 금지, 주차금지 장소, 정차 또는 주차의 방법 및 시간 제한 규정을 위반하여 정차 또는 주차한 차의 고용주 등 | 어린이보호구역 | 13만 원<br>(14만 원) |
| | 노인 · 장애인보호구역 | 9만 원<br>(10만 원) |

※ 괄호 안의 과태료 금액은 같은 장소에서 2시간 이상 정차 또는 주차 위반을 하는 경우에 적용한다.

### ※ 어린이보호구역 · 노인 · 장애인보호구역에서의 범칙금액(영 별표10)

| 범칙행위 | | 범칙금액<br>(승합자동차 등) |
|---|---|---|
| • 신호 · 지시위반<br>• 횡단보도 보행자 횡단 방해 | | 13만 원 |
| 속도위반 | • 60km/h 초과<br>• 40km/h 초과 60km/h 이하<br>• 20km/h 초과 40km/h 이하<br>• 20km/h 이하 | 16만 원<br>13만 원<br>10만 원<br>6만 원 |
| • 통행금지 · 제한 위반<br>• 보행자 통행 방해 또는 보호 불이행 | | 9만 원 |
| • 정차 · 주차 금지 위반<br>• 주차금지 위반<br>• 정차 · 주차 방법 위반<br>• 정차 · 주차 위반에 대한 조치 불응 | 어린이보호구역 | 13만 원 |
| | 노인 · 장애인보호구역 | 9만 원 |

# 제3장 교통사고처리특례법

## 1 정의 및 특례의 적용

### 01 중요

**교통사고처리특례법에서 인정하는 보험에 가입하였다 하더라도 형사처벌을 받을 수 있는 경우는?**

① 피해자가 신체의 상해로 인해 불구가 된 경우
② 제한속도보다 15km/h 높은 속도로 운전한 경우
③ 자동차 간 안전거리를 지키지 않은 경우
④ 운전 중 휴대전화를 사용한 경우

해설

피해자가 신체의 상해로 인해 생명에 대한 위협이 발생하거나 불구 또는 불치나 난치의 질병이 생긴 경우 공소를 제기할 수 있다.

### 02

**교통사고처리특례법에 적용되는 대상의 차가 아닌 것은?**

① 콘크리트믹서트럭 ② 지게차
③ 덤프트럭 ④ 경운기

해설

교통사고처리특례법에서의 차

| | |
|---|---|
| 도로교통법에 따른 차 | 자동차, 건설기계, 원동기장치자전거, 자전거, 사람 또는 가축의 힘이나 그 밖의 동력으로 도로에서 운전되는 것(단, 철길이나 가설된 선을 이용하여 운전되는 것, 유모차, 보행보조용 의자차, 노약자용 보행기 등 행정안전부령으로 정하는 기구 · 장치 제외) |
| 건설기계 관리법에 따른 건설기계 | 불도저, 굴착기, 로더, 지게차, 스크레이퍼, 덤프트럭, 기중기, 모터그레이더, 롤러, 노상안정기, 콘크리트뱃칭플랜트, 콘크리트피니셔, 콘크리트살포기, 콘크리트믹서트럭, 콘크리트펌프, 아스팔트믹싱플랜트, 아스팔트피니셔, 아스팔트살포기, 골재살포기, 쇄석기, 공기압축기, 천공기, 항타 및 항발기, 자갈채취기, 준설선, 특수건설기계, 타워크레인 |

### 03

**사고운전자가 형사처벌의 대상이 되는 경우로 옳지 않은 것은?**

① 사망사고
② 신호 · 지시 위반 사고
③ 15km/h 초과한 과속 사고
④ 횡단 · 유턴 또는 후진 중 사고

해설

③ 20km/h를 초과한 과속 사고

### 04 중요

**다음 중 교통사고처리특례법상 특례 예외 조항에 해당되지 않는 것은?**

① 속도위반 10km/h 초과 과속사고
② 무면허사고
③ 중앙선침범사고
④ 끼어들기 금지위반 사고

해설

속도위반 20km/h 초과 과속사고가 특례의 적용 배제 사유이다.

### 05

**특정범죄 가중처벌 등에 관한 법률에 따라 사고운전자가 구조 없이 도주하여 피해자가 사망한 경우 처벌기준은?**

① 무기 또는 11년 이상의 징역
② 무기 또는 9년 이상의 징역
③ 무기 또는 7년 이상의 징역
④ 무기 또는 5년 이상의 징역

해설

사고운전자가 피해자를 사망에 이르게 하고 도주하거나 도주 후에 피해자가 사망한 경우에는 무기 또는 5년 이상의 징역에 처한다(특정범죄 가중처벌 등에 관한 법률 제5조의3).

## 2 중대 법규위반 교통사고

### 01

**사망사고가 성립하지 않는 예외적인 사항을 설명한 것이다. 옳지 않은 것은?**

① 천재지변처럼 운전자의 과실을 논할 수 없는 경우
② 피해자의 자살 등 고의로 인한 사고
③ 안전사고처럼 운행의 목적이 아닌 작업 중의 과실로 피해자가 사망한 경우
④ 도로가 아닌 장소에서 발생한 사망사고

해설

사망사고는 도로에 한정하는 것이 아니라 모든 장소에서 발생한 사망사고를 말한다.

※ 사망사고의 성립요건

| 구분 | 성립요건 |
|---|---|
| 장소적 요건 | 모든 장소 |
| 피해자 요건 | 운행 중인 자동차에 충격되어 사망<br>※ 고의사고(피해자 자살 등), 운행목적이 아닌 작업과실로 피해자가 사망한 경우(안전사고) 제외 |
| 운전자 과실 | 운전자가 업무상 주의의무를 소홀히 한 과실<br>※ 자동차 본래의 운행목적이 아닌 작업 중 과실로 피해자가 사망(안전사고), 운전자의 과실을 논할 수 없는 경우 제외 |

### 02 중요

**중앙선 침범이 적용되는 사례로 옳지 않은 것은?**

① 빗길 과속으로 중앙선을 침범한 사고
② 빙판에 미끄러져 중앙선을 침범한 사고
③ 커브길 과속으로 중앙선을 침범한 사고
④ 졸다가 뒤늦게 급제동하여 중앙선을 침범한 사고

해설

②는 공소권 없는 사고로 처리된다.

### 03

**교통사고처리특례법이 배제되는 신호 · 지시위반 사고가 성립되지 않는 것은?**

① 신호 · 지시위반 차량에 충돌되어 인적피해를 입은 경우
② 고의나 부주의에 의한 과실에 의해 인적피해가 발생한 경우
③ 특별시장 · 광역시장 또는 시장 · 군수가 설치한 신호기나 안전표지의 시설물이 있는 경우에 인적피해가 발생한 경우
④ 아파트 단지 등 특정구역 내부의 소통과 안전을 목적으로 자체적 설치된 신호기가 있는 경우에 인적피해가 발생한 경우

해설

아파트 단지 등 특정구역 내부의 소통과 안전을 목적으로 자체적 설치된 경우에는 제외가 된다.

### 04

**교통사고처리특례법상 중대한 교통사고로서 철길 건널목 통과방법의 위반사고가 성립하는 경우는?**

① 역 구내의 철길건널목에서 일어난 교통사고
② 철길건널목 통과방법의 위반사고로 대인피해를 입은 경우
③ 철길건널목의 신호기 · 경보기 등의 고장으로 일어난 사고
④ 신호기 등이 표시하는 신호에 따라 일시정지하지 않고 통과하다 일어난 사고

해설

철길건널목 통과방법의 위반사고로 인적피해를 입은 경우는 철길건널목 통과방법 위반사고의 요건에 해당한다. ①, ③, ④는 예외사항에 해당한다.
• 신호기 등이 표시하는 신호에 따르는 때에는 일시정지하지 않고 통과할 수 있다.

※ 철길건널목의 종류

| | |
|---|---|
| 제1종 | 차단기, 건널목경보기 및 교통안전표지가 설치되어 있는 경우 |
| 제2종 | 건널목경보기 및 교통안전표지가 설치되어 있는 경우 |
| 제3종 | 교통안전표지만 설치되어 있는 경우 |

## 05

**다음 중 무면허 운전의 유형으로 틀린 것은?**

① 제1종운전면허로 제2종운전면허가 필요한 자동차를 운전하는 행위
② 제1종대형면허로 특수면허가 필요한 자동차를 운전하는 행위
③ 운전면허 취소처분을 받은 후에 운전하는 행위
④ 운전면허시험에 합격한 후 운전면허증을 발급받기 전에 운전하는 행위

해설

① 제2종운전면허로 제1종운전면허가 필요한 자동차를 운전하는 행위는 무면허 운전의 유형에 해당한다.

## 06

**교통사고처리특례법상 음주운전에 대한 설명으로 옳지 않은 것은?**

① 특정인만이 이용하는 장소에서의 음주운전으로 인한 운전면허 행정처분은 불가하다.
② 음주운전 자동차에 충돌되어 대물피해를 입은 경우 가해자가 보험에 가입되어 있다면 '공소권 없음'으로 처리된다.
③ 호텔, 백화점, 고층건물의 주차장 내의 통행로와 주차선 안에서의 음주운전도 처벌된다.
④ 공장이나 관공서, 학교, 사기업 등의 정문 안쪽 통행로가 문, 차단기에 의하여 도로와 차단되는 경우에는 음주운전이 성립하지 않는다.

해설

④는 음주운전이 성립한다.

### ※ 음주운전 여부의 구별

| 음주운전인 경우 | 음주운전이 아닌 경우 |
|---|---|
| • 문이나 차단기에 의해 도로와 차단되고 별도로 관리되는 장소(학교, 관공서, 공장, 사기업 등)에서의 운전<br>• 호텔, 백화점, 고층건물, 아파트 등의 내부에 있는 주차장(주차선 안 포함)에서의 운전 | • 특정인만이 이용하는 장소에서의 운전<br>• 혈중알코올농도 0.03% 미만에서의 운전 |

## 07 중요

**보도침범사고의 성립 요건에 대한 설명으로 옳은 것은?**

① 고의적 과실이거나 현저한 부주의에 의한 과실을 요한다.
② 보도와 차도가 구분이 없는 도로에서는 성립하지 않는다.
③ 시설물은 보도설치의 권한이 있는 행정관서에서 설치 관리하는 보도이어야 한다.
④ 보도에서 자전거를 타고 가던 중 사고난 경우에도 성립한다.

해설

피해자가 보도에서 자전거를 타고 가던 중 사고는 제차로 간주되어 보도침범사고에소 제외된다. 피해자 요건은 보도에서 보행 중 사고가 해당한다.

## 08

**횡단보도로 인정이 되지 않는 경우는?**

① 횡단보도 노면표시가 있으나 횡단보도표지판이 설치되지 않은 경우
② 횡단보도 노면표시가 포장공사로 반은 지워졌으나 반이 남아 있는 경우
③ 횡단보도 노면표시가 완전히 지워지거나 포장공사로 덮여진 경우
④ 횡단보도를 설치하려는 도로 표면이 포장되지 않아 횡단보도표지판이 설치되어 있는 경우

해설

횡단보도 노면표시가 완전히 지워지거나 포장공사로 덮여졌다면 횡단보도 효력을 상실한다.

### ※ 보행자로 인정되는 경우와 아닌 경우

| 횡단보도 보행자인 경우 | • 횡단보도를 걸어가는 사람<br>• 횡단보도에서 원동기장치자전거나 자전거 끌고 가는 사람<br>• 횡단보도에서 원동기장치자전거나 자전거 타고 가다 이를 세우고 한 발은 페달에, 다른 한 발은 지면에 서 있는 사람<br>• 세발자전거를 타고 횡단보도를 건너는 어린이<br>• 손수레를 끌고 횡단보도 건너는 사람 |
|---|---|

| 횡단보도 보행자가 아닌 경우 | • 횡단보도에서 원동기장치자전거나 자전거 타고 가는 사람<br>• 횡단보도에 누워 있거나 앉아 있거나 엎드려 있는 사람<br>• 횡단보도 내에서 교통정리하고 있는 사람<br>• 횡단보도 내에서 택시 잡고 있는 사람<br>• 횡단보도 내에서 화물 하역작업하고 있는 사람<br>• 보도에 서 있다가 횡단보도 내로 넘어진 사람 |
|---|---|

## 09

**교통사고처리특례법상의 중대한 교통사고로서 과속으로 인한 사고의 성립요건에 대한 설명으로 옳지 않은 것은?**

① 과속 차량에 충돌되어 인적피해를 입은 경우
② 고속도로나 자동차전용도로에서 법정속도 20km/h를 초과한 경우
③ 제한속도 20km/h를 초과하여 과속으로 운행하면서 사고가 발생한 경우
④ 불특정 다수의 사람 또는 차마의 통행을 위하여 공개된 장소가 아닌 곳에서 사고가 발생한 경우

해설
불특정 다수의 사람 또는 차마의 통행을 위하여 공개된 장소로서 안전하고 원활한 교통을 확보할 필요가 있는 장소일 것을 요건으로 한다.

## 10

**승객 추락방지의무 위반 사고에 해당하는 것은?**

① 문을 연 상태에서 출발하여 탑승한 승객이 추락한 경우
② 승객이 임의로 차문을 열고 상체를 내밀어 추락한 경우
③ 사고방지를 위한 급제동 시 승객이 밖으로 추락한 경우
④ 화물자동차 적재함에 사람을 태우고 운행하던 중 운전자가 급제동하여 추락한 경우

해설
②, ③, ④는 적용 배제 사례이다.

## 11

**어린이보호구역으로 지정될 수 있는 장소가 아닌 것은?**

① 초 · 중등교육법에 따른 초등학교 또는 중학교
② 영유아교육법에 따른 어린이집 중 정원 100명 이상의 어린이집
③ 학원의 설립 · 운영 및 과외교습에 관한 법률에 따른 학원 중 학원 수강생이 100명 이상인 학원
④ 유아교육법에 따른 유치원

해설
① 초 · 중등교육법에 따른 초등학교 또는 특수학교

# 3 교통사고 처리

## 01 중요

**교통사고 용어에 대한 설명으로 옳지 않은 것은?**

① 전복 – 차가 주행 중 도로 또는 도로 이외의 장소에 차체의 측면이 지면에 접하고 있는 상태
② 충돌 – 차가 반대방향 또는 측방에서 진입하여 그 차의 정면으로 다른 차의 정면 또는 측면을 충격한 것
③ 추돌 – 2대 이상의 차가 동일방향으로 주행 중 뒤차가 앞차의 후면을 충격한 것
④ 접촉 – 차가 추월, 교행 등을 하려다가 차의 좌우측면을 서로 스친 것

해설
전복 : 차가 주행 중 도로 또는 도로 이외의 장소에 뒤집혀 넘어진 것

## 02

**수사기관의 교통사고 처리기준 중 즉결심판을 청구하고 교통사고접수처리대장에 입력한 후 종결할 수 있는 물피금액은?**

① 10만 원 미만 ② 30만 원 미만
③ 20만 원 미만 ④ 50만 원 미만

해설
피해액이 20만 원 미만인 경우에는 즉결심판을 청구하고 교통사고접수처리대장에 입력한 후 종결한다.

# 제4장 교통사고의 유형

**01**

**서행 · 일시정지 위반 사고가 성립하는 경우는?**

① 옆차로의 차량이 갑자기 차로를 변경하여 충돌이 생긴 경우
② 신호등 없는 교차로 통행방법 위반 차량과 충돌하여 피해를 입은 경우
③ 서행장소에 서행표시나 서행표지가 설치된 곳에서 과속으로 사고난 경우
④ 후진이 금지된 곳에서 후진하다가 사고를 낸 경우

해설
① 진로변경 위반 사고, ② 교차로 위반 사고, ④ 후진 사고

**02**

**앞차의 '상당성' 있는 급정지로 인하여 사고가 발생한 경우에도 운전자의 안전거리 미확보로 인한 교통사고를 인정한다. 다음 중 '상당성' 있는 급정지가 아닌 것은?**

① 앞차가 신호를 착각하여 급정지하는 경우
② 앞차가 초행길로 인해 급정지하는 경우
③ 앞차가 전방상황을 오인하여 급정지하는 경우
④ 앞차가 주 · 정차 장소가 아닌 곳에서 급정지하는 경우

해설
④는 앞차의 '과실' 있는 급정지에 속한다.

용어설명

**안전거리의 개념 파악**

- **안전거리** : 앞차가 갑자기 정지하게 되는 경우 그 앞차와의 추돌을 방지할 수 있는 필요한 거리(정지거리보다 약간 길다)
- **정지거리** : 공주거리+제동거리
- **제동거리** : 운전자가 브레이크 페달에 발을 올려 브레이크가 작동을 시작하는 순간부터 자동차가 완전히 정지할 때까지 이동한 거리
- **공주거리** : 운전자가 자동차를 정지시켜야 할 상황임을 인지하고 브레이크 페달로 발을 옮겨 브레이크가 작동을 시작하기 전까지 이동한 거리

**03**

**신호등 없는 교차로에서 사고 발생 시 피해자 요건이 아닌 것은?**

① 후진입한 차량과 충돌하여 피해를 입은 경우
② 신호등 없는 교차로 통행방법 위반 차량과 충돌하여 피해를 입은 경우
③ 일시정지 안전표지를 무시하고 상당한 속력으로 진행한 차량과 충돌하여 피해를 입은 경우
④ 신호기가 설치되어 있는 교차로 또는 사실상 교차로로 볼 수 없는 장소에서 피해를 입은 경우

해설
④는 피해자 요건이 성립하지 않는 예외사항이다.

**04**

**신호등 없는 교차로 사고의 성립요건에서 운전자 과실 요건이 아닌 것은?**

① 먼저 진입한 차량에게 진로를 양보하지 않은 경우
② 상대 차량이 보이지 않는 곳을 통행하면서 일시정지하지 않고 통행하는 경우
③ 안전표지가 없어서 일시정지하지 않고 통행하는 경우
④ 통행우선권이 있는 차량에게 양보하지 않고 통행하는 경우

해설
③ 일시정지표지, 서행표지, 양보표지가 있는 곳에서 이를 무시하고 통행하는 경우가 운전자 과실에 해당한다.

더 알아보기

**가해자와 피해자의 구분**

- 앞차가 너무 넓게 우회전하여 앞 · 뒤가 아닌 좌 · 우 차의 개념으로 보는 상태에서 충돌한 경우에는 앞차가 가해자
- 앞차가 일부 간격을 두고 우회전 중인 상태에서 뒤차가 무리하게 끼어들며 진행하여 충돌한 경우에는 뒤차가 가해자

## 05

**후진사고로서 운전자 과실이 성립하지 않는 예외 사항이 아닌 것은?**

① 앞차의 후진이나 고의사고로 인한 경우
② 고속도로나 자동차전용도로에서 정지 중 노면 경사로 인해 차량이 뒤로 흘러 내려간 경우
③ 고속도로나 자동차전용도로에서 긴급자동차, 도로보수 및 유지작업 자동차로 부득이하게 후진하는 경우
④ 뒤차의 전방주시나 안전거리 미확보로 앞차를 추돌하는 경우

해설
①은 교차로 통행방법 위반으로 인한 운전자 과실의 예외사항이다.

## 06 중요

**안전운전과 난폭운전에 대한 설명으로 옳지 않은 것은?**

① 타인의 통행을 현저히 방해하는 운전도 난폭운전이다.
② 급차로 변경, 지그재그 운전은 난폭운전에 해당한다.
③ 고의나 인식할 수 있는 과실로 타인에게 현저한 위해를 초래하는 운전을 난폭운전이라 한다.
④ 타인의 부정확한 행동과 악천후 등에 관계없이 사고를 미연에 방지하는 운전을 안전운전이라 한다.

해설
모든 자동차 장치를 정확히 조작하여 운전하는 경우, 도로의 교통 상황과 차의 구조 및 성능에 따라 다른 사람에게 위험과 방해를 주지 않는 속도나 방법으로 운전하는 경우가 안전운전이다.

## 07

**난폭운전 사례에 해당하지 않는 것은?**

① 급차로 변경
② 지그재그 운전
③ 운전 미숙으로 인한 차선 이탈
④ 좌 · 우로 핸들을 급조작하는 운전

해설
난폭운전 : 급차로 변경, 지그재그 운전, 좌 · 우로 핸들을 급조작하는 운전, 지선도로에서 간선도로로 진입할 때 일시정지 없이 급진입하는 운전 등

### 용어설명

**후진에 따른 용어 정의**

- **후진 위반** : 후진하기 위해 주의를 기울였으나 다른 보행자나 차량의 정상적인 통행을 방해하여 다른 보행자나 차량을 충돌한 경우(일반도로에서 주로 발생)
- **통행구분 위반** : 대로상에서 뒤에 있는 일정한 장소나 다른 길로 진입하기 위해 상당한 구간을 계속 후진하다가 정상 진행 중인 차량과 충돌한 경우(중앙선 침범과 동일하게 취급)
- **안전운전 불이행** : 주의를 기울이지 않고 후진하여 다른 보행자나 차량을 충돌한 경우(주차장이나 골목길에서 빈번히 발생)

### ※ 안전운전과 난폭운전

| | |
|---|---|
| 안전운전 | • 모든 자동차 장치를 정확히 조작하여 운전하는 경우<br>• 도로의 교통상황과 차의 구조 및 성능에 따라 다른 사람에게 위험과 장해를 주지 않는 속도나 방법으로 운전하는 경우 |
| 난폭운전 | • 고의나 인식할 수 있는 과실로 다른 사람에게 현저한 위해를 초래하는 운전을 하는 경우<br>• 다른 사람의 통행을 현저히 방해하는 운전을 하는 경우<br>• 난폭운전 사례 : 급차로 변경, 지그재그 운전, 좌 · 우로 핸들을 급조작하는 운전, 지선도로에서 간선도로로 진입할 때 일시정지 없이 급진입하는 운전 등 |

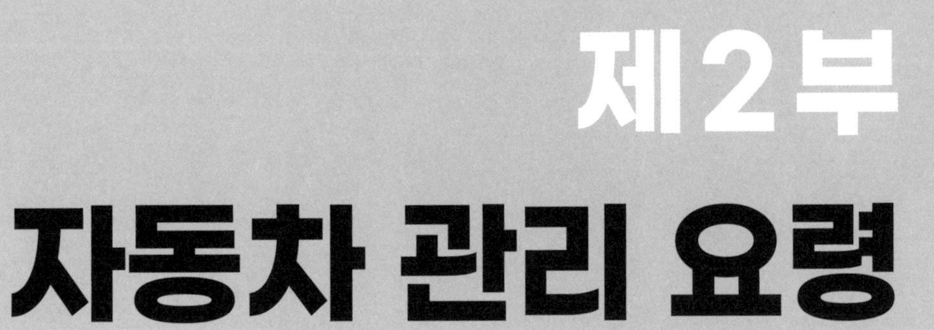

# 제2부
# 자동차 관리 요령

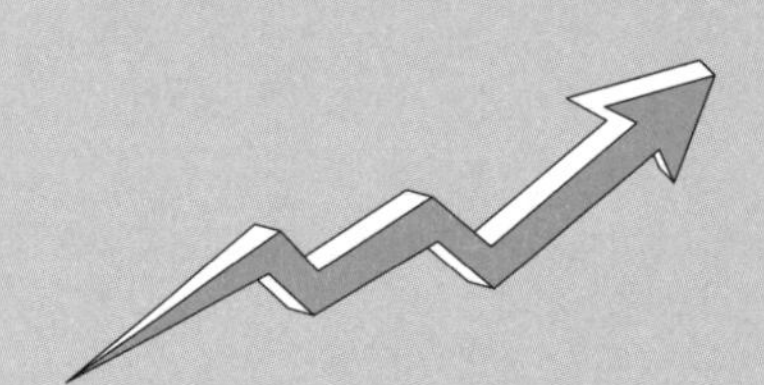

# 제1장 자동차의 구조

## 1 동력전달장치

### 01 중요

다음 중 클러치의 구비 조건에 해당하는 것은?

① 발열이 좋을 것
② 평형이 편중될 것
③ 회전 관성이 적을 것
④ 구조가 복잡할 것

해설

클러치의 구비 조건 : 구조가 간단하고 고장이 적을 것, 조작이 쉬울 것, 회전 관성이 적을 것, 회전력 단속 작용이 확실하고 회전 부분의 평형이 좋을 것 등

### 02

클러치 차단이 잘 안 되는 원인으로 적절하지 않은 것은?

① 릴리스 베어링이 손상되었다.
② 유압장치에 공기가 혼입되었다.
③ 클러치 디스크의 흔들림이 크다.
④ 클러치 페달의 자유간극이 작다.

해설

클러치 페달의 자유간극이 클 때 클러치 차단이 잘 안 된다.

### 03

엔진의 동력을 변속기에 전달하거나 차단하는 역할을 하는 동력전달장치는?

① 변속기 ② 가속기
③ 브레이크 ④ 클러치

해설

클러치는 엔진에서 발생하는 동력을 변속기로 전달하거나 차단하여 엔진 무부하 상태를 유지하고, 관성 운전을 가능하게 하며, 변속기의 기어를 변속할 때 엔진의 동력을 일시 차단한다.

### 04

자동변속기의 오일 색깔에 대한 설명으로 적절하지 않은 것은?

① 오일에 수분이 다량으로 유입된 경우에는 백색을 띤다.
② 클러치 디스크의 마멸 분말에 의한 오손일 경우에는 노란색을 띤다.
③ 투명도가 높은 붉은색을 띠면 정상이다.
④ 장시간 사용한 경우에는 갈색을 띤다.

해설

클러치 디스크의 마멸 분말에 의한 오손이나 기어가 마멸된 경우에는 투명도가 없어지고 검은색을 띤다.

더 알아보기

**자동변속기 오일 색깔**

- 니스 모양 : 고온 노출
- 투명도 높은 붉은색 : 정상
- 백색 : 오일에 수분 다량 유입
- 갈색 : 장시간 사용, 악조건 사용
- 검은색 : 기어 또는 클러치 디스크 마멸

### 05 중요

튜브리스 타이어의 특성에 대한 설명으로 옳지 않은 것은?

① 못 등에 찔려도 공기가 급격하게 누출되지 않는다.
② 유리조각에 의해 손상되어도 수리가 쉽다.
③ 주행 중에 발생하는 열의 발산이 좋아 발열이 적다.
④ 튜브 타이어에 비해 공기압을 유지하는 성능이 좋다.

해설

② 유리조각에 의해 손상되면 수리가 어렵다.

※ 타이어의 종류와 특성

| 종류 | 특성 |
|---|---|
| 레디얼 | • 하중에 의한 변형 적음<br>• 고속 주행 시 안전성 높음 |
| 스노 | • 스핀을 일으키면 견인력이 감소하므로 천천히 출발 |
| 튜브리스 | • 못 등에 찔려도 급격한 공기 누출 없음<br>• 공기압 유지 성능 좋음 |

## 2 현가장치

### 01

**공기 스프링에 대한 설명으로 옳은 것은?**

① 작은 진동은 흡수가 곤란하다.
② 차량무게의 증감에 관계없이 차체높이를 일정하게 유지한다.
③ 다른 스프링에 비해 유연성이 떨어진다.
④ 구조가 간단하고 제작비가 싸다.

해설
① 노면으로부터의 작은 진동을 흡수할 수 있다.
③ 유연한 탄성을 얻을 수 있다.
④ 구조가 복잡하고 제작비가 비싸다.

### 02

**전자제어 현가장치 시스템의 주요 기능이 아닌 것은?**

① 자기진단 기능이 있어 정비가 쉽고 안전하다.
② 운전자가 스위치로 차량의 높이를 조정할 수 있다.
③ 주행 중에 자동차의 속도를 자동으로 줄일 수 있다.
④ 차량 하중 변화에 따른 차량 높이 조정이 자동으로 빠르게 이루어진다.

해설
전자제어 현가장치 시스템(ECAS)은 차고센서로부터 ECAS ECU가 자동차 높이의 변화를 감지하여 에어 스프링의 압력과 자동차 높이를 조절한다.

※ 쇽업소버와 스태빌라이저

- 쇽업소버 : 스프링 작용의 역방향으로 힘을 발생시켜 스프링 진동을 흡수(스프링 진동을 열에너지로 변환)
- 스태빌라이저 : 차체가 롤링하는 것을 방지, 좌우 바퀴가 서로 다르게 상하운동을 할 때 차체 기울기를 감소시킴

## 3 조향장치

### 01

**자동차의 진행방향을 운전자가 의도하는 바에 따라 임의로 조작할 수 있는 장치는?**

① 현가장치 ② 제동장치
③ 전기장치 ④ 조향장치

### 02 중요

**동력조향장치에 대한 설명으로 옳지 않은 것은?**

① 조향 조작력이 작아도 된다.
② 조향조작이 신속하고 경쾌하다.
③ 오일펌프 구동에 엔진의 출력이 소비되지 않는다.
④ 기계식에 비해 구조가 복잡하고 값이 비싸다.

해설
오일펌프 구동에 엔진의 출력이 일부 소비된다.

※ 조향장치의 고장 현상과 원인

| 현상 | 원인 |
|---|---|
| 조향핸들이 무거움 | • 앞바퀴 정렬 상태 불량<br>• 타이어 공기압 부족<br>• 타이어 마멸 과다<br>• 조향 기어 톱니바퀴 마모<br>• 조향 기어 박스 오일 부족 |
| 조향핸들이 한쪽으로 쏠림 | • 앞바퀴 정렬 상태 불량<br>• 쇽업소버 작동 불량<br>• 타이어 공기압 불균일<br>• 허브 베어링 마멸 과다 |

## 03

**조향장치의 구성 부품이 아닌 것은?**

① 크랭크 암 ② 피트먼 암
③ 너클 암 ④ 타이로드

해설
조향장치의 구성 부품 : 조향 핸들, 조향 기어박스, 피트먼 암, 드래그 링크, 너클 암, 타이로드, 스핀들 등

## 04

**조향 핸들이 무거운 원인이 아닌 것은?**

① 타이어의 마멸이 과다하다.
② 타이어의 공기압이 부족하다.
③ 허브 베어링의 마멸이 과다하다.
④ 앞바퀴의 정렬 상태가 불량하다.

해설
③은 조향 핸들이 한쪽으로 쏠리는 원인이다.

## 05

**캠버에 대한 설명으로 옳지 않은 것은?**

① 조향핸들의 조작을 가볍게 한다.
② 수직방향 하중에 의한 앞 차축의 휨을 방지한다.
③ 하중을 받았을 때 앞바퀴의 아래쪽이 벌어지는 것을 방지한다.
④ 자동차 앞바퀴를 옆에서 보았을 때 앞 차축을 고정하는 조향축이 수직선과 어떤 각도를 두고 설치되어 있는 것을 말한다.

해설
캠버는 자동차를 앞에서 보았을 때 앞바퀴가 수직선에 대해 어떤 각도를 두고 설치되어 있는 것을 말한다. ④는 캐스터에 대한 설명이다.

## 06 중요

**자동차가 하중을 받았을 때 앞 차축의 휨을 방지하고 조향 핸들의 조작을 가볍게 하는 장치는?**

① 캠버 ② 토인
③ 캐스터 ④ 스태빌라이저

해설
캠버는 정면에서 보았을 때 앞바퀴가 수직선과 이루는 각을 의미한다. 캠버는 수직 방향 하중에 의한 앞 차축의 휨을 방지하며, 조향핸들의 조작을 가볍게 하는 역할을 한다.

## 07

**휠 얼라인먼트의 역할로 적절하지 않은 것은?**

① 조향 핸들의 조작을 가볍게 한다.
② 타이어 마멸을 최소로 한다.
③ 조향 핸들의 조작을 확실하게 하고 안전성을 준다.
④ 스프링의 피로를 줄여 준다.

해설
①, ②, ③ 외에 조향 핸들에 복원성을 부여한다.

※ 휠 얼라인먼트 구성 요소

| 구분 | 설명 | 역할 |
|---|---|---|
| 캠버 | 정면에서 보았을 때 앞바퀴가 수직선과 이루는 각 | • 조향핸들의 조작을 가볍게 함<br>• 수직 방향 하중에 의한 앞 차축 휨 방지 |
| 캐스터 | 앞바퀴를 옆에서 보았을 때 수직선과 킹핀(조향축)이 이루는 각 | • 주행 시 조향 바퀴에 방향성 부여<br>• 조향 시 직진 방향 복원력 부여 |
| 토인 | 위에서 내려다보았을 때 양쪽 바퀴 중심선 사이의 거리가 앞쪽이 뒤쪽보다 약간 작게 되어 있는 것 | • 앞바퀴의 옆방향 미끄러짐 방지<br>• 타이어 마멸 방지 |
| 조향축(킹핀) 경사각 | 정면에서 보았을 때 킹핀(조향축)이 수직선과 이루는 각 | • 조향핸들 조작 가볍게 함<br>• 앞바퀴에 복원성 부여<br>• 앞바퀴 시미 현상(좌우 떨림 현상) 방지 |

# 4 제동장치

## 01

**페달 작동 시 플런저가 배출 밸브를 눌러 압축공기가 앞 브레이크 체임버와 릴레이 밸브에 보내져 브레이크 작용을 하는 것은?**

① 브레이크 밸브
② 체크 밸브
③ 릴레이 밸브
④ 퀵 릴리스 밸브

해설
브레이크 밸브 : 일종의 강압 밸브로, 부하의 관성에너지가 큰 곳에 주로 사용하는 밸브

## 02

**엔진으로 공기압축기를 구동하여 발생한 압축공기를 동력원으로 사용하는 방식으로서 버스나 트럭 등 대형차량에 주로 사용하는 브레이크는?**

① 유압식 브레이크 ② 전기식 브레이크
③ 공기식 브레이크 ④ 기계식 브레이크

## 03

**공기식 브레이크에서 탱크 내 압력이 규정값에 도달하여 공기압축기에서 압축공기가 공급되지 않을 경우 밸브를 닫아 탱크 내의 공기가 누출되지 않도록 하는 것은?**

① 퀵 릴리스 밸브 ② 체크 밸브
③ 브레이크 밸브 ④ 릴레이 밸브

## 04 중요

**ABS(Anti-lock Break System)의 특징으로 옳지 않은 것은?**

① 뒷바퀴의 조기 고착으로 인한 옆 방향 미끄러짐을 방지한다.
② 앞바퀴의 고착에 의한 조향 능력 상실을 방지한다.
③ 자동차의 방향 안정성, 조정 성능을 확보해 준다.
④ 노면의 상태가 변하면 최대 제동효과를 얻을 수 없다.

해설

ABS의 특징
- 앞바퀴 고착에 의한 조향 능력 상실 방지
- 바퀴의 미끄러짐 없이 제동 효과 얻음
- 자동차의 방향 안정성 및 조정 성능 확보
- 뒷바퀴 조기 고착에 의한 옆방향 미끄러짐 방지
- 노면 상태가 변해도 최대 제동 효과 얻음

## 05

**감속 브레이크에 관한 설명으로 적절하지 않은 것은?**

① 브레이크 슈나 타이어의 마모를 감소시킨다.
② 비나 눈으로 인한 타이어 미끄럼을 줄일 수 있다.
③ 주행 시 안전도가 향상되고 운전자의 피로를 줄여 준다.
④ 클러치 관련 부품의 마모가 증가한다.

해설

감속 브레이크를 사용하면 클러치 사용 횟수가 줄어들어 클러치 관련 부품의 마모가 감소한다.

### ※ 감속 브레이크

| 구분 | 설명 |
|---|---|
| 엔진 브레이크 | 내리막길에서 저속기어를 사용하면 엔진의 회전 저항에 의한 제동력이 발생한다. |
| 제이크 브레이크 | 엔진 내 피스톤 운동을 억제시키는 브레이크로 일부 피스톤 내부의 연료분사를 차단하고 강제로 배기밸브를 개방하여 작동이 줄어든 피스톤 운동량만큼 엔진출력이 저하되어 제동력이 발생한다. |
| 배기 브레이크 | 배기가스를 압축하여 배기 파이프 내의 압력이 밸브스프링 장력과 평행하게 될 때까지 높게 하여 제동력을 얻는다. |
| 리타터 브레이크 | • 별도의 오일을 사용하고 기어 자체에 작은 터빈(자동변속기) 또는 별도의 리타터용 터빈(수동변속기)이 장착되어 유압을 이용하여 동력이 전달되는 회전방향과 반대로 터빈을 작동시켜 제동력을 발생시키는 브레이크이다.<br>• 풋 브레이크를 사용하지 않고 80~90%의 제동력을 얻을 수 있으나 엔진의 저속회전 시에는 제동력이 낮다. |

# 제2장 자동차 장치 사용 요령 및 응급조치

## 1 자동차 장치 사용법

### 01

**운전석과 관련된 주의사항으로 적절하지 않은 것은?**

① 운전석 하부에 물건을 두지 않는다.
② 후방 시계가 불량할 경우 머리지지대(헤드 레스트)를 분리하여 시계를 확보한다.
③ 좌석의 각도나 높이는 운행 전에 조절한다.
④ 좌석 조정은 레버를 올린 상태에서 맞추고 레버를 놓아 고정한다.

해설
머리지지대를 제거한 상태에서의 주행은 머리나 목의 상해를 초래할 수 있다.

### 02 중요

**다음 중 계기판의 구성 요소가 아닌 것은?**

① 적산전력계 ② 공기 압력계
③ 속도계 ④ 회전계

해설
계기판의 구성 요소 : 공기 압력계, 속도계, 수온계, 엔진오일 압력계, 연료계, 전압계, 회전계(타코미터)

더 알아보기

**계기판** Advice 계기판의 용도 파악

- 속도계 : 자동차의 시간당 주행속도를 나타낸다.
- 회전계(타코미터) : 엔진의 분당 회전수(rpm)를 나타낸다.
- 수온계 : 엔진냉각수의 온도를 나타낸다.
- 연료계 : 연료탱크에 남아 있는 연료의 잔류량을 나타낸다.
  ※ 동절기에는 연료를 가급적 충만한 상태로 유지한다.
- 주행거리계 : 자동차가 주행한 총거리(km 단위)를 나타낸다.
- 엔진오일 압력계 : 엔진오일의 압력을 나타낸다.
- 공기압력계 : 브레이크 공기탱크 내의 공기압력을 나타낸다.
- 전압계 : 배터리의 충전과 방전상태를 나타낸다.

### 03

**연료 주입구를 개폐할 때 주의사항으로 적절하지 않은 것은?**

① 엔진을 켠 상태에서 연료를 충전한다.
② 연료 주입구 근처에 불꽃을 가까이하지 않는다.
③ 연료에 압력이 가해져 있을 수 있으므로 연료 캡을 천천히 분리한다.
④ 연료 캡에서 바람 빠지는 소리가 들리면 캡을 완전히 분리하기 전에 바람 빠지는 소리가 멈출 때까지 대기한다.

해설
① 엔진을 정지시키고 연료를 충전한다.

### 04

**자동차 키 사용에 대한 설명 중 옳은 것은?**

① 화물실 전용키는 자동차 키와 분리하여 따로 보관하는 것이 좋다.
② 잠시 차를 떠날 때에는 키를 꽂아 둔다.
③ 키를 차 안에 두고 아이를 차 안에 혼자 두지 않는다.
④ 시동이 걸린 후 'ON' 상태로 계속 두면 시동 모터가 과열되어 손상될 수 있다.

해설
시동 키를 꽂은 상태가 아니어도 시동 키나 다른 스위치를 작동시킬 수 있으므로 아이만 차 안에 남겨 두지 않는다.

더 알아보기

**ECS(전자제어 현가장치 시스템)의 기능**

- 차량 주행 중 에어 소모가 감소하며, 운전자가 스위치를 조작하여 차량의 높이를 조절할 수 있다.
- 차체의 앞을 기울이는 닐링(kneeling)이 가능하며 자기진단 기능이 있어 정비성이 용이하다.

## 2 자동차 응급조치 요령

### 01 중요

**엔진 오버히트가 발생할 경우의 안전조치로 적절하지 않은 것은?**

① 엔진을 냉각시킬 때에는 엔진이 멈춘 상태에서 보닛을 연다.
② 비상경고등을 작동시키고 길 가장자리로 이동하여 정차한다.
③ 엔진을 냉각시킨 후 냉각수의 양을 점검한다.
④ 겨울철에는 히터의 작동을 중지시킨다.

해설
엔진이 작동하는 상태에서 보닛을 열어 엔진을 냉각시킨다.

더 알아보기

**엔진 과열(오버히트)**

| 추정 원인 | 조치방법 |
|---|---|
| • 냉각수 부족, 냉각수 누수<br>• 냉각팬 작동 불량<br>• 라디에이터 캡 장착 불완전<br>• 서모스탯(온도조절기) 고장<br>• 팬 벨트 장력 느슨(냉각수 순환 불량) | • 냉각수 보충, 누수 부위 수리<br>• 냉각팬 전기 배선 수리<br>• 라디에이터 캡 정확히 장착<br>• 서모스탯 교환<br>• 팬 벨트 장력 조정 |

### 02 중요

**배기가스 색깔이 검은색일 경우의 원인으로 옳은 것은?**

① 엔진오일 연소
② 피스톤링 마모
③ 에어클리너 엘리먼트의 막힘
④ 헤드 개스킷 파손

해설
배기가스가 검은색일 경우 농후한 혼합가스가 들어가 불완전 연소되는 경우이다. 초크 고장, 에어클리너 엘리먼트의 막힘, 연료장치 고장 등이 원인이다.

### 03

**배터리 방전 시 응급조치 사항으로 적절하지 않은 것은?**

① 변속기는 중립에 위치시킨다.
② 다른 차의 배터리에 점프 케이블을 연결하여 시동을 걸 때에는 방전된 차의 시동을 먼저 건다.
③ 주차 브레이크를 작동시켜 차가 움직이지 않도록 한다.
④ 방전된 배터리가 충분히 충전되도록 일정 시간 시동을 걸어 둔다.

해설
다른 차의 배터리에 점프 케이블을 연결하여 시동을 걸 때에는 다른 차의 시동을 먼저 건 후 방전된 차의 시동을 건다.

### 04

**브레이크 제동 효과가 불량할 경우의 원인으로 적절한 것은?**

① 신규 타이어를 장착한 직후이다.
② 라이닝 간극에 약간의 차이가 있다.
③ 공기압이 규정보다 조금 낮다.
④ 타이어 마모가 심하다.

해설
브레이크 제동 효과 불량 원인 : 공기압 과다, 공기 누설, 라이닝 간극 과다 및 마모 상태 심각, 심한 타이어 마모

### 05

**팬벨트 부분에 결함이 있을 경우 나타나는 증상으로 옳은 것은?**

① 브레이크 페달을 밟아 차를 세우려고 할 때 바퀴에서 '끼익!' 하는 소리가 난다.
② 가속 페달을 힘껏 밟는 순간 '끼익!' 하는 소리가 난다.
③ 엔진의 회전수에 비례하여 쇠가 마주치는 소리가 난다.
④ 비포장도로를 달릴 때 '딱각딱각' 하는 소리가 난다.

해설
① 브레이크 부분 결함, ③ 엔진의 이음 결함, ④ 쇽업소버 고장

## 06

**저속 회전 시 엔진이 쉽게 꺼질 때의 조치방법이 아닌 것은?**

① 에어클리너 필터가 오염되었는지 점검하고 교체한다.
② 연료 필터가 막혔는지 점검하고 교체한다.
③ 공회전 속도를 더 낮춘다.
④ 밸브 간극을 조정한다.

해설
공회전 속도가 낮을 때 저속 회전하면 엔진이 쉽게 꺼진다.

## 07

**타이어가 펑크 났을 때의 응급조치요령으로 적절하지 않은 것은?**

① 차를 평탄하고 안전한 길 가장자리에 주차한 후 주차브레이크를 당겨 놓는다.
② 낮에는 자동차로부터 200m 이상의 뒤쪽 도로상에 고장자동차의 표지를 설치한다.
③ 잭으로 차체를 들어올릴 때에는 교환할 타이어의 대각선 방향에 있는 타이어에 고임목을 설치한다.
④ 운행 중 펑크가 나면 핸들이 돌아가지 않도록 견고히 잡고 비상경고등을 작동시킨다.

해설
자동차의 운전자는 고장자동차의 표지를 설치하는 경우 그 자동차의 후방에서 접근하는 자동차의 운전자가 확인할 수 있는 위치에 설치하여야 한다(도로교통법 시행규칙 제40조 참조).

## 08 중요

**핸들이 떨리는 경우 예상할 수 있는 원인이 아닌 것은?**

① 타이어 편마모
② 파워 스티어링 오일 부족
③ 휠 너트 풀림
④ 각 타이어마다 공기압이 다름

해설
파워 스티어링 오일이 부족하면 핸들이 무거워지는 현상이 발생한다.

### ※ 시동 문제

| 구분 | 추정 원인 | 조치방법 |
|---|---|---|
| 시동모터가 작동되지 않거나 천천히 회전하는 경우 | • 배터리 단자의 부식, 이완, 빠짐<br>• 배터리 방전<br>• 엔진오일 점도가 너무 높음<br>• 접지 케이블 이완 | • 부식된 부분을 처리하고 단단히 고정<br>• 배터리 충전 · 교환<br>• 적정 점도의 오일로 교환<br>• 접지 케이블 단단하게 고정 |
| 시동모터가 작동되나 시동이 걸리지 않는 경우 | • 연료 필터가 막힘<br>• 예열작동이 불충분<br>• 연료가 떨어짐 | • 연료 필터 교환<br>• 예열시스템 점검<br>• 연료 보충 후 공기빼기 |

### ※ 브레이크 문제

| 구분 | 추정 원인 | 조치방법 |
|---|---|---|
| 브레이크 제동효과 불량 | • 공기압 과다<br>• 타이어 마모 심함<br>• 라이닝 간극 과다 또는 심한 마모 상태<br>• 공기 누설 | • 적정 공기압 조정<br>• 타이어 교환<br>• 라이닝 간극 조정 또는 교환<br>• 브레이크 계통 점검 후 풀려 있는 부분 다시 조임 |
| 브레이크 편제동 | • 타이어 편마모<br>• 좌우 타이어 공기압 다름<br>• 좌우 라이닝 간극 다름 | • 편마모된 타이어 교체<br>• 적정 공기압 조정<br>• 라이닝 간극 조정 |

### ※ 조향계통

| 구분 | 추정 원인 | 조치방법 |
|---|---|---|
| 핸들이 무거움 | • 앞바퀴 공기압 부족<br>• 파워스티어링 오일 부족 | • 적정 공기압으로 조정<br>• 파워스티어링 오일 보충 |
| 핸들의 떨림 | • 타이어 편마모<br>• 타이어 무게중심이 맞지 않음<br>• 휠 너트가 풀려 있음 | • 타이어 교환<br>• 타이어 무게중심 조정<br>• 규정 토크로 조이기 |

### ※ 타이어 펑크

응급조치 : 운행 중 타이어 펑크 → 핸들을 견고히 잡아 돌아가지 않도록 함 → 비상 경고등 작동 → 서서히 감속 → 길 가장자리 이동 → 안전한 장소 주차 후 주차 브레이크 체결 → 고장자동차 표지 설치 → 타이어 교환

# 제3장 자동차 점검 및 관리

## 1 자동차 점검

### 01 중요

**차량 운행 전 임시점검으로 운전석에서 할 수 없는 것은?**

① 후사경 조절
② 클러치 점검
③ 타이어 압력 점검
④ 조향등 점검

해설
타이어는 외관점검사항이다.

### 02

**운행 전 운전석에서 점검해야 할 사항이 아닌 것은?**

① 예비 타이어 공기압 점검
② 브레이크 페달 작동 상태
③ 연료 게이지량
④ 스티어링 휠 조정

해설
예비 타이어는 외부에서 점검할 수 있는 사항이다.

### 03

**시동 후 출발 전에 확인해야 할 사항으로 옳은 것은?**

① 조향장치 작동 ② 등화장치 작동
③ 차체 이상 진동 ④ 엔진의 오일 양

해설
시동 후 출발 전에 확인할 사항 : 배터리 출력, 시동 잡음, 계기장치 및 등화장치 작동, 브레이크 페달 작동, 액셀러레이터 페달 작동, 공기 압력, 후사경 위치와 각도, 클러치 작동, 기어 접속

※ 운행 전 점검

| 구분 | 점검 내용 |
|---|---|
| 운전석 | • 연료 게이지량 • 에어압력 게이지 상태<br>• 와이퍼 작동 상태 • 스티어링 휠 조정<br>• 운전석 조정<br>• 브레이크 페달 유격과 작동 상태<br>• 룸미러, 경음기, 계기 점등 상태 |
| 엔진 | • 엔진오일 양과 점도 • 냉각수 양과 상태<br>• 벨트 장력 • 배선 상태 |
| 외관 | • 유리의 상태 • 차체 굴곡<br>• 보닛 고정 • 차체 기울기<br>• 후사경 위치 • 차체 먼지<br>• 반사기와 번호판 손상 • 휠 너트 조임 상태<br>• 타이어 공기압과 마모 상태<br>• 라디에이터와 연료탱크 캡 상태<br>• 오일, 연료, 냉각수의 누유와 누수 |

※ 운행 중 점검

| 구분 | 점검 내용 |
|---|---|
| 시동 후 출발 전 | • 배터리 출력 • 시동할 때 잡음<br>• 계기장치 • 등화장치<br>• 브레이크 페달 • 액셀러레이터 페달<br>• 공기압력 • 후사경 위치와 각도<br>• 클러치 작동 • 기어 접속<br>• 엔진 소리 |
| 운행 중 | • 조향장치 작동 • 계기장치 정상 위치<br>• 엔진 소리 • 이상 냄새 유무<br>• 차체 이상 진동 • 각종 신호등 작동<br>• 클러치 작동 • 동력 전달 이상<br>• 제동장치 작동, 편제동 유무 |

※ 운행 후 점검

| 구분 | 점검 내용 |
|---|---|
| 외관 | • 차체 기울기 • 차체 굴곡 또는 손상<br>• 차체 부품 • 보닛 고리 |
| 엔진 | • 냉각수, 엔진 오일 이상 소모와 누유<br>• 누수 상태 • 배터리액 넘침<br>• 배선 상태 |
| 하체 | • 타이어 정상 마모 • 볼트, 너트 상태<br>• 휠 너트 상태 • 에어 누설 여부<br>• 조향장치, 완충장치 나사 풀림 상태 |

## 2 안전 수칙

### 01

**운행 전 안전수칙에 해당하지 않는 것은?**

① 운전에 방해되는 물건을 제거한다.
② 일상점검을 생활화한다.
③ 터널 밖이나 다리 위 돌풍에 주의한다.
④ 가까운 거리라도 안전벨트를 착용한다.

해설
③은 운행 중 안전수칙에 해당한다.

### 02

**버스 운행 중 유의사항으로 적절하지 않은 것은?**

① 엔진소리에 이상이 없는지 유의한다.
② 차내에서 이상한 냄새가 나지는 않는지 유의한다.
③ 후사경의 위치와 각도는 적절한지 유의한다.
④ 제동장치가 한쪽으로 쏠리지는 않는지 유의한다.

해설
후사경의 위치와 각도는 출발 전에 확인할 사항이다.

### 03 중요

**주차할 때의 주의사항으로 적절하지 않은 것은?**

① 급경사 길에는 가급적 주차하지 않는다.
② 주차할 때에는 반드시 주차 브레이크를 작동시킨다.
③ 오르막길에서는 R(후진)로 놓고 바퀴에 고임목을 설치한다.
④ 습기가 많고 통풍이 잘 되지 않는 차고에는 주차하지 않는다.

해설
오르막길에서는 1단, 내리막길에서는 R(후진)로 놓고 고임목을 댄다.

## 3 운행 시 자동차 조작 요령

### 01

**경제적 운행으로 볼 수 없는 것은?**

① 트렁크나 화물칸에 불필요한 짐이나 화물을 싣고 운행하지 않는다.
② 사전에 목적지를 파악하고 출발한다.
③ 타이어의 공기압을 적정하게 유지한다.
④ 창문을 열고 고속으로 주행한다.

해설
④ 창문을 열고 고속주행을 하지 않는다.

### 02

**고속도로에서의 운행방법으로 옳지 않은 것은?**

① 운행 전에 연료, 엔진오일, 타이어 공기압 등을 점검한다.
② 터널을 나올 경우에는 속도를 높인다.
③ 고속도로를 벗어날 경우에는 미리 출구를 확인하고 방향지시등을 켠다.
④ 풋 브레이크와 엔진 브레이크를 함께 효율적으로 사용한다.

해설
터널의 출구 부분을 나올 경우에는 바람의 영향으로 차체가 흔들릴 수 있으므로 속도를 줄인다.

### 03 중요

**험한 도로 운행에 설명으로 옳지 않은 것은?**

① 요철이 심한 도로는 빠르게 통과하도록 한다.
② 빙판길에서는 속도를 낮추고 제동거리를 충분히 확보한다.
③ 진흙 길에서는 2단 기어를 사용하여 천천히 가속한다.
④ 저단기어 상태로 가속페달은 일정하게 밟고 기어 변속은 피한다.

해설
요철이 심한 도로는 차체 아래 부분이 충격 받지 않도록 감속 운행을 해야 한다.

## 4 자동차 관리 요령

### 01 중요

**터보차저에 대한 설명으로 옳지 않은 것은?**

① 공회전 또는 워밍업 시의 무부하 상태에서 급가속이 용이하다.
② 충분한 공회전을 실시하여 터보차저의 온도를 식힌 후 엔진을 끄도록 한다.
③ 고속 회전운동을 하는 부품으로 이물질이 들어가지 않도록 하는 것이 중요하다.
④ 급속한 엔진 정지로 인한 열방출이 안 되기 때문에 터보차저 베어링부의 소착 등이 발생될 수 있다.

해설

공회전 또는 워밍업 시의 무부하 상태에서 급가속을 하는 것은 터보차저 각부의 손상을 가져올 수 있으므로 삼간다.

### 02 중요

**차체 외장을 관리하는 요령으로 옳지 않은 것은?**

① 이물질이 퇴적되지 않도록 깨끗하게 제거한다.
② 젖은 걸레는 얼룩을 유발하므로 청소는 되도록 마른 걸레를 이용한다.
③ 가정용 중성세제는 고무 변색을 일으킬 수 있으므로 자동차 전용 세제를 사용한다.
④ 깨끗하게 세척하여 자동차 표면이 부식되는 것을 방지한다.

해설

차체의 오물, 먼지를 마른 걸레로 닦으면 표면에 자국이 생긴다.

### 03

**세차할 때 엔진룸은 무엇을 이용하여 세척해야 하는가?**

① 공기 ② 경유
③ 물 ④ 왁스

해설

세차할 때에 엔진룸은 에어(공기)를 이용하여 세척한다. 엔진룸의 전기장치 배선에 수분이 침투할 경우 엔진제어장치의 오류가 발생할 수 있다.

### 04

**자동차의 내 · 외장을 손질할 때 주의사항으로 옳지 않은 것은?**

① 차량 외부의 합성수지 부품에 엔진오일, 방향제 등이 묻으면 변색이나 얼룩이 발생하므로 즉시 깨끗이 닦아 낸다.
② 자동차 내장을 아세톤, 에나멜 및 표백제 등으로 세척할 경우에는 변색되거나 손상이 발생할 수 있다.
③ 자동차의 더러움이 심할 때에는 고무제품의 변색을 예방하기 위해 자동차 전용 세척제 대신 가정용 중성세제를 사용한다.
④ 범퍼나 차량 외부의 합성수지 부품이 더러워졌을 때에는 딱딱한 브러시나 수세미 대신에 부드러운 브러시나 스펀지를 사용하여 닦아낸다.

해설

자동차의 더러움이 심할 때에는 고무 제품의 변색을 예방하기 위해 자동차 전용 세척제를 사용한다.

### 05 중요

**세차를 해야 할 시기로 가장 적당하지 않은 것은?**

① 겨울철에 동결방지제를 뿌린 도로를 주행한 경우
② 옥외에서 장시간 주차한 경우
③ 국도를 주행한 경우
④ 진흙 및 먼지, 새의 배설물, 벌레 등이 현저하게 붙어 있는 경우

해설

해안도로를 주행한 경우에 세차하는 것이 일반적이다. 국도를 주행한 경우는 특별히 세차하는 경우에 해당하지 않는다.

### 06

**세차 시 주의사항으로 옳지 않은 것은?**

① 세차할 때에 엔진룸은 에어를 이용하여 세척한다.
② 기름 또는 왁스가 묻어 있는 걸레로 전면유리를 닦지 않는다.
③ 차체의 먼지나 오물을 마른 걸레로 닦아내면 표면에 자국이 발생하지 않는다.

④ 겨울철에 세차하는 경우에는 물기를 완전히 제거한다.

해설
차체의 먼지나 오물을 마른 걸레로 닦아내면 표면에 자국이 발생한다.

## 5 CNG 자동차

### 01 중요

**다음 중 CNG의 특징이 아닌 것은?**

① 옥탄가가 낮고 세탄가가 높다.
② 저온 시동성이 우수하다.
③ $CO_2$ 배출량이 적다.
④ $SO_2$ 가스를 방출하지 않는다.

해설
옥탄가는 비교적 높고 세탄가는 낮다.

### 02

**천연가스를 고압으로 압축하여 고압 압력용기에 저장한 기체상태의 연료는?**

① 액화천연가스 ② 액화석유가스
③ 압축천연가스 ④ 정밀압축가스

해설
① 액화천연가스 : 천연가스를 액화시켜 부피를 현저히 작게 만들어 저장, 운반 등 사용상의 효용성을 높이기 위한 액화가스
② 액화석유가스 : 프로판과 부탄을 섞어서 제조된 가스

더 알아보기

**천연가스의 형태별 종류**

(1) LNG(액화천연가스, Liquified Natural Gas) : 천연가스를 액화시켜 부피를 현저히 작게 만들어 저장, 운반 등 사용상의 효용성을 높이기 위한 액화가스
(2) CNG(압축천연가스, Compressed Natural Gas) : 천연가스를 고압으로 압축하여 고압 압력용기에 저장한 기체상태의 연료
cf LPG(액화석유가스, Liquified Petroleum Gas) : 프로판과 부탄을 섞어서 제조된 가스로서 석유 정제과정의 부산물로 이루어진 혼합가스(천연가스의 형태별 종류는 아님)

### 03 중요

**다음 중 부탄과 프로판을 섞어서 제조된 가스는?**

① 액화가스 ② 액화석유가스
③ 액화천연가스 ④ 압축천연가스

해설
② 액화석유가스(LPG) : 석유 정제과정의 부산물로 이루어진 혼합가스
③ 액화천연가스(LNG) : 천연가스를 액화시켜 부피를 현저히 작게 만들어 저장, 운반 등 사용상의 효용성을 높이기 위한 액화가스
④ 압축천연가스(CNG) : 천연가스를 고압으로 압축하여 고압 압력용기에 저장한 기체상태의 연료

### 04

**압축천연가스 버스의 가스공급라인에서 가스가 누출되고 있을 때 조치요령으로 적절하지 않은 것은?**

① 엔진 시동을 끄고 메인전원 스위치를 차단한다.
② 가스공급라인의 몸체가 파열된 경우에는 교환한다.
③ 연결 부위에서 가스가 누출되면 가스가 모두 배출된 후에 새는 부위의 너트를 조인다.
④ 승객을 안전한 곳으로 대피시킨 후 비눗물이나 가스검진기로 누설 부위를 확인한다.

해설
연결 부위에서 가스가 누출되는 경우에는 새는 부위의 너트를 누출이 멈출 때까지 조금씩 반복해서 조여 준다. 만약 계속해서 가스가 누출되면 사람의 접근을 차단하고 실린더 내의 가스가 모두 배출될 때까지 기다린다.

더 알아보기

**연결부에서 가스 누출 시 응급조치**

(1) 가스 냄새 유출 시
화기 엄금 → 엔진 시동 끄고 메인 전원 스위치 차단 → 승객 대피 → 누설 부위 확인 → 가스공급라인의 몸체 파열 시에는 교환
(2) 연결 부위 가스 누출 시
가스가 새는 부위의 너트를 가스 누출이 멈출 때까지 조금씩 반복하여 조인다. 가스가 계속 누출되면 사람의 접근을 차단한 후 실린더 내 가스가 모두 배출될 때까지 기다린다.

# 제4장 자동차 검사 및 보험

## 1 자동차 검사

### 01

**차령이 5년인 대형 사업용 승합차량의 자동차 종합검사 유효기간은?**

① 3개월 ② 6개월
③ 1년 ④ 2년

해설

차령이 2년 초과인 사업용 대형 승합자동차의 자동차 종합검사 유효기간은 차령 8년까지는 1년이다(자동차종합검사의 시행 등에 관한 규칙 별표1).

### 02

**자동차 종합검사를 받지 않은 경우 검사 지연기간이 30일 이내인 경우의 과태료 금액은?**

① 4만 원 ② 3만 원
③ 5만 원 ④ 30만 원

해설

검사 지연기간이 30일 이내인 경우의 과태료 금액은 4만 원이다.

※ 종합검사의 대상과 유효기간(자동차 종합검사의 시행 등에 관한 규칙 별표1)

| 검사 대상 | | 적용 차령 | 검사 유효기간 |
|---|---|---|---|
| 승용자동차 | 비사업용 | 차령이 4년 초과인 자동차 | 2년 |
| | 사업용 | 차령이 2년 초과인 자동차 | 1년 |
| 경형·소형의 승합 및 화물자동차 | 비사업용 | 차령이 3년 초과인 자동차 | 1년 |
| | 사업용 | 차령이 2년 초과인 자동차 | 1년 |
| 사업용 대형 화물자동차 | | 차령이 2년 초과인 자동차 | 6개월 |
| 사업용 대형 승합자동차 | | 차령이 2년 초과인 자동차 | 차령 8년까지 1년, 이후부터 6개월 |
| 중형 승합자동차 | 비사업용 | 차령이 3년 초과인 자동차 | 차령 8년까지 1년, 이후부터 6개월 |
| | 사업용 | 차령이 2년 초과인 자동차 | 차령 8년까지 1년, 이후부터 6개월 |
| 그 밖의 자동차 | 비사업용 | 차령이 3년 초과인 자동차 | 차령 5년까지 1년, 이후부터 6개월 |
| | 사업용 | 차령이 2년 초과인 자동차 | 차령 5년까지 1년, 이후부터 6개월 |

### 03

**자동차 소유자가 자동차종합검사를 받아야 하는 기간은 자동차 종합검사 유효기간의 마지막 날 전후 각각 며칠 이내에 받아야 하는가?**

① 5일 ② 10일
③ 31일 ④ 90일

해설

자동차 소유자가 종합검사를 받아야 하는 기간은 검사 유효기간의 마지막 날(검사 유효기간을 연장하거나 검사를 유예한 경우에는 그 연장 또는 유예된 기간의 마지막 날) 전후 각각 31일 이내로 한다(자동차종합검사의 시행 등에 관한 규칙 제9조제2항).

### 04

**자동차종합검사 기간 내에 종합검사를 신청한 경우 자동차 종합검사에서 부적합 판정을 받은 자동차 소유자가 재검사를 받을 수 있는 기간은?**

① 종합검사 신청일로부터 10일 이내
② 부적합 판정을 받은 날부터 10일 이내
③ 부적합 판정을 받은 날의 다음 날부터 10일 이내
④ 부적합 판정을 받은 날부터 자동차종합검사 기간 만료 후 10일 이내

해설

**자동차종합검사 재검사 기간**(자동차종합검사의 시행 등에 관한 규칙 제7조제1항)

- 종합검사기간 내에 종합검사를 신청한 경우
  - 최고속도제한장치의 미설치, 무단 해체·해제 및 미작동, 자동차 배출가스 검사기준 위반으로 부적합 판정을 받은 경우 : 부적합 판정을 받은 날부터 10일 이내
  - 그 밖의 사유로 부적합 판정을 받은 경우 : 부적합 판정을 받은 날부터 종합검사기간 만료 후 10일 이내
- 종합검사기간 전 또는 후에 종합검사를 신청한 경우 : 부적합 판정을 받은 날부터 10일 이내

## 05

**자동차 정기검사에 대한 설명으로 적절한 것은?**

① 차령이 4년인 버스의 검사유효기간은 6개월이다.
② 정기검사를 받지 않은 경우 검사 지연기간이 30일 이내인 경우의 과태료는 4만 원이다.
③ 정기검사는 신규등록을 하고자 할 때 받는 검사이다.
④ 정기검사를 받지 않은 경우 검사 지연기간이 115일 이상인 경우 과태료 금액은 20만 원이다.

**해설**

① 차령이 8년 이하인 경우 검사유효기간은 1년이다.
③ 정기검사는 신규등록 후 일정기간마다 정기적으로 실시하는 검사이고, 신규검사는 신규등록을 하려는 경우 실시하는 검사이다.
④ 30만 원이다.

※ 검사유효기간(자동차관리법 시행규칙 별표15의2)

| 구분 | | 검사유효기간 |
|---|---|---|
| 비사업용 승용자동차 및 피견인자동차 | | 2년(신조차로서 신규검사 받은 것으로 보는 자동차 최초 검사유효기간은 4년) |
| 사업용 승용자동차 | | 1년(신조차로서 신규검사 받은 것으로 보는 자동차 최초 검사유효기간은 2년) |
| 경형 · 소형의 승합 및 화물자동차 | | 1년 |
| 사업용 대형 화물자동차 | 차령이 2년 이하인 경우 | 1년 |
| | 차령이 2년 초과인 경우 | 6개월 |
| 중형 승합자동차 및 사업용 대형 승합자동차 | 차령이 3년 이하인 경우 | 1년 |
| | 차령이 3년 초과인 경우 | 6개월 |
| 그 밖의 자동차 | 차령이 5년 이하인 경우 | 1년 |
| | 차령이 5년 초과인 경우 | 6개월 |

## 06 중요

**튜닝검사에서 구조 · 장치 변경승인 대상 항목이 아닌 것은?**

① 길이 ② 너비
③ 총중량 ④ 최소회전반경

**해설**

구조 변경승인 대상 항목에는 길이 · 너비 및 높이(범퍼, 라디에이터그릴 등 경미한 외관변경의 경우 제외)와 총중량이 있고, 승인 불필요 대상에는 최저지상고, 중량분포, 최대안전경사각도, 최소회전반경, 접지부분 및 접지압력이 있다.

**더 알아보기**

**자동차 검사의 필요성**

- 자동차 배출가스로 인한 대기환경의 개선
- 자동차 결함으로 인한 교통사고를 예방으로 국민의 생명 보호
- 자동차보험에 미가입된 자동차의 교통사고로부터 국민의 피해예방
- 불법개조 등 안전기준을 위반한 차량을 색출하여 운행 및 거래 질서 확립

## 07 중요

**자동차 운행으로 다른 사람이 사망한 경우에 피해자에게 책임보험금을 지급할 책임을 지는 책임보험이나 책임공제에 가입하지 않았을 때 가입하지 않은 기간이 10일 이내인 경우의 과태료는?**

① 2만 원 ② 3만 원
③ 5만 원 ④ 10만 원

**해설**

자동차 보험 및 공제 미가입에 따른 과태료(자동차손해배상 보장법 시행령 별표5 참조)

- 가입하지 않은 기간이 10일 이내인 경우 : 3만 원
- 가입하지 않은 기간이 10일을 넘는 경우 : 3만 원에 11일째부터 계산하여 1일마다 8천 원을 더한 금액

# 제3부
# 안전운행 요령

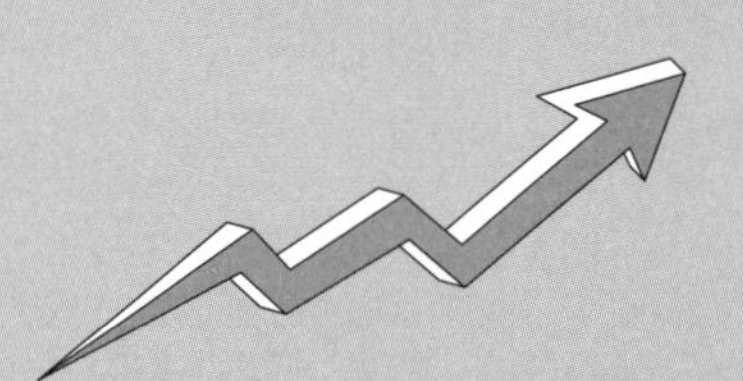

# 제1장 교통사고의 요인 및 유형

## 1 교통사고의 요인 및 유형

### 01

**교통사고의 인적 요인이 아닌 것은?**

① 노면표시
② 운전자의 운전습관
③ 운전자의 적성과 자질
④ 보행자의 신체적 · 생리적 조건

해설

인적 요인은 운전자 또는 보행자의 신체적 · 생리적 조건, 위험의 인지와 회피에 대한 판단, 심리적 조건 등에 관한 것과 운전자의 적성과 자질, 운전습관, 내적 태도 등에 관한 것이다.

### 02

**교통사고의 차량요인으로 옳은 것은?**

① 차량구조장치와 부속품
② 차량 및 보행자의 교통량
③ 운전자의 적성과 자질
④ 도로의 구조와 안전시설

해설

② 환경요인, ③ 인적 요인, ④ 도로요인

※ 도로 · 환경 요인

| | | |
|---|---|---|
| 도로 요인 | 도로구조 | 도로의 선형, 노면, 차로 수, 노폭, 구배 등에 관한 것 |
| | 안전시설 | 신호기, 노면표시, 방호울타리 등 도로의 안전시설에 관한 것 |
| 환경 요인 | 자연환경 | 기상, 일광 등 자연조건에 관한 것 |
| | 교통환경 | 차량 교통량, 운행차 구성, 보행자 교통량 등 교통상황에 관한 것 |
| | 사회환경 | 일반 국민 · 운전자 · 보행자 등의 교통도덕, 정부의 교통정책, 교통단속과 형사처벌 등에 관한 것 |
| | 구조환경 | 교통여건 변화, 차량점검 및 정비관리자와 운전자의 책임한계 등 |

## 2 버스 교통사고의 유형

### 01 중요

**버스 교통사고의 특성으로 옳지 않은 것은?**

① 버스의 충격력은 시속 10km 이상의 속도에서만 보행자를 사망시킬 수 있다.
② 버스의 좌우회전 시의 내륜차가 크기 때문에 회전 시에 주변에 있는 물체와 접촉할 가능성이 높아진다.
③ 버스는 버스정류장에서 승객의 승하차 관련 위험에 노출되어 있다.
④ 버스의 급가속, 급제동은 승객의 안전에 영향을 바로 미친다.

해설

버스 교통사고의 특성
- 점유하는 공간이 크며 다른 물체와 충돌 시 승용차의 10배 이상의 파괴력을 갖음
- 주위에 접근하는 승용차, 이륜차, 보행자 등을 볼 수 있는 시야를 확보하기 어려움
- 버스의 좌 · 우회전 시 승용차에 비해 내륜차가 훨씬 큼
- 버스의 급가속, 급제동은 승객의 안전에 영향을 바로 미침
- 버스정류장에서 승객의 승 · 하차와 관련하여 야기되는 문제들이 많음

### 02

**버스 교통사고의 특성으로 옳지 않은 것은?**

① 다른 차에 비해 점유하는 공간이 크다.
② 버스의 좌 · 우회전 시의 내륜차는 승용차에 비해 훨씬 작다.
③ 버스의 급가속, 급제동은 승객의 안전에 영향을 바로 미친다.
④ 버스 주변에 접근하는 승용차나 이륜차, 보행자 등을 볼 수 있는 시야를 확보하기가 승용차 등에 비해 어렵다.

해설

버스의 좌 · 우회전 시의 내륜차는 승용차에 비해 훨씬 크다.
사고 빈도 1위 : 회전, 급정거 등으로 인한 차내 승객사고

# 제2장 운전자 요인과 안전운행

## 1 시각의 특성

### 01 중요

**제1종 운전면허에 필요한 도로교통법령에 따른 정지시력의 기준은?**

① 두 눈을 동시에 뜨고 잰 시력이 0.7 이상, 두 눈의 시력이 각각 0.4 이상
② 두 눈을 동시에 뜨고 잰 시력이 0.7 이상, 두 눈의 시력이 각각 0.5 이상
③ 두 눈을 동시에 뜨고 잰 시력이 0.8 이상, 두 눈의 시력이 각각 0.4 이상
④ 두 눈을 동시에 뜨고 잰 시력이 0.8 이상, 두 눈의 시력이 각각 0.5 이상

해설

도로교통법령에 따른 시력의 기준(교정시력 포함)
- 제1종 운전면허 : 두 눈을 동시에 뜨고 잰 시력이 0.8 이상, 두 눈의 시력이 각각 0.5 이상
- 제2종 운전면허 : 두 눈을 동시에 뜨고 잰 시력이 0.5 이상(단, 한쪽 눈을 보지 못하는 사람은 다른 쪽 눈의 시력이 0.6 이상)

### 02

**움직이는 물체 또는 움직이면서 다른 자동차나 사람 등의 물체를 보는 시력은?**

① 정지시력 ② 동체시력
③ 거리시력 ④ 정체시력

### 03 중요

**동체시력에 대한 설명으로 옳지 않은 것은?**

① 연령이 높을수록 저하된다.
② 조도(밝기)가 높을수록 저하된다.
③ 정지시력이 저하되면 동체시력도 저하된다.
④ 장시간 운전에 의한 피로상태에서도 저하된다.

해설

동체시력은 조도(밝기)가 낮을수록 저하된다.

### 04

**운전자가 전방에 있는 대상물의 거리를 눈으로 측정하는 기능은?**

① 시야 ② 심시력
③ 정지시력 ④ 동체시력

해설

전방에 있는 대상물까지의 거리를 목측하는 것을 심경각이라고 하며, 그 기능을 심시력이라고 한다.

### 05

**정상적인 시력을 가진 운전자가 40km/h의 속도로 운전 중일 때의 시야는 약 몇 도인가?**

① 약 70° ② 약 80°
③ 약 90° ④ 약 100°

용어설명

- **정지시력** : 일정 거리에서 일정한 시표를 보고 모양을 확인할 수 있는지를 가지고 측정하는 시력
- **동체시력** : 움직이는 물체 또는 움직이면서 다른 자동차나 사람 등의 물체를 보는 시력
- **시야** : 눈의 위치를 바꾸지 않고도 볼 수 있는 좌우의 범위

### 06 중요

**운행 중 갑자기 빛이 눈에 비치면 순간적으로 장애물을 볼 수 없는 현상은?**

① 증발현상 ② 현혹현상
③ 암순응 ④ 명순응

해설

① 증발현상 : 야간에 대향차의 전조등 눈부심으로 인해 순간적으로 보행자를 잘 볼 수 없게 되는 현상
③ 암순응 : 일광 또는 조명이 밝은 조건에서 어두운 조건으로 변할 때 사람의 눈이 그 상황에 적응하여 시력을 회복하는 것
④ 명순응 : 일광 또는 조명이 어두운 조건에서 밝은 조건으로 변할 때 사람의 눈이 그 상황에 적응하여 시력을 회복하는 것

## 2 심신 상태와 운전

### 01

**감정상태와 집중력의 관계를 바르게 설명한 것은?**

① 감정이 흥분될수록 집중력은 강화된다.
② 감정이 흥분될수록 집중력은 저하된다.
③ 감정의 상태와 집중력은 무관하다.
④ 감정을 통제하지 못해도 집중력을 잃지 않을 수 있다.

해설

흥분된 감정 상태에서 운전할 때는 흥분 상태를 유발한 그 일에 대한 생각에 빠져 운전 상황에 부주의하게 되기 쉽다. 감정의 원인이 무엇이든, 그것은 도로로부터 우리들 자신의 주의를 소홀하게 함으로써 안전운전을 방해할 수 있다.

### 02

**피로가 운전에 미치는 영향이 아닌 것은?**

① 자발적인 행동이 감소하여 방향지시등을 작동하지 않고 회전하게 된다.
② 자발적인 행동이 증가하여 교통신호나 위험신호를 제때 파악하기 쉽다.
③ 사고 및 판단력의 저하로 긴급 상황에 필요한 조치를 제대로 하지 못한다.
④ 긴장이나 주의력이 감소하여 운전에 필요한 몸과 마음상태를 유지할 수 없다.

해설

피로가 쌓인 상태에서 운전하면 자발적인 행동이 감소하게 된다.

### 03

**졸음운전의 징후로 옳지 않은 것은?**

① 하품이 자주 난다.
② 머리를 똑바로 유지하기가 쉬워진다.
③ 앞차에 바짝 붙는다거나 교통신호를 놓친다.
④ 순간적으로 차도에서 갓길로 벗어나가거나 거의 사고 직전에 이르기도 한다.

해설

졸린 상태에서는 머리를 똑바로 유지하기가 힘들어진다.

### 04

**운전자의 약물 복용 수칙 내용으로 옳지 않은 것은?**

① 약 복용 시 주의사항과 부작용에 대한 설명을 반드시 읽고 확인한다.
② 의사와 상의하지 않고 일반적인 약이나 처방된 약을 함께 복용하면 안 된다.
③ 적정량의 감기약은 알코올과 함께 복용해도 부작용이 발생하지 않는다.
④ 설명서에 '약을 복용하고 운전하지 마시오'라고 쓰여 있으면 운전하기 전에 그 약을 복용하면 안 된다.

해설

③ 감기약이나 진정제를 알코올과 함께 복용하면 신경조직이 둔감해져 죽을 수도 있다.

### 05

**알코올이 운전에 미치는 영향으로 옳지 않은 것은?**

① 심리-운동 협응능력의 저하로 차의 균형을 유지하기 힘들다.
② 측면거리를 판단할 수 있는 주변시의 판단능력이 감소하여 사고의 위험을 높인다.
③ 알코올은 정보처리능력을 둔화시키나 긴장을 풀어 주어 주의력을 향상시킨다.
④ 시각 · 청각 등을 통해 수집한 정보를 종합하여 판단할 능력을 감소시킨다.

해설

알코올은 주의력을 감소시켜 사고의 위험을 높인다.

### 06

**교통사고 요인이 나머지와 다른 것은?**

① 피로 ② 차량정비 불량
③ 약물 ④ 음주

해설

①, ③, ④는 인간에 의한 사고원인 중 신체 · 생리적 요인에 해당한다.

## 3 교통약자

### 01 중요

**도로교통법상 보행자 보호의무와 관련한 내용으로 옳지 않은 것은?**

① 보행자가 횡단보도를 통행하려고 하는 때에도 그 횡단보도 앞에서 일시정지해야 한다.
② 차로가 설치되지 아니한 좁은 도로에서 보행자의 옆을 지나는 경우 안전거리를 두고 서행해야 한다.
③ 보행자의 통행에 방해가 될 때는 서행하거나 일시정지해 보행자가 안전하게 통행할 수 있도록 해야 한다.
④ 어린이 보호구역 내의 횡단보도 중 신호기가 설치되지 않은 횡단보도에서 보행자가 없을 때는 서행할 수 있다.

해설

보행자 보호
- 운전자는 보행자가 횡단보도를 통행하고 있거나 통행하려고 하는 때에는 보행자의 횡단을 방해하거나 위험을 주지 아니하도록 그 횡단보도 앞(정지선이 설치되어 있는 곳에서는 그 정지선을 말한다)에서 일시정지하여야 한다(법 제27조제1항).
- 운전자는 보행자의 옆을 지나는 경우에는 안전한 거리를 두고 서행하여야 하며, 보행자의 통행에 방해가 될 때에는 서행하거나 일시정지하여 보행자가 안전하게 통행할 수 있도록 하여야 한다(법 제27조제6항).
- 운전자는 어린이 보호구역 내에 설치된 횡단보도 중 신호기가 설치되지 아니한 횡단보도 앞(정지선이 설치된 경우에는 그 정지선을 말한다)에서는 보행자의 횡단 여부와 관계없이 일시정지하여야 한다(법 제27조제7항).

더 알아보기

**대형차의 위험성**
- 대형버스나 트럭 등 차가 크면 클수록 운전자들이 볼 수 없는 사각지대가 늘어난다.
- 대형차는 정지하고 움직이는 과정에서 점유하는 공간도 늘어난다.
- 다른 차를 추월하는 시간도 더 길어지므로 위험도 커진다.

### 02

**보행자 보호의 주요 주의사항이 아닌 것은?**

① 신호에 따라 횡단하는 보행자의 앞뒤에서 그들을 압박하거나 재촉해서는 안 된다.
② 회전할 때는 언제나 회전방향의 도로를 건너는 보행자가 있을 수 있음을 유의한다.
③ 시야가 차단된 상황에서 나타나는 보행자를 특히 조심한다.
④ 차량신호가 녹색이라면 보행자의 확인 없이 횡단보도에 들어설 수 있다.

해설

차량신호가 녹색이라도 보행자를 확인하고 횡단보도에 들어서야 한다.

### 02

**생활함에 있어 이동에 불편을 느끼는 교통약자에 해당하지 않는 것은?**

① 장애인　② 청소년
③ 임산부　④ 어린이

해설

교통약자는 장애인, 고령자, 임산부, 영유아를 동반한 사람, 어린이 등 일상생활에서 이동에 불편을 느끼는 사람을 말한다.

더 알아보기

**어린이통학버스의 특별보호**
- 모든 차의 운전자는 어린이나 영유아를 태우고 있다는 표시를 한 상태로 도로를 통행하는 어린이통학버스를 앞지르지 못한다.
- 어린이통학버스가 도로에 정차하여 어린이나 영유아가 타고 내리는 중임을 표시하는 점멸등 등의 장치를 작동 중일 때에는 어린이통학버스가 정차한 차로와 그 차로의 바로 옆 차로로 통행하는 차의 운전자는 어린이통학버스에 이르기 전에 일시정지하여 안전을 확인한 후 서행하여야 한다.
- 중앙선이 설치되지 아니한 도로와 편도 1차로인 도로에서는 반대방향에서 진행하는 차의 운전자도 어린이통학버스에 이르기 전에 일시정지하여 안전을 확인한 후 서행하여야 한다.

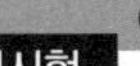

# 제3장 자동차 요인과 안전운행

## 1 물리적 현상

### 01

**다음 중 원심력에 대한 설명으로 옳지 않은 것은?**

① 속도에 비례해서 커진다.
② 속도가 빠를수록 커진다.
③ 중량이 무거울수록 커진다.
④ 커브의 반경이 작을수록 커진다.

해설
① 속도의 제곱에 비례해서 커진다.

### 02 중요

**다음의 빈칸에 들어갈 말로 적당한 것은?**

| ( ) 현상이 계속되면 타이어 내부의 고열로 인해 타이어가 쉽게 과열되어 파손될 수 있다. |
|---|

① 페이드 ② 베이퍼 록
③ 모닝 록 ④ 스탠딩 웨이브

### 03 중요

**자동차가 물이 고인 노면을 주행할 때 물의 저항에 의해 노면으로부터 떠올라 물 위를 미끄러지듯이 되는 현상을 예방하기 위한 방법으로 가장 옳은 것은?**

① 빠르게 핸들을 틀어 피한다.
② 차가 뜨는 것을 느낄 때 급브레이크를 밟는다.
③ 면적이 넓은 타이어를 이용하고 속도를 높여 운행한다.
④ 타이어의 공기압을 조금 높이고 속도를 줄여 운행한다.

해설
수막현상에 관한 설명이다. 수막현상을 예방하기 위한 방법으로는 공기압 조금 높이기, 고속 주행하지 않기, 과다 마모된 타이어 사용하지 않기, 배수 효과가 좋은 타이어 패턴(리브형 타이어) 사용하기 등이 있다.

### 04

**비가 자주 오거나 습도가 높은 날 또는 오랜 시간 주차한 후, 브레이크 드럼에 미세한 녹이 발생하는 현상은?**

① 페이드(Fade) 현상
② 모닝 록(Morning lock) 현상
③ 언더 스티어(Under steer) 현상
④ 베이퍼 록(Vapour lock) 현상

해설
모닝 록 현상 : 비가 자주 오거나 습도가 높은 날 또는 오랜 시간 주차한 후에는 브레이크 드럼에 미세한 녹이 발생하게 된다.

### 05 중요

**베이퍼 록 현상이 발생하는 원인으로 옳지 않은 것은?**

① 불량한 브레이크액을 사용하였을 때
② 브레이크액의 변질로 비등점이 높아졌을 때
③ 브레이크 드럼과 라이닝 간격이 작아 라이닝이 끌리게 됨에 따라 드럼이 과열되었을 때
④ 긴 내리막길에서 계속 브레이크를 사용하여 브레이크 드럼이 과열되었을 때

해설
브레이크액의 변질로 비등점이 낮아졌을 때 베이퍼 록 현상이 발생한다.

### 06

**언더 스티어와 오버 스티어 현상에 대한 설명으로 옳지 않은 것은?**

① 언더 스티어 현상은 전륜구동 차량에서 주로 발생한다.
② 언더 스티어나 오버 스티어 현상을 예방하기 위해서는 커브길에 진입 전에 충분히 감속하여

야 한다.

③ 오버 스티어 현상은 코너링 시 운전자가 핸들을 꺾었을 때 그 꺾은 범위보다 차량 앞쪽이 진행 방향의 안쪽으로 더 돌아가려고 하는 현상을 말한다.

④ 언더 스티어 현상이 발생한 경우 가속페달을 살짝 밟아 뒷바퀴의 구동력을 유지하면서 동시에 감은 핸들을 살짝 풀어 방향을 유지하도록 한다.

해설

④는 오버 스티어 현상이 발생한 경우 이를 해결하기 위한 방법이다.

## 07

**다음 중 언더 스티어가 심해지는 경우가 아닌 것은?**

① 핸들을 지나치게 꺾거나 과속하는 경우
② 타이어 그립이 떨어지는 경우
③ 슬립각이 작아지는 경우
④ 커브길을 돌 때 속도가 너무 높은 경우

해설

앞바퀴와 노면과의 마찰력 감소에 의해 슬립각이 커질수록 언더 스티어가 심해진다.

## 08

**다음 중 내륜차와 외륜차에 대한 설명으로 틀린 것은?**

① 자동차가 전진할 경우에는 내륜차에 의한 교통사고의 위험이 있다.
② 운전 시에 후진할 때에는 내륜차를 고려하여 핸들을 조작해야 한다.
③ 내륜차는 회전 시 차의 안쪽 앞바퀴와 안쪽 뒷바퀴의 회전 반경의 차를 말한다.
④ 외륜차는 회전 시 차의 바깥쪽 앞바퀴와 바깥쪽 뒷바퀴의 회전 반경의 차를 말한다.

해설

운전 시에 전진할 때에는 내륜차를 고려하여 핸들을 조작하고 후진할 때에는 외륜차를 고려하여 핸들을 조작한다. 자동차가 후진할 경우에는 외륜차에 의한 교통사고의 위험이 있다.

## 09

**내륜차에 의한 사고위험으로 옳지 않은 것은?**

① 버스가 1차로에서 좌회전하는 도중에 차의 뒷부분이 2차로에서 주행 중이던 승용차와 충돌할 수 있다.
② 커브길 회전 시 끼어든 이륜차나 소형자동차를 발견하지 못해 충돌사고가 발생할 수 있다.
③ 차량이 보도 위에 서 있는 보행자를 차의 뒷부분으로 스치고 지나가거나 보행자의 발등을 뒷바퀴가 타고 넘어갈 수 있다.
④ 전진주차를 위해 주차공간으로 진입 도중 차의 뒷부분이 주차되어 있는 차와 충돌할 수 있다.

해설

①은 외륜차에 의한 사고위험이 있는 경우이다.

## 10

**타이어 마모에 대한 설명으로 옳지 않은 것은?**

① 속도가 증가하면 타이어의 내부온도도 상승하여 트레드 고무의 내마모성이 저하된다.
② 브레이크를 밟는 횟수가 많으면 많을수록 또는 브레이크를 밟기 직전의 속도가 빠르면 빠를수록 타이어의 마모량은 커진다.
③ 커브의 구부러진 상태나 커브구간이 반복될수록 타이어 마모는 촉진된다.
④ 아스팔트 포장도로는 콘크리트 포장도로보다 타이어 마모가 더 발생한다.

해설

콘크리트 포장도로는 아스팔트 포장도로보다 타이어 마모가 더 발생한다.

## 11 중요

**타이어가 노면과 맞닿는 부분에서는 차의 하중에 의해 타이어의 찌그러짐 현상이 발생하지만 타이어가 회전하면 타이어의 공기압에 의해 곧 회복되는 현상은?**

① 스탠딩 웨이브 현상 ② 수막현상
③ 페이드 현상 ④ 베이퍼 록 현상

해설

타이어가 노면과 맞닿는 부분에서는 차의 하중에 의해 타이어의 찌그러짐 현상이 발생하지만 타이어가 회전하면 타이어의 공기압에 의해 곧 회복된다. 이러한 현상은 주행 중에 반복되며 고속으로 주행할 때 타이어의 회전속도가 빨라지면 접지면에서 발생한 타이어 변형이 다음 접지 시점까지 복원되지 않고 진동의 물결로 남게 되는 현상을 스탠딩 웨이브라 한다.

더 알아보기

**워터 페이드(Water fade) 현상**

- 브레이크 마찰재가 물에 젖어 마찰계수가 작아져 브레이크의 제동력이 저하되는 현상
- 물이 고인 도로에 자동차를 정차시켰거나 수중 주행 시 일어나며 브레이크가 전혀 작용되지 않을 수도 있다. 마찰열에 의해 브레이크가 회복되도록 브레이크 페달을 반복해 밟으면서 천천히 주행한다.

## 2 자동차의 정지거리와 정지시간

### 01 중요

**'운전자가 브레이크를 밟았을 때 자동차가 제동되기 전까지 주행한 거리'를 가리키는 용어는?**

① 공주거리 ② 안전거리
③ 정지거리 ④ 제동거리

### 02

**공주시간에 대한 설명으로 옳은 것은?**

① 정지시간과 제동시간을 더한 시간이다.
② 운전자가 브레이크에 발을 올려 브레이크가 작동을 시작하는 순간부터 자동차가 완전히 정지할 때까지 이동한 거리 동안 자동차가 진행한 시간이다.
③ 운전자가 위험을 인지하고 자동차를 정지시키려고 시작하는 순간부터 자동차가 완전히 정지할 때까지 이동한 거리 동안 자동차가 진행한 시간이다.
④ 운전자가 자동차를 정지시켜야 할 상황임을 인지하고 브레이크로 발을 옮겨 브레이크가 작동을 시작하기 전까지 이동한 거리 동안 자동차가 진행한 시간이다.

해설

②는 제동시간, ③은 정지시간에 대한 설명이다.

### 03

**甲이 경부고속도로를 50km로 달릴 때 정지거리는 13m였다. 이때 속도를 100km로 높여 운전했을 때 정지거리는?**

① 26m ② 39m
③ 52m ④ 65m

해설

정지거리는 속도의 제곱에 비례하므로 속도를 2배 높이면 정지에 필요한 거리는 4배가 필요하다. 그러므로 4×13=52m이다.

※ 자동차의 정지거리와 정지시간

|  |  |
|---|---|
| 공주거리 | 운전자가 자동차를 정지시켜야 할 상황임을 지각하고 브레이크로 발을 옮겨 브레이크가 작동을 시작하기 전까지 이동한 거리 |
| 공주시간 | 공주거리 동안 자동차가 진행한 시간 |
| 제동거리 | 운전자가 브레이크에 발을 올려 브레이크가 작동을 시작하는 순간부터 자동차가 완전히 정지할 때까지 이동한 거리 |
| 제동시간 | 제동거리 동안 자동차가 진행한 시간 |
| 정지거리 | • 운전자가 위험을 인지하고 자동차를 정지시키려고 시작하는 순간부터 자동차가 완전히 정지할 때까지 이동한 거리<br>• 공주거리+제동거리 |
| 정지시간 | • 정지거리 동안 자동차가 진행한 시간<br>• 공주시간+제동시간 |

# 제4장 도로 요인과 안전운행

## 1 도로의 선형과 교통사고

### 01

**평면곡선 도로를 주행할 때에는 원심력에 의해 곡선 바깥쪽으로 하려는 힘을 받게 된다. 이때 원심력이 일어나기 위한 조건이 아닌 것은?**

① 운전자의 운전 경력
② 평면곡선 반지름
③ 타이어와 노면의 횡방향 마찰력
④ 편경사

해설
자동차의 속도와 중량, 평면곡선 반지름, 타이어와 노면의 횡방향 마찰력, 편경사와 관련 있다.

### 02

**매시 50km로 커브를 도는 차량은 매시 25km로 도는 차량보다 원심력이 몇 배 커지는가?**

① 2배 ② 4배
③ 6배 ④ 8배

해설
원심력은 속도의 제곱에 비례해서 커진다. 따라서 매시 50km로 커브를 도는 차량은 매시 25km로 도는 차량보다 4배의 원심력을 지니는 것이다.

### 03 중요

**교통섬을 설치하는 목적이 아닌 것은?**

① 도로교통의 흐름을 안전하게 유도한다.
② 보행자가 도로를 횡단할 때 대피섬을 제공한다.
③ 신호등, 도로표지, 안전표지, 조명 등 노상시설의 설치장소를 제공한다.
④ 자동차의 통행속도를 안전한 상태로 통제한다.

해설
④는 도류화의 목적이다.

### 04

**평면선형과 교통사고에 대한 설명으로 옳지 않은 것은?**

① 급격한 평면곡선도로를 운행하는 경우에는 사고 발생 위험이 증가한다.
② 평면곡선 구간에서 고속으로 곡선부를 주행할 때에는 원심력에 의한 도로 외부 쏠림현상으로 차량 이탈 사고가 빈번하게 발생할 수 있다.
③ 곡선반경이 큰 도로에서는 원심력으로 인해 고속으로 주행할 때는 차량의 전도 위험이 증가한다.
④ 곡선부 등에서는 차량의 이탈사고를 방지하기 위해 방호울타리를 설치할 수 있다.

해설
곡선반경이 작은 도로에서 원심력으로 인해 고속으로 주행할 때에 차량의 전도 위험이 증가한다.

### 05

**다음 중 도류화의 목적이 아닌 것은?**

① 자동차가 진행해야 할 경로를 명확하게 제공한다.
② 자동차 안전지대를 설치하기 위한 장소를 제공한다.
③ 자동차가 합류, 분류 또는 교차하는 위치와 각도를 조정한다.
④ 교차로 면적을 조정함으로써 자동차 간에 상충되는 면적을 줄인다.

해설
도류화는 보행자 안전지대를 설치하기 위한 장소를 제공한다.

**용어설명**

- **도류화** : 자동차와 보행자를 안전하고 질서 있게 이동시킬 목적으로 상충하는 교통류를 분리시키거나 통제하여 명확한 통행경로를 지시해 주는 것
- **교통섬** : 자동차의 안전하고 원활한 교통처리나 보행자 도로횡단의 안전을 확보하기 위하여 교차로 또는 차도의 분기점 등에 설치하는 섬 모양의 시설
- **시거(視距)** : 운전자가 자동차의 진행방향에 있는 장애물 또는 위험요소를 인지하고 제동하여 정지하거나 장애물을 피해 주행할 수 있는 거리
- **편경사** : 평면곡선부에서 자동차가 원심력에 저항할 수 있도록 하기 위해 설치하는 횡단경사

## 2 도로의 횡단면과 교통사고

### 01

**차로와 교통사고에 대한 설명으로 잘못된 것은?**

① 일반적으로 횡단면의 차로폭이 넓을수록 운전자의 안정감이 증진되어 교통사고 예방 효과가 있다.
② 차로폭이 과다하게 넓으면 운전자의 경각심이 사라져 제한속도보다 높은 속도로 주행하여 교통사고가 발생할 수 있다.
③ 차의 너비가 차로폭보다 넓은 경우 사고의 위험이 커진다.
④ 차로를 구분하기 위한 차선을 설치한 경우에는 차선을 설치하지 않은 경우보다 교통사고 발생률이 높다.

**해설**

차로를 구분하기 위한 차선을 설치한 경우에는 차선을 설치하지 않은 경우보다 교통사고 발생률이 낮다.

### 02

**중앙분리대와 교통사고의 관계에 대한 설명으로 옳지 않은 것은?**

① 중앙분리대의 폭이 넓을수록 대향차량과의 충돌 위험은 감소한다.
② 중앙분리대의 폭이 좁을수록 대향차량과의 충돌 위험은 감소한다.
③ 중앙분리대는 도로면보다 높게 설치하는 콘크리트 방호벽 또는 방호울타리를 말하며 분리대와 측대로 구성된다.
④ 중앙분리대는 정면충돌사고를 차량단독사고로 변환시킴으로써 사고로 인한 위험을 감소시킨다.

**해설**

중앙분리대의 폭이 넓을수록 대향차량과의 충돌 위험은 감소한다.

**더 알아보기**

**중앙분리대의 기능**

- 상 · 하 차도의 교통을 분리시켜 정면충돌사고를 방지한다.
- 평면교차로가 있는 도로에서는 폭이 충분할 때 좌회전 차로로 활용할 수 있어 교통소통에 유리하다.
- 광폭분리대의 경우 사고 및 고장차량이 정지할 수 있는 여유공간을 제공한다.
- 횡단하는 보행자에게 안전섬이 제공됨으로써 안전한 횡단이 확보된다.
- 필요에 따라 유턴(U-Turn) 등을 방지한다.
- 야간 주행 시 대향차의 전조등 불빛에 의한 눈부심을 방지한다.
- 도로표지 및 기타 교통관제시설 등을 설치할 수 있는 장소를 제공한다.

### 03

**측대의 기능이 아닌 것은?**

① 포장 끝부분 보호
② 측방의 여유 확보
③ 운전자의 시선 유도
④ 자동차의 통행방향에 따라 분리

**해설**

자동차의 통행방향에 따라 분리하거나 성질이 다른 같은 방향의 교통을 분리하기 위해 설치하는 시설물은 '분리대'이다.

### 04 중요

**교량과 교통사고에 대한 설명으로 옳지 않은 것은?**

① 교량 접근도로의 폭과 교량의 폭이 다를 때 사고위험이 감소한다.
② 교량 접근도로의 형태와 교량의 폭은 교통사고와 밀접한 관계에 있다.
③ 교량 접근도로의 폭에 비해 교량의 폭이 좁으면 사고 위험이 증가한다.
④ 교량 접근도로의 폭과 교량의 폭이 서로 다른 경우 안전표지, 시선유도시설 등을 설치하면

사고율을 현저히 감소시킬 수 있다.

해설

교량 접근도로의 폭과 교량의 폭이 같을 때 사고위험이 감소한다.

**05**

**길어깨에 대한 설명으로 옳지 않은 것은?**

① 길어깨가 넓으면 차량의 이동공간과 시계가 넓다.
② 고장차량을 주행차로 밖으로 이동시킬 수 있어 안전 확보가 용이하다.
③ 길어깨는 도로를 보호하고 비상시에 이용하기 위해 차도와 연결하여 설치하는 도로의 부분이다.
④ 길어깨 폭이 넓은 곳은 길어깨 폭이 좁은 곳보다 교통사고가 증가한다.

## 3 회전교차로

**01** 중요

**회전교차로의 일반적인 특징으로 옳지 않은 것은?**

① 회전교차로에 진입하는 자동차는 교차로 내부의 회전차로에서 주행하는 자동차에게 양보한다.
② 교차로 진입과 대기에 대한 운전자의 의사결정이 간단하고 교통 상황의 변화로 인한 운전자의 피로를 줄일 수 있다.
③ 신호등이 없는 교차로에 비해 상충 횟수가 많다.
④ 사고 빈도가 낮아 교통안전 수준을 향상시킨다.

해설

회전교차로는 신호등이 없는 교차로에 비해 상충 횟수가 적다.

**02**

**회전교차로의 기본 운영 원리로 옳지 않은 것은?**

① 회전교차로에 진입하는 자동차는 회전 중인 자동차에게 양보한다.
② 회전교차로에 진입할 때에는 충분히 속도를 줄인 후 진입한다.
③ 회전차로 내부에서 주행 중인 자동차를 방해할 때에는 진입하지 않는다.
④ 접근차로에서는 정지 또는 지체로 인해 대기하는 자동차가 발생하지 않는다.

해설

회전교차로에서는 접근차로에서 정지 또는 지체로 인해 대기하는 자동차가 발생할 수 있다.

용어설명

- **회전교차로** : 교통류가 신호등 없이 교차로 중앙의 원형 교통섬을 중심으로 회전하여 교차부를 통과하도록 하는 평면교차로
- **로터리(교통서클)** : 교통이 복잡한 네거리 같은 곳에 교통 정리를 위해 원형으로 만들어 놓은 교차로

**03**

**회전교차로의 기본 운영 원리로 옳지 않은 것은?**

① 회전차로 내에 여유공간이 있을 때까지 양보선에서 대기한다.
② 접근차로에서 정지 또는 지체로 인해 대기하는 자동차가 발생할 수 있다.
③ 교차로 내부에서 회전정체가 발생한다.
④ 회전교차로를 통과할 때에는 모든 자동차가 중앙교통섬을 중심으로 시계 반대 방향으로 회전하며 통과한다.

해설

③ 교차로 내부에서 회전정체는 발생하지 않는다.

**04** 중요

**회전교차로 통행방법으로 틀린 것은?**

① 진입하려는 경우에는 서행하거나 일시정지해야 한다.
② 손이나 방향지시기 또는 등화로써 신호하는 차에게 진로를 양보한다.
③ 회전교차로에서는 시계반대방향으로 통행하여야 한다.
④ 회전교차로에 진입하고자 하는 차량이 우선권을 갖는다.

해설

회전교차로에 이미 진행하고 있는 차가 있는 때에는 그 차에 진로를 양보하여야 한다.

### ※ 회전교차로와 로터리(교통서클)의 차이점

| 구분 | 회전교차로(Roundabout) | 로터리(Rotary, 교통서클) |
|---|---|---|
| 통행 우선권 | 진입 자동차가 회전 자동차에게 양보 | 회전 자동차가 진입 자동차에게 양보 |
| 진입부 | 저속 진입 | 고속 진입 |
| 회전부 | • 고속으로 회전차로 운행 불가<br>• 소규모 회전반지름 | • 고속으로 회전차로 운행 가능<br>• 대규모 회전반지름 |
| 분리 교통섬 | 필수 설치 | 선택 설치 |

## 4 도로의 안전시설

### 01 중요

**다음 시선유도시설 중 표지병인 것은?**

① 

② 

③ 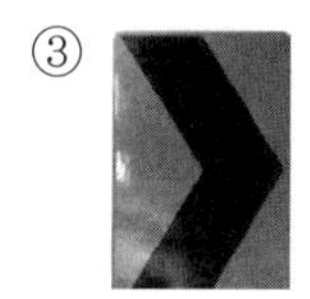

④ 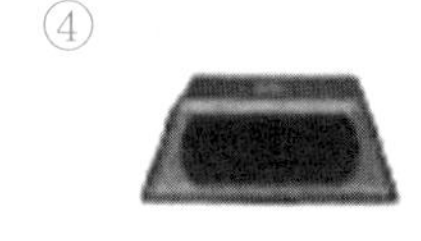

해설

①·② 시선유도표지, ③ 갈매기표지, ④ 표지병

### 02

**방호울타리의 설치 위치 및 기능에 따른 분류에 속하지 않는 것은?**

① 교량용 방호울타리
② 노측용 방호울타리
③ 차도용 방호울타리
④ 중앙분리대용 방호울타리

해설

방호울타리의 설치 위치 및 기능에 따른 분류 : 노측용 방호울타리, 중앙분리대용 방호울타리, 보도용 방호울타리, 교량용 방호울타리

### 03 중요

**방호울타리의 기능에 대한 설명으로 옳지 않은 것은?**

① 운전자의 시선을 유도하고 보행자의 무단 횡단을 방지한다.
② 고장차가 본선차도로부터 대피할 수 있어 사고 시 교통혼잡을 방지하는 역할을 한다.
③ 주행 중에 진행 방향을 잘못 잡은 차량이 도로 밖, 대향차로 또는 보도 등으로 이탈하는 것을 방지한다.
④ 차량이 구조물과 직접 충돌하는 것을 방지하여 탑승자의 상해 및 자동차 파손을 최소 한도로 줄이고 자동차를 정상 진행 방향으로 복귀시키도록 한다.

해설

②는 길어깨(갓길)의 기능에 해당한다.

### 04

**과속방지시설을 설치하지 않아도 되는 장소는?**

① 유치원 앞
② 어린이 놀이터 앞
③ 마을 통과 지점
④ 시내 도로

해설

과속방지시설 설치 장소
- 학교, 유치원, 어린이 놀이터, 근린공원, 마을 통과 지점 등으로 자동차의 속도를 저속으로 규제할 필요가 있는 구간
- 보 · 차도의 구분이 없는 도로로서 보행자가 많거나 어린이의 놀이로 교통사고 위험이 있다고 판단되는 구간
- 공동주택, 근린 상업시설, 학교, 병원, 종교시설 등 자동차의 출입이 많아 속도규제가 필요하다고 판단되는 구간
- 자동차의 통행속도를 30km/h 이하로 제한할 필요가 있다고 인정되는 구간

### 05

**과속방지시설을 설치하여야 할 장소가 아닌 곳은?**

① 학교, 어린이 놀이터, 근린공원 등 자동차의 속도를 저속으로 규제할 필요가 있는 구간
② 보 · 차도의 구분이 있는 도로로서 보행자가 많거나 어린이의 놀이로 교통사고의 위험이 있다고 판단되는 구간

③ 공동주택, 병원, 종교시설 등 자동차의 출입이 많아 속도 규제가 필요하다고 판단되는 구간
④ 자동차의 통행속도를 30km/h 이하로 제한할 필요가 있다고 인정되는 구간

해설
과속방지시설은 보 · 차도의 구분이 없는 도로에 설치하여야 한다.

### 06

**졸음 및 도로이탈방지를 위한 시설은?**

① 노면요철포장 ② 방호울타리
③ 긴급제동시설 ④ 미끄럼방지시설

## 5 도로의 부대시설

### 01

**양방향 차로의 수를 합한 것을 무엇이라고 하는가?**

① 오르막차로 ② 회전차로
③ 양보차로 ④ 차로수

해설
① 오르막차로 : 오르막구간에서 저속 자동차와 다른 자동차를 분리하여 통행시키기 위해서 설치하는 차로
② 회전차로 : 자동차가 우회전, 좌회전, 유턴할 수 있도록 직진차로와는 별도로 설치하는 차로
③ 양보차로 : 양방향 2차로 앞지르기 금지구간에서 자동차의 원활한 소통과 도로의 안전성을 제고하기 위해 길어깨 쪽으로 설치하는 저속 자동차의 주행차로

### 02

**양보차로의 설치 이유에 해당하는 것은?**

① 차량의 운행속도를 향상시켜 구간 통행시간을 줄여 주기 위해
② 저속 자동차로 인한 동일 진행 방향 뒤차의 속도 감소 유발과 반대차로를 통한 앞지르기가 불가능한 경우 원활한 소통을 위해
③ 자동차를 가속시키거나 감속시키기 위해
④ 오르막 구간에서 저속 자동차를 다른 자동차와 분리하여 통행시키기 위해

해설
①은 가변차로, ③은 변속차로, ④는 오르막차로의 설치 이유이다.

용어설명

- **가변차로** : 방향별 교통량이 특정시간대에 현저하게 차이가 발생하는 도로에서 교통량이 많은 쪽으로 차로수가 확대될 수 있도록 신호기에 의해 차로의 진행방향을 지시하는 차로이다. 가변차로는 차량의 운행속도를 향상시켜 구간 통행시간을 줄여주고, 차량의 지체를 감소시켜 에너지 소비량과 배기가스 배출량의 감소 효과를 기대할 수 있다.
- **변속차로** : 고속 주행하는 자동차가 감속하여 다른 도로로 유입할 경우 또는 저속 자동차가 고속 주행하고 있는 자동차들 사이로 유입할 경우에 본선의 다른 고속 자동차의 주행을 방해하지 않고 안전하게 감속 또는 가속하도록 설치하는 차로이다. 주로 고속도로의 인터체인지 연결로, 휴게소 및 주유소의 진입로, 공단진입로, 상위도로와 하위도로가 연결되는 평면교차로 등 차량의 유출입이 잦은 곳에 설치한다.

### 03 중요

**가로변의 교차로 통과 전(Near-side) 버스정류장 또는 정류소의 단점으로 옳은 것은?**

① 교차로 통과 전 버스전용차로 오른쪽에 정차한 차들의 시야가 제한받을 수 있다.
② 정차하려는 버스와 우회전하려는 자동차가 상충될 수 있다.
③ 정류장 간 무단으로 횡단하는 보행자로 인해 사고 발생 위험이 있다.
④ 정차하려는 버스로 인해 교차로 상에 대기차량이 발생할 수 있다.

해설
① 중앙버스전용차로의 교차로 통과 전(Near-side) 버스정류소의 단점
③ 중앙버스전용차로의 도로구간 내(Mid-block) 버스정류소의 단점
④ 가로변의 교차로 통과 후(Far-side) 버스정류장 또는 정류소의 단점

### 04

**휴게시설 중 운전자의 생리적 욕구만 해소하기 위한 시설로 최소한의 주차장, 화장실과 휴식공간으로 구성된 것은?**

① 간이휴게소 ② 일반휴게소
③ 화물차 전용휴게소 ④ 쉼터휴게소

해설
① 간이휴게소 : 짧은 시간 내에 차의 점검 및 운전자의 피로 회복을 위한 시설로 주차장, 녹지공간, 화장실 등으로 구성된다.

# 제5장 안전운전의 기술

## 1 인지 · 판단의 기술

### 01

**운전행동에 있어 예측회피 반응집단과 지연회피 반응집단의 행동특성을 비교한 것으로 옳지 않은 것은?**

| | 행동 특성 | 예측회피 반응집단 | 지연회피 반응집단 |
|---|---|---|---|
| ① | 적응 유형 | 사전 적응적 | 사후 적응적 |
| ② | 위험접근속도 | 저속 접근 | 고속 접근 |
| ③ | 성격 유형 | 외향적 | 내향적 |
| ④ | 도로안전 전략 민감성 | 인지적 접근 | 정서적 접근 |

해설

성격 유형 : 내향적(예측회피 반응집단), 외향적(지연회피 반응집단)

### 02

**확인, 예측, 판단, 실행 과정은 안전운전을 하는 데 필수적 과정이다. 주변 확인 시 주의해서 보아야 할 것이 아닌 것은?**

① 다른 차로의 차량
② 보행자
③ 주차 차량이 있을 시 후진등
④ 안전공간

해설

전방 탐색 시 주의해서 보아야 할 것들은 다른 차로의 차량, 보행자, 자전거 교통의 흐름과 신호 등이다. 주차 차량이 있을 때에는 후진등, 제동등, 방향지시기의 상태를 살핀다.

### 03

**다음 중 예측에 대한 설명으로 옳은 것은?**

① 결정된 행동을 실행에 옮기는 것
② 주변의 모든 것을 빠르게 보고 한눈에 파악하는 것
③ 요구되는 시간 안에 필요한 조작을 신속하게 해내는 것
④ 운전 중에 확인한 정보를 모으고, 사고가 발생할 수 있는 지점을 판단하는 것

해설

예측한다는 것은 운전 중에 확인한 정보를 모으고, 사고가 발생할 수 있는 지점을 판단하는 것이다.

## 2 안전운전의 5가지 기본 기술

### 01

**안전운전의 5가지 기본기술이 아닌 것은?**

① 운전 중에는 전방을 멀리 본다.
② 교통상황을 전체적으로 살펴본다.
③ 다른 사람이 자신을 볼 수 있게 한다.
④ 눈은 한곳에 집중하여 보면서 다른 곳으로 서서히 눈을 돌린다.

해설

눈을 계속 움직이면서 주변의 상황에 민감하게 반응하여야 한다.

### 02

**다음 중 시야 확보가 적은 징후에 해당하지 않는 것은?**

① 반응이 늦은 경우
② 급차로 변경 등이 많을 경우
③ 빈번하게 놀라는 경우
④ 앞차와 멀리 떨어져 가는 경우

해설

④ 앞차에 바짝 붙어가는 경우

### 03

**전방 가까운 곳을 보고 운전할 때의 징후가 아닌 것은?**

① 우회전할 때 좁게 회전한다.
② 차로의 한쪽 편으로 치우쳐서 주행한다.

③ 시인성이 낮은 상황에서 속도를 줄이지 않는다.
④ 교통의 흐름에 맞지 않을 정도로 너무 빠르게 차를 운전한다.

해설

① 우회전할 때는 넓게 회전한다.

더 알아보기

**장거리 주시와 시야의 관계**

전방을 멀리 볼 경우 운전자는 좌우를 더 넓게 관찰할 수 있다. 예를 들어 30m 앞쪽을 보고 있을 경우 좌우 1.5m 정도의 시야를 확보하지만 300m 전방을 보고 있을 경우 15m 정도의 시야를 확보할 수 있다.

## 3 방어운전의 기본 기술

### 01

**정면충돌사고를 회피하는 방법으로 옳지 않은 것은?**

① 정면으로 마주칠 때 핸들 조작은 왼쪽으로 한다.
② 오른쪽으로 방향을 조금 틀어 공간을 확보한다.
③ 속도를 줄여 주행거리와 충격력을 줄인다.
④ 내 차로에 들어오거나 앞지르려고 하는 차나 보행자에 대해 주의한다.

해설

정면으로 마주칠 때 핸들 조작은 상대차로 쪽으로 틀지 않도록 오른쪽으로 한다.

### 02

**후미 추돌사고를 피하는 방법으로 옳지 않은 것은?**

① 앞차에 대한 주의를 늦추지 않는다.
② 앞차와 최소한 3초 정도의 추종거리를 유지한다.
③ 상대보다 더 느리게 속도를 줄인다.
④ 상황을 앞차 너머 멀리까지 살펴본다.

해설

③ 상대보다 더 빠르게 속도를 줄이면 후미 추돌사고를 피할 수 있다.

더 알아보기

**공간을 다루는 기본적인 요령**

- 앞차와 적정한 추종거리를 유지한다. 앞차와의 거리를 적어도 2~3초 정도 유지한다. 고르지 않은 노면이나 비가 오면 3초 이상으로, 빙판길이나 눈이 쌓인 도로 주행 시에는 5~6초로 늘리는 것이 좋다.
- 뒤차와도 2초 정도의 거리를 유지한다. 뒤차가 후미에 의도적으로 바짝 붙을 경우에는 그 차가 앞서가도록 길을 터주는 것이 안전하다.
- 가능하면 좌우의 차량과도 차 한 대 길이 이상의 거리를 유지한다.
- 차의 앞뒤나 좌우로 공간이 충분하지 않을 때는 공간을 증가시킨다.

### 03

**운전하기 전 시인성을 높이기 위한 방법으로 옳지 않은 것은?**

① 운전석의 높이를 적절히 조정한다.
② 후사경과 사이드 미러를 조정한다.
③ 브레이크 오일을 점검한다.
④ 차 안팎 유리창을 깨끗이 닦는다.

해설

시인성을 높이는 법

- 운전하기 전의 준비 : 차의 모든 등화를 깨끗이 닦는다. 성애제거기, 와이퍼, 워셔 등이 제대로 작동되는지를 점검한다.
- 운전 중 행동 : 낮에도 흐린 날 등에는 하향전조등을 켠다. 다른 운전자의 사각에 들어가 운전하는 것을 피한다. 남보다 시력이 떨어지면 항상 안경이나 콘텍트렌즈를 착용한다.

### 04

**방어운전에 대한 설명으로 옳지 않은 것은?**

① 정면으로 상대방 차를 마주칠 경우 핸들조작은 오른쪽으로 한다.
② 앞차와 충분한 거리를 유지한다.
③ 눈, 비 등이 오는 날씨에는 다른 차량 주변으로 가깝게 다가가지 않는다.
④ 차의 앞바퀴가 터지는 경우 핸들을 단단하게 잡지 않아야 차가 한쪽으로 쏠리는 것을 막을 수 있다.

해설

차의 앞바퀴가 터지는 경우 핸들을 단단하게 잡아 차가 한쪽으로 쏠리는 것을 막고, 의도한 방향을 유지한 다음 속도를 줄인다.

※ 시인성을 높이는 법

| | |
|---|---|
| 운전하기 전의 준비 | • 차 안팎 유리창을 깨끗이 닦는다.<br>• 차의 모든 등화를 깨끗이 닦는다.<br>• 성애 제거기, 와이퍼, 워셔 등이 제대로 작동되는지를 점검한다.<br>• 후사경과 사이드 미러를 조정한다.<br>• 운전석의 높이를 적절히 조정한다.<br>• 후사경에 매다는 장식물이나 시야를 가리는 차내의 장애물을 치운다.<br>• 선글라스, 점멸등, 창 닦게 등을 준비하여 필요할 때 사용할 수 있도록 한다. |
| 운전 중 행동 | • 낮에도 흐린 날 등에는 하향전조등을 켠다.<br>• 자신의 의도를 다른 도로이용자에게 좀 더 분명히 전달함으로써 자신의 시인성을 최대화할 수 있다.<br>• 다른 운전자의 사각에 들어가 운전하는 것을 피한다.<br>• 남보다 시력이 떨어지면 항상 안경이나 콘택트렌즈를 착용한다. |

## 4 시가지 도로에서의 방어운전

### 01

**시가지 교차로에서의 방어운전으로 옳지 않은 것은?**

① 교차로 통과 시 앞차를 맹목적으로 따라가지 않는다.
② 무단횡단하는 보행자 등 위험요인이 많으므로 돌발상황에 대비한다.
③ 이미 교차로 안으로 진입하여 있을 때 황색신호로 변경된 경우에는 즉시 정지한다.
④ 신호는 운전자의 눈으로 직접 확인한 후 선신호에 따라 진행하는 차가 없는지 확인하고 출발한다.

해설
이미 교차로 안으로 진입하였을 때 황색신호로 변경된 경우에는 신속히 교차로 밖으로 빠져나간다.

### 02

**시가지 교차로에서의 방어운전 요령으로 옳지 않은 것은?**

① 신호에 따라 진행하는 경우에도 신호를 무시하고 달려드는 차가 있다는 것을 주의한다.
② 통과하는 앞차를 무조건 따라가면 비교적 안전운행을 할 수 있다.
③ 성급한 우회전은 횡단하는 보행자와 충돌할 위험이 증가한다.
④ 내륜차에 의한 사고에 주의한다.

해설
시가지 교차로에서 통과하는 앞차를 무조건 따라가면 신호를 위반할 가능성이 높다.

> **용어설명**
> **딜레마구간**
> 신호기가 설치되어 있는 교차로에서 운전자가 황색신호를 인식하였으나 정지선 앞에 정지할 수 없어 계속 진행하여 황색신호가 끝날 때까지 교차로를 빠져나오지 못한 경우에 황색신호의 시작 지점에서부터 끝난 지점까지 차량이 존재하고 있는 구간

### 03

**시인성을 높이기 위한 운전 중 행동으로 옳지 않은 것은?**

① 흐린 날 낮에는 하향전조등을 켜지 않는다.
② 다른 운전자의 사각지대에 들어가 운전하는 것을 피한다.
③ 자신의 의도를 다른 도로이용자에게 좀 더 분명히 전달한다.
④ 남보다 시력이 떨어지면 항상 안경이나 콘택트렌즈를 착용한다.

해설
낮에도 흐린 날 등에는 하향전조등을 켠다.

### 04

**시가지에서의 방어운전 내용으로 옳지 않은 것은?**

① 교통체증으로 서로 근접하는 상황이라도 앞차와는 2초 정도의 거리를 둔다.
② 다른 차 뒤에 멈출 때 앞차의 6~9m 뒤에 멈추도록 한다.
③ 항상 앞차가 앞으로 나가기 전에 자신의 차를 앞으로 움직인다.
④ 주차한 차와는 가능한 여유 공간을 넓게 유지한다.

해설
시가지에서는 항상 앞차가 앞으로 나간 다음에 자신의 차를 앞으로 움직인다.

### 05 중요

**시가지 이면도로에서의 방어운전으로 옳지 않은 것은?**

① 위험한 대상물에 주의하면서 운전한다.
② 이면도로에서는 항상 보행자의 출현 등 돌발 상황에 대비한다.
③ 자전거나 이륜차가 통행하는 경우 통행공간을 배려하면서 운전한다.
④ 주 · 정차된 차량이 출발하려는 경우 따라붙거나 속도를 내어 앞지른다.

해설
④ 주 · 정차된 차량이 출발하려는 경우 안전거리를 확보한다.

## 5 지방도로에서의 방어운전

### 01

**지방도로에서의 방어운전 내용으로 옳지 않은 것은?**

① 자갈길을 주행할 때는 속도를 높인다.
② 천천히 움직이는 차를 주시하고, 필요에 따라 속도를 조절한다.
③ 교차로, 특히 교통신호등이 설치되어 있지 않은 곳일수록 접근하면서 속도를 줄인다.
④ 동물이 주행로를 가로질러 건너갈 때는 속도를 줄인다.

해설
자갈길을 주행할 때는 속도를 줄인다.

### 02

**지방도로에서의 방어운전 내용으로 옳지 않은 것은?**

① 앞에 차가 있다면 추종거리를 증가시킨다.
② 왕복 2차선 도로상에서는 자신의 차와 대향차 간에 가능한 한 충분한 공간을 유지한다.
③ 모든 오르막길 경사로에서는 앞지르기해서는 안 된다.
④ 도로를 탐색할 때에는 사고위험에 대하여 그 위협 자체를 피할 수 있는 행동의 순서를 가늠해 본다.

해설
앞지르기를 완전하게 할 수 있는 전방이 훤히 트인 오르막길 경사로에서는 앞지르기가 가능하다.

### 03

**내리막길에서 기어 변속 시 요령으로 옳지 않은 것은?**

① 변속 시 클러치 작동은 신속하게 한다.
② 변속 시 변속 레버의 작동은 천천히 한다.
③ 왼손은 핸들을 조정하고 오른손과 양발은 신속히 움직인다.
④ 변속 시 전방이 아닌 다른 방향으로 시선을 놓치지 않도록 주의한다.

해설
내리막길에서 기어 변속 시 변속 레버의 작동은 신속하게 한다.

### 04

**내리막길에서 방어운전 시 배기 브레이크를 사용하는 경우의 효과로 옳지 않은 것은?**

① 브레이크액의 온도 상승 억제에 따른 베이퍼 록 현상을 방지한다.
② 드럼의 온도 상승을 억제하여 페이드 현상을 방지한다.
③ 브레이크 사용 감소로 라이닝의 수명을 연장시킬 수 있다.
④ 수막현상과 모닝 록 현상을 예방하여 운행의 안전도를 높일 수 있다.

해설
배기 브레이크는 수막현상과 모닝 록 현상과는 무관하다.

### 05 중요

**오르막길에서의 방어운전 요령으로 옳지 않은 것은?**

① 정지하였다가 출발할 때는 풋 브레이크를 사용하는 것이 안전하다.
② 언덕길에서 올라가는 차량과 내려오는 차량이 교차할 때에는 올라가는 차량이 양보해야 한다.

③ 정차할 때에는 앞차가 뒤로 밀려 충돌할 가능성이 있으므로 충분한 차간 거리를 유지한다.
④ 오르막길에서 부득이하게 앞지르기할 때에는 힘과 가속이 좋은 저단 기어를 사용하는 것이 안전하다.

해설
오르막길에서 정지하였다가 출발할 때는 핸드 브레이크를 사용하는 것이 안전하다.

## 06

**아웃 – 인 – 아웃(Out–In–Out) 원리에 입각하여 핸들조작을 하여야 하는 곳은?**

① 교차로 ② 커브길
③ 언덕길 ④ 이면도로

해설
아웃–인–아웃(Out–In–Out) : 커브길 주행 시 차로 바깥쪽에서 진입하여 안쪽, 바깥쪽 순으로 통과

## 07 중요

**커브길 주행방법으로 옳지 않은 것은?**

① 엔진 브레이크만으로 속도를 충분히 줄인다.
② 감속된 속도에 맞는 기어로 변속한다.
③ 회전이 끝나는 부분에 도달했을 때에는 핸들을 바르게 한다.
④ 커브길에 진입하기 전 도로의 폭을 확인한다.

해설
커브길 주행 시 엔진 브레이크만으로 속도가 충분히 줄지 않으면 풋 브레이크를 사용하여 속도를 줄인다.

## 08

**철길건널목에서의 방어운전 요령으로 옳지 않은 것은?**

① 건널목 통과 시 기어를 변속한다.
② 일시정지 후 철도 좌우의 안전을 확인한다.
③ 건널목 건너편 여유 공간을 확인한 후 통과한다.
④ 철길건널목에 접근할 때에는 속도를 줄여 접근한다.

해설
철길건널목 통과 시 기어 변속 과정에서 엔진이 멈출 수 있으므로 가급적 기어 변속을 하지 않는다.

## 09

**철길건널목 통과 중 시동이 꺼졌을 때 조치방법으로 옳지 않은 것은?**

① 즉시 동승자를 대피시킨다.
② 철도공무원, 경찰 등에게 알리고 지시에 따른다.
③ 차를 정차시키고 차량 내부에 문제가 있는지 확인한다.
④ 건널목 내에서 움직이지 못하는 경우 열차가 오는 방향으로 뛰어가면서 옷을 벗어 흔드는 등 열차가 정지할 수 있도록 안전조치를 취한다.

해설
③ 차를 건널목 밖으로 이동시키기 위해 노력한다.

# 6 고속도로에서의 방어운전

## 01

**고속도로에서의 방어운전으로 옳지 않은 것은?**

① 확인, 예측, 판단 과정을 이용하여 12~15초 전방 안에 있는 위험상황을 확인한다.
② 고속도로를 빠져나갈 때는 가능한 한 빨리 진출 차로로 들어가야 하고, 진출 차로에 실제로 진입할 때까지는 차의 속도를 낮추지 말고 주행하여야 한다.
③ 여러 차로를 가로지를 필요가 있다면 매번 신호를 하면서 한 번에 한 차로씩 옮기지 말고 한 번에 여러 차로를 변경한다.
④ 가급적 대형차량이 전방 또는 측방 시야를 가리지 않는 위치를 잡아 주행하도록 한다.

해설
여러 차로를 가로지를 필요가 있다면 매번 신호를 하면서 한 번에 한 차로씩 옮겨간다.

## 02

**고속도로 진입부에서의 방어운전 요령으로 옳지 않은 것은?**

① 본선 진입 의도를 다른 차량에게 방향지시등으로 알린다.
② 본선 진입 전 충분히 가속하여 본선 차량의 교통 흐름을 방해하지 않도록 한다.

③ 고속도로 진입을 위한 가속차로 끝부분에서는 감속한다.
④ 고속도로 본선을 저속으로 진입하거나 진입시기를 잘못 맞추면 추돌사고 등 교통사고가 발생할 수 있다.

해설
고속도로 진입을 위한 가속차로 끝부분에서는 감속하지 않도록 주의한다.

## 7 앞지르기

### 01 중요

**다른 차가 자차를 앞지르기할 때의 방어운전 방법으로 옳은 것은?**

① 곧바로 정지한다.
② 자차도 앞지르기를 시도한다.
③ 다른 차가 앞지르기를 못하도록 전속력으로 주행한다.
④ 앞지르기를 시도하는 차가 원활하게 주행차로로 진입할 수 있도록 자차의 속도를 줄여 준다.

해설
앞지르기를 시도하는 차가 안전하고 신속하게 앞지르기를 완료할 수 있도록 자차의 속도를 줄여 줌으로써 자차와의 충돌 위험을 줄일 수 있다.

### 02

**자차가 다른 차를 앞지르기할 때의 방어운전 요령으로 옳지 않은 것은?**

① 앞차의 오른쪽으로 앞지르기를 한다.
② 앞차가 앞지르기를 하고 있는 때에는 앞지르기를 시도하지 않는다.
③ 앞지르기에 필요한 충분한 거리와 시야가 확보되었을 때 앞지르기를 시도한다.
④ 앞지르기에 필요한 속도가 그 도로의 최고속도 범위 이내일 때 앞지르기를 시도한다.

해설
앞차의 오른쪽으로 앞지르기하지 않는다.

### 03

**앞지르기할 때 발생하기 쉬운 사고 유형이 아닌 것은?**

① 최초 진로를 변경할 때에는 동일 방향 좌측 후속 차량 또는 나란히 진행하던 차량과의 충돌
② 앞지르기를 하고 있는 중에 앞지르기 당하는 차량이 우회전하려고 진입하면서 발생하는 충돌
③ 중앙선을 넘어 앞지르기할 때는 반대 차로에서 횡단하고 있는 보행자나 주행하고 있는 차량과의 충돌
④ 앞지르기를 시도하기 위해 앞지르기 당하는 차량과의 근접 주행으로 인한 후미 추돌

해설
② 앞지르기하고 있는 중에 앞지르기 당하는 차량이 좌회전하려고 진입하면서 발생하는 충돌

### 04 중요

**다음 중 앞지르기 방법으로 옳지 않은 것은?**

① 앞차의 오른쪽으로 앞지르기하지 않는다.
② 앞차가 앞지르기하고 있으면 앞지르기하지 않는다.
③ 시야만 확보되면 앞 차량 좌우 관계없이 앞지르기한다.
④ 앞지르기에 필요한 속도가 그 도로의 최고속도 범위 이내일 때 앞지르기를 시도한다.

해설
앞지르기에 필요한 충분한 거리와 시야가 확보되었을 때 앞지르기를 시도하고, 앞차의 오른쪽으로 앞지르기하지 않는다.

### 05

**앞지르기 방법으로 옳지 않은 것은?**

① 앞차가 앞지르기를 하고 있는 때는 앞지르기를 시도하지 않는다.
② 앞차의 오른쪽으로 앞지르기를 한다.
③ 앞지르기에 필요한 속도가 그 도로의 최고속도 범위 이내일 때 앞지르기를 시도한다.
④ 앞지르기에 필요한 충분한 거리와 시야가 확보되었을 때 앞지르기를 시도한다.

해설
② 앞차의 오른쪽으로 앞지르기하지 않는다.

## 8 야간 및 악천후 시의 안전운전

### 01 중요

**야간의 안전운전 요령으로 옳지 않은 것은?**

① 주간보다 속도를 높여 주행한다.
② 해가 저물면 곧바로 전조등을 켠다.
③ 전조등이 비추는 곳보다 앞쪽까지 살핀다.
④ 불가피한 경우가 아니면 도로 위에 주 · 정차를 하지 않는다.

해설

야간에는 주간보다 속도를 줄여 주행한다.

### 02

**안개길에서의 안전운전 요령으로 옳지 않은 것은?**

① 전조등, 안개등 및 비상점멸표시등을 켜고 운행한다.
② 가시거리가 100m 이내인 경우에는 최고속도를 50% 정도 감속하여 운행한다.
③ 앞을 분간하지 못할 정도의 짙은 안개로 운행이 어려울 때는 20km/h 이내의 속도로 주행한다.
④ 앞차와의 차간 거리를 충분히 확보하고 앞차의 제동이나 방향지시등의 신호를 예의 주시하며 운행한다.

해설

앞을 분간하지 못할 정도의 짙은 안개로 운행이 어려울 때에는 차를 안전한 곳에 세우고 잠시 기다린다. 미등과 비상점멸표시등을 점등시켜 충돌사고 등이 발생하지 않도록 한다.

더 알아보기

**고속도로 주행 시 안개지역을 통과할 때 확인사항**

- 도로전광판, 교통안전표지 등을 통해 안개 발생구간을 확인한다.
- 갓길에 설치된 안개시정표지를 통해 시정거리와 앞차와의 거리를 확인한다.
- 중앙분리대 또는 갓길에 설치된 반사체인 시선유도표지를 통해 전방의 도로선형을 확인한다.
- 도로 갓길에 설치된 노면요철포장의 소음 또는 진동을 통해 도로 이탈을 확인하고 원래 차로로 신속히 복귀하여 평균 주행속도보다 감속하여 운행한다.

### 03

**빗길에서의 안전운전 요령으로 옳지 않은 것은?**

① 비가 내려 노면이 젖어 있는 경우에는 최고속도의 50%를 줄인 속도로 운행한다.
② 물이 고인 길을 벗어난 경우에는 브레이크를 여러 번 나누어 밟아 준다.
③ 보행자 옆을 통과할 때에는 속도를 줄여 흙탕물이 튀기지 않도록 주의한다.
④ 물이 고인 길을 통과할 때에는 속도를 줄여 저속으로 통과한다.

해설

비가 내려 노면이 젖어 있는 경우에는 최고속도의 20%를 줄인 속도로 운행한다.

### 04

**밤에 반대편 차의 전조등 눈부심으로 인해 순간적으로 보행자를 잘 볼 수 없게 되는 현상을 무엇이라 하는가?**

① 현혹현상
② 암순응현상
③ 눈부심현상
④ 증발현상

해설

증발현상은 야간에 마주 오는 대향차의 전조등 눈부심으로 인해 순간적으로 보행자를 잘 볼 수 없게 되는 현상을 말한다.

### 05

**다음 중 전조등을 상향으로 켜는 경우는?**

① 교차로 접근 시
② 야간에 차가 마주 보고 진행하는 경우
③ 안개가 심한 경우 시야를 확보하기 위해
④ 야간운전 시 전방의 시야를 확보하기 위해

해설

야간운전 시 주위에 다른 차가 없다면 어두운 도로에서는 상향 전조등을 켜도 좋다.

## 9 상황별 기본 운행수칙

### 01

**차량의 출발 시 기본 운행 수칙으로 옳지 않은 것은?**

① 후사경이 제대로 조정되어 있는 확인한다.
② 기어가 들어가 있는 상태에서 시동을 건다.
③ 출발 후 진로 변경이 끝나기 전에 신호를 중지하지 않는다.
④ 자동차 문을 완전히 닫은 상태에서 방향지시등을 작동하고 출발한다.

해설
시동을 걸 때에는 기어가 들어가 있는지 확인한다. 기어가 들어가 있는 상태에서는 클러치를 밟지 않고 시동을 걸지 않는다.

### 02 중요

**다음 중 진로변경 위반에 해당하지 않는 것은?**

① 두 개의 차로에 걸쳐 운행하는 경우
② 여러 차로를 연속적으로 가로지르는 행위
③ 도로노면에 표시된 백색 점선에서 진로를 변경하는 행위
④ 갑자기 차로를 바꾸어 옆 차로로 끼어드는 행위

해설
진로변경 시 도로노면에 표시된 백색 점선에서 진로를 변경해야 한다.

### 03

**차량의 주행 시 기본 운행 수칙으로 옳지 않은 것은?**

① 교통량이 많은 곳에서는 감속하여 주행한다.
② 앞차가 급제동할 때를 대비하여 안전거리를 유지한다.
③ 신호대기 등으로 잠시 정지하고 있을 때는 엔진 브레이크를 당긴다.
④ 직선도로를 통행하거나 구부러진 도로를 돌 때 2개 차로에 걸쳐 주행하지 않는다.

해설
신호대기 등으로 잠시 정지하고 있을 때에는 주차 브레이크를 당기거나 브레이크 페달을 밟아 차량이 미끄러지지 않도록 한다.

### 04

**차량의 주차 시 기본 수칙으로 옳지 않은 것은?**

① 주차가 허용된 지역이나 안전한 지역에 주차한다.
② 주행차로로 주차된 차량의 일부분이 약간 돌출되는 것은 허용된다.
③ 경사가 있는 도로에 주차할 때에는 밀리는 현상을 방지하기 위해 바퀴에 고임목 등을 설치하여 안전 여부를 확인한다.
④ 차가 도로에서 고장을 일으킨 경우에는 안전한 장소로 이동한 후 고장자동차의 표지를 설치한다.

해설
주행차로로 주차된 차량의 일부분이 돌출되지 않도록 주의한다.

### 05 중요

**교차로 통행의 기본 운행 수칙으로 옳지 않은 것은?**

① 좌회전 차로가 2개 설치된 교차로에서 좌회전할 때 대형승합차는 1차로로 통행한다.
② 대향차가 교차로를 통과하고 있을 때에는 완전히 통과시킨 후 좌회전한다.
③ 우회전할 때에는 내륜차 현상으로 인해 보도를 침범하지 않도록 주의한다.
④ 우회전하기 직전에는 직접 눈으로 또는 후사경으로 오른쪽 옆의 안전을 확인하여 충돌이 발생하지 않도록 주의한다.

해설
좌회전 차로가 2개 설치된 교차로에서 좌회전할 때에는 대형승합차는 2차로로, 중 · 소형승합자동차는 1차로로 통행한다.

더 알아보기

**진로변경 위반에 해당하는 경우**

- 두 개의 차로에 걸쳐 운행하는 경우
- 한 차로로 운행하지 않고 두 개 이상의 차로를 지그재그로 운행하는 행위
- 갑자기 차로를 바꾸어 옆 차로로 끼어드는 행위
- 여러 차로를 연속적으로 가로지르는 행위
- 진로변경이 금지된 곳에서 진로변경하는 행위

## 10 계절별 운전

### 01

**여름철 자동차 점검사항이 아닌 것은?**

① 부동액 점검
② 냉각수 양
③ 와이퍼 작동상태
④ 냉각장치 점검

해설
냉각수의 동결을 방지하기 위해 부동액의 양 및 점도를 점검하는 것은 겨울철 점검사항이다.

### 02

**겨울철 자동차 운행 시 주의사항으로 적절하지 않은 것은?**

① 배터리와 케이블 상태를 점검한다.
② 엔진의 시동을 작동하고 각종 페달이 정상적으로 작동되는지 확인한다.
③ 스노 타이어는 앞바퀴와 뒷바퀴의 규격을 다르게 한다.
④ 차체 하부에 있는 얼음 덩어리는 운행 전에 제거한다.

해설
스노 타이어는 동일 규격의 타이어를 장착한다.

### ※ 계절별 운전

| 구분 | 안전운행 및 교통사고 예방 | 자동차 관리 |
|---|---|---|
| 봄 | • 교통 환경 변화 : 도로 곳곳에 파인 노면은 큰 사고에 직면할 수 있으므로 도로정보를 사전에 파악<br>• 주변 환경 변화를 인지하여 위험이 발생하지 않도록 방어운전<br>• 춘곤증 : 무리한 운전을 피하고, 장거리 운전 시 충분한 휴식과 스트레칭 | • 세차<br>• 월동장비 정리<br>• 배터리 및 오일류 점검<br>• 낡은 배선 및 부식 부분 교환<br>• 에어컨 작동여부 확인 |
| 여름 | • 뜨거운 태양 아래 오래 주차 시 : 출발 전에 창문 열고 실내의 더운 공기를 빼낸 후 운행<br>• 주행 중 갑자기 시동 꺼짐 : 통풍이 잘 되는 그늘진 곳으로 옮겨 열을 식힌 후 재시동<br>• 비가 내리는 중에 주행 시 : 감속 운행 | • 냉각장치 점검<br>• 와이퍼 작동상태 점검<br>• 차량 내부 습기 제거<br>• 타이어 마모상태 점검<br>• 에어컨 냉매가스 양 점검<br>• 브레이크 · 전기 배선 점검<br>• 세차 |
| 가을 | • 이상기후 대처 : 안개지역에서는 처음부터 감속 운행<br>• 보행자에 주의하여 운행<br>• 행락철 주의 : 과속 피하고 교통법규 준수<br>• 농기계 주의 : 농촌지역 운행 시 안전거리 유지하고 경음기를 울려 자동차가 가까이 있다는 사실을 알릴 것 | • 세차 및 곰팡이 제거<br>• 히터 및 서리 제거 장치 점검<br>• 장거리 운행 전 냉각수와 브레이크액 양, 타이어 공기압 및 파손부위, 각종 램프의 작동여부 점검 |
| 겨울 | • 출발 시 : 도로가 미끄러울 경우 부드럽게 천천히 출발<br>• 주행 시 : 미끄러운 도로에서의 제동 시 정지거리가 평소보다 2배 이상 길기 때문에 충분한 차간거리 확보 및 감속이 요구되며 다른 차량과 나란히 주행하지 않을 것<br>• 장거리 운행 시 : 기상 악화나 불의의 사태에 신속히 대처할 수 있도록 할 것 | • 월동장비 점검<br>• 부동액 양 및 점도 점검<br>• 정온기(수온조절기) 상태 점검 |

## 11 경제운전

### 01 중요

**경제적인 운행방법으로 적절하지 않은 것은?**

① 불필요한 공회전을 하지 않는다.
② 급발진, 급가속, 급제동을 하지 않는다.
③ 고속 주행 시 에어컨을 끄고 창문을 연다.
④ 타이어 공기압이 적정하도록 유지한다.

해설
고속 주행 시 창문을 열면 공기 마찰을 크게 하여 연료 소모량을 많게 한다.

### 02

**경제운전의 방법으로 옳지 않은 것은?**

① 고속으로 주행한다.
② 부드럽게 회전한다.
③ 가 · 감속을 부드럽게 한다.
④ 불필요한 공회전은 하지 않는다.

해설
경제운전은 운행 중 접하게 되는 여러 외적 조건에 따라 운전방식을 맞추어 감으로써 연료 소모율을 낮추고, 공해배출을 최소화하며, 안전효과를 가져오고자 하는 운전방식이다.

### 03

**경제운전에 영향을 미치는 요인이 아닌 것은?**

① 기상조건 ② 엔진
③ 공기역학 ④ 주변 풍경

해설

경제운전에 영향을 미치는 요인 : 교통상황, 차량의 타이어, 도로조건, 교통상황 등

## 12 고속도로 교통안전

### 01

**고속도로에서의 안전운전 요령으로 옳지 않은 것은?**

① 진입을 위한 가속차로 끝부분에서는 감속을 하여 진입을 한다.
② 주변의 교통 흐름에 따라 적정 속도를 유지해야 한다.
③ 앞차의 뒷부분만 봐서는 안 되며 전방까지 시야를 두면서 운전한다.
④ 앞차를 추월할 경우 앞지르기 차로를 이용하며 추월이 끝나면 주행차로로 복귀한다.

해설

진입을 위한 가속차로 끝부분에서 감속하지 않도록 주의해야 한다. 고속도로 본선을 저속으로 진입하거나 진입시기를 잘못 맞추면 추돌사고 등 교통사고가 발생할 수 있다. 고속도로에 진입할 때는 빠른 속도로 가속하고, 진입한 후에는 안전하게 감속한다.

### 02 중요

**고속도로에서는 2차사고 발생 시 사망사고로 이어질 가능성이 높다. 야간에 사고 발생 시 안전삼각대와 함께 추가로 설치하여야 하는 표지가 아닌 것은?**

① 적색의 섬광 신호 ② 안전표지판
③ 전기제등 ④ 불꽃신호

해설

자동차의 운전자는 고장이나 그 밖의 사유로 고속도로 또는 자동차전용도로에서 자동차를 운행할 수 없게 되었을 때에는 안전삼각대와 사방 500미터 지점에서 식별할 수 있는 적색의 섬광신호 · 전기제등 또는 불꽃신호(다만, 밤에 고장이나 그 밖의 사유로 고속도로 등에서 자동차를 운행할 수 없게 되었을 때로 한정)를 설치하여야 한다(도로교통법 시행규칙 제40조).

### 03 중요

**고속도로에서 사고 발생시 견인서비스를 제공하는 기관은?**

① 한국도로공사 ② 119
③ 112 ④ 한국교통공사

해설

한국도로공사(1588-2504)에서는 고속도로 무료 견인서비스를 운영한다. 10km까지는 무료로 이동해주고, 그 후에는 km당 2천원 정도에 견인서비스를 이용할 수 있다.

### 04 중요

**다음 중 운행 제한차량에 해당하지 않는 것은?**

① 축하중 10톤, 총중량 40톤을 초과하는 차량
② 적재물을 포함한 차량의 길이가 16.7m를 초과하는 차량
③ 폭 2m, 높이가 3m를 초과하는 차량
④ 덮개를 씌우지 않았거나 묶지 않아 결속 상태가 불량한 차량

해설

③ 폭 2.5m, 높이가 4m를 초과하는 차량이 해당된다.

더 알아보기

**2차사고 예방 안전행동 요령**

- 비상등 켜고 다른 차의 소통에 방해되지 않도록 갓길로 차량 이동
- 후방에서 접근하는 자동차의 운전자가 확인할 수 있는 위치에 고장자동차 표지(안전삼각대, 밤에는 사방 500미터 지점에서 식별할 수 있는 적색의 섬광신호 · 전기제등 또는 불꽃신호) 설치
- 운전자와 탑승자는 안전장소로 대피
- 경찰관서, 소방관서 등에 연락하여 도움 요청

**터널 내 화재 시 행동요령**

- 운전자는 차를 터널 밖으로 신속하게 이동한다.
- 터널 밖으로 이동이 불가능한 경우에는 최대한 갓길 쪽에 정차한다.
- 엔진을 끄고 키를 꽂아둔 채 하차한다.
- 비상벨을 누르거나 비상전화로 화재발생을 알린다.
- 사고 차량의 부상자를 도와준다.
- 터널에 설치된 소화전, 비치되어 있는 소화기를 이용하여 조기 진화를 시도한다.
- 조기 진화가 불가능한 경우에는 젖은 수건 등으로 코와 입을 막고 낮은 자세로 연기를 피해 유도등을 따라 신속하게 터널 밖으로 대피한다.

# 제4부 운송서비스

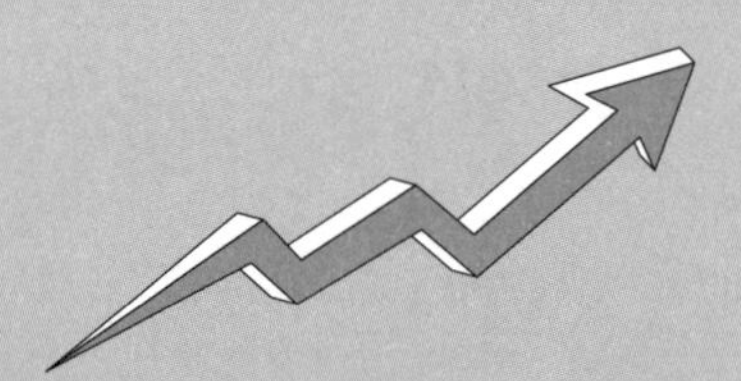

제1장 여객운수종사자의 기본자세
제2장 운수종사자 준수사항 및 운전 예절
제3장 교통 시스템
제4장 운전자 상식 및 응급조치 요령

# 제1장 여객운수종사자의 기본자세

## 1 바람직한 여객 운송서비스

### 01

**여객자동차 운수사업법에 따른 '중대한 교통사고'에 해당하는 것은?**

① 사망자가 1명이라도 발생한 사고
② 화재가 발생한 사고
③ 중상자가 5명 이상 발생한 사고
④ 사망자 1명과 중상자 2명이 발생한 사고

**해설**

여객자동차 운수사업법에 따른 중대한 교통사고 : 전복사고, 화재가 발생한 사고, 사망자 2명 이상 발생한 사고, 사망자 1명과 중상자 3명 이상이 발생한 사고, 중상자 6명 이상이 발생한 사고

### 02

**서비스의 특징에 대한 설명으로 옳지 않은 것은?**

① 다양성 – 서비스 질을 유지하기 어렵다.
② 무형성 – 보이지 않는 것이다.
③ 동시성 – 서비스 즉시 사라진다.
④ 무소유 – 누릴 수 있으나 소유하는 것은 불가능하다.

**해설**

서비스의 특징

- 소멸성 : 서비스 즉시 사라진다.
- 동시성 : 생산 및 소비가 동시에 이루어지고 재고 발생이 없다.
- 인적 의존성 : 사람에 의해 이루어진다.
- 변동성 : 시간, 요일 및 계절별로 변동성을 가질 수 있다.
- 다양성 : 승객 욕구의 다양함과 감정의 변화, 서비스 제공자에 따라 상대적이며, 승객의 평가 역시 주관적이어서 일관되고 표준화된 서비스 질을 유지하기 어렵다.

**더 알아보기**

(1) 올바른 서비스 제공을 위한 5요소
① 단정한 용모 및 복장
② 밝은 표정
③ 공손한 인사
④ 친근한 말
⑤ 따뜻한 응대

## 2 승객을 위한 행동예절

### 01

**승객을 응대하는 마음가짐으로 적절하지 않은 것은?**

① 승객을 원만하게 대한다.
② 항상 긍정적으로 생각한다.
③ 승객이 호감을 갖도록 한다.
④ 쉽게 흥분하고 감정에 치우친다.

**해설**

승객이 호감을 갖도록 하고 예의를 지켜 겸손하게 대한다.

### 02

**인사에 대한 설명으로 옳지 않은 것은?**

① 적당한 크기와 속도로 자연스럽게 말한다.
② 밝고 부드러운 미소를 지으며 인사한다.
③ 상대방의 눈을 보지 않고 인사한다.
④ 인사는 서비스의 첫 동작이자 마지막 동작이다.

**해설**

인사 전 · 후에 상대방의 눈을 정면으로 바라보며, 상대방을 진심으로 존중하는 마음을 눈빛에 담아 인사한다.

### 03

**인사의 중요성에 대한 설명으로 옳지 않은 것은?**

① 인사는 서비스의 주요 기법이다.
② 인사는 승객과 만나는 첫걸음이다.
③ 인사는 승객에 대한 서비스 정신의 표시이다.
④ 인사는 습관화되지 않아도 실천에 옮기기 쉽다.

**해설**

인사는 평범하고도 대단히 쉬운 행동이지만 생활화되지 않으면 실천에 옮기기 어렵다.

## 04

**승객이 싫어하는 시선이 아닌 것은?**

① 자연스럽고 부드러운 시선
② 위아래로 훑어보는 눈
③ 한곳만을 응시하는 시선
④ 위로 치켜뜨는 눈

## 05

**승객만족을 위한 기본예절에 해당하지 않는 것은?**

① 상스러운 말을 하지 않는다.
② 승객을 기억한다.
③ 승객의 입장을 이해하고 존중한다.
④ 승객의 결점을 지적할 때에는 팔짱을 끼고 말한다.

해설
승객의 결점을 지적할 때에는 충고와 격려로 한다.

## 06

**올바른 대화의 원칙에 포함되지 않는 것은?**

① 명료하게 말한다.
② 단호하게 말한다.
③ 밝고 적극적으로 말한다.
④ 품위 있게 말한다.

해설
올바른 대화의 4원칙 : 밝고 적극적으로, 공손하게, 명료하게, 품위 있게

## 07

**호칭에 대한 설명으로 옳지 않은 것은?**

① 중 · 고생은 성인에 준하는 호칭을 사용한다.
② 고객'보다는 '승객', '손님'이 바람직하다.
③ 나이가 드신 분은 '어르신'으로 호칭한다.
④ 중년층은 친근감있게 '아저씨', '아줌마'로 호칭한다.

해설
승객에 대한 호칭은 '승객', '손님'이라고 호칭하는 것이 바람직하다.

## 08

**운수종사자의 복장에 관한 설명으로 옳지 않은 것은?**

① 청결하고 단정하게 입는다.
② 규정에 맞게 입는다.
③ 계절에 맞고 통일감 있는 복장을 한다.
④ 좋은 옷을 항상 멋지게 차려입는다.

해설
좋은 옷차림을 한다는 것은 단순히 좋은 옷을 멋지게 입는다는 의미가 아니라 때와 장소에 맞추어 올바르게 입는다는 뜻이다.

## 09

**승객에게 불쾌감을 주는 몸가짐이 아닌 것은?**

① 충혈된 눈
② 단정한 용모와 복장
③ 잠잔 흔적이 남은 머릿결
④ 정리되지 않은 덥수룩한 수염

해설
승객에게 불쾌감을 주는 몸가짐 : 충혈된 눈, 잠잔 흔적이 남은 머릿결, 정리되지 않은 덥수룩한 수염, 길게 자란 코털, 지저분한 손톱, 무표정 등

# 3 직업관

## 01 중요

**바람직한 직업관으로 적절하지 않은 것은?**

① 항상 소명의식을 가지고 일하며 천직으로 생각한다.
② 사회구성원으로서 봉사하는 일이라 생각한다.
③ 자기 분야의 최고 전문가가 되겠다는 생각으로 최선을 다해 노력한다.
④ 직업 생활의 최고 목표를 높은 지위에 오르는 것이라고 생각한다.

## 02

**올바른 직업윤리에 해당하지 않는 것은?**

① 천직의식 ② 책임의식
③ 봉사정신 ④ 생계수단

해설
올바른 직업윤리 : 봉사정신, 전문의식, 책임의식, 직분의식, 천직의식, 소명의식

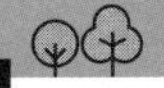

# 제2장 운수종사자 준수사항 및 운전 예절

## 1 운송사업자의 준수사항

### 01

**노선 운송사업자가 일반인이 보기 쉬운 영업소 등의 장소에 게시해야 하는 사항이 아닌 것은?**

① 사업자 및 영업소의 명칭
② 운행시간표
③ 사업을 휴업 또는 폐업하려는 경우 그 내용의 예고
④ 버스별 담당 운전자의 성명 및 연락처

해설
버스별 담당 운전자의 성명 및 연락처는 의무 게시 사항이 아니다.

### 02

**전세버스의 장치 및 설비에 관한 준수사항에 해당하지 않는 것은?**

① 재생한 타이어를 앞바퀴에 사용할 수 있다.
② 난방장치 및 냉방장치를 설치해야 한다.
③ 앞바퀴 타이어는 튜브리스 타이어를 사용해야 한다.
④ 어린이의 통학을 위해 학교 및 보육시설의 장과 운송계약을 체결하고 운행하는 경우 어린이통학버스의 신고를 해야 한다.

해설
앞바퀴는 재생한 타이어를 사용해서는 안 된다.

### 03

**요금 영수증을 발급해야 하는 운송사업자는?**

① 시내버스운송사업자
② 농어촌버스운송사업자
③ 특수여객자동차운송사업자
④ 마을버스운송사업자

해설
전세버스운송사업자 및 특수여객자동차운송사업자는 운임 또는 요금을 받았을 때에는 영수증을 발급해야 한다(여객자동차 운수사업법 시행규칙 별표4).

### 04

**노선버스 중 도지사가 운행노선상의 도로사정 등으로 냉방장치를 설치하는 것이 적합하지 않다고 인정할 때, 그 차 안에 냉방장치를 설치하지 않아도 되는 버스는?**

① 농어촌버스 ② 시내버스
③ 마을버스 ④ 좌석버스

해설
농어촌버스의 경우 도지사가 운행노선상의 도로사정 등으로 냉방장치를 설치하는 것이 적합하지 않다고 인정할 때에는 그 차 안에 냉방장치를 설치하지 않을 수 있다.

### 05

**안내방송장치와 정차 신호용 버저 스위치를 설치해야 하는 버스는?**

① 시외버스 ② 농어촌버스
③ 고속버스 ④ 전세버스

해설
시내버스, 농어촌버스 및 수요응답형 여객자동차의 차 안에는 안내방송장치를 갖추어야 하며 정차 신호용 버저를 작동시킬 수 있는 스위치를 설치해야 한다(여객자동차 운수사업법 시행규칙 별표4).

### 06

**운송사업자의 자동차 장치 및 설비 등에 관한 준수사항으로 옳은 것은?**

① 버스의 출입구에는 운행노선을 표시할 수 있는 설비를 해야 한다.
② 버스의 뒷바퀴는 재생한 타이어를 사용하면 안 된다.
③ 시외버스는 차안에 선반과 차 밑 부분에는 별도의 휴대물품 적재함을 설치해야 한다.
④ 전세버스, 농어촌버스, 마을버스 및 특수여객자동차운수사업자는 차실에 손잡이대 또는 손잡이를 설치해야 한다.

해설

① 버스 차체에는 목적지를 표시할 수 있는 설비를 해야 한다.
② 버스의 앞바퀴에는 재생한 타이어를 사용해서는 안 된다.
④ 시내버스, 농어촌버스, 마을버스 및 일반형시외버스의 차실에는 손잡이대 또는 손잡이를 설치해야 한다.

## 2 운수종사자의 준수사항

### 01 중요

**운수종사자의 준수사항으로 적절하지 않은 것은?**

① 다른 승객에게 위해를 끼칠 우려가 있는 위험물을 버스 안으로 가지고 들어오는 승객은 제지하고 필요한 사항을 안내해야 한다.
② 관계 공무원으로부터 운전면허증 제시를 요구받은 경우에는 회사에 연락한 후에 제시한다.
③ 승객이 타고 있는 버스 안에서 담배를 피워서는 안 된다.
④ 사고로 인하여 사상자가 발생한 경우에는 사고의 상황에 따라 적절한 조치를 취해야 한다.

해설

관계 공무원으로부터 운전면허증, 신분증 또는 자격증의 제시 요구를 받으면 즉시 이에 따라야 한다(여객자동차 운수사업법 시행규칙 별표4).

### 02

**운수종사자가 여객을 운송할 때 성실하게 지키도록 운송사업자가 항시 지도 · 감독해야 하는 사항으로 적당하지 않은 것은?**

① 운행횟수가 빈번한 운행계통에서는 첫차 및 마지막차의 출발시각과 운행간격을 게시하도록 할 것
② 위험 방지를 위한 운송사업자 · 경찰공무원 또는 도로관리청 등의 조치에 응하도록 할 것
③ 정비가 불량한 사업용자동차를 운행하지 않도록 할 것
④ 정류소에서 주차 또는 정차할 때에는 질서를 문란하게 하는 일이 없도록 할 것

해설

노선운송사업자는 운행횟수가 빈번한 운행계통에서는 첫차 및 마지막차의 출발시각과 운행간격을 일반 공중이 보기 쉬운 영업소 등의 장소에 사전에 게시해야 한다.

### 03 중요

**운전종사자의 준수사항으로 옳지 않은 것은?**

① 차량 출발 전에 승객이 좌석안전띠를 착용하도록 안내해야 한다.
② 승하차할 여객이 있는데도 정류장을 지나치면 안 된다.
③ 전용 운반상자에 넣은 애완동물을 안으로 데리고 들어올 때는 승차를 제지하고 필요한 사항을 안내해야 한다.
④ 문을 완전히 닫지 아니한 상태에서 자동차를 출발시켜서는 안 된다.

해설

안전운행과 다른 여객의 편의를 위하여 제지, 필요한 사항을 안내해야 하는 행위

- 다른 여객에게 위해를 끼칠 우려가 있는 폭발성 물질, 인화성 물질 등의 위험물을 자동차 안으로 가지고 들어오는 행위
- 다른 여객에게 위해를 끼치거나 불쾌함을 줄 우려가 있는 동물(장애인 보조견 및 전용 운반상자에 넣은 애완동물은 제외)을 자동차 안으로 데리고 들어오는 행위
- 자동차의 출입구 또는 통로를 막을 우려가 있는 물품을 자동차 안으로 가지고 들어오는 행위

## 3 운전예절

### 01

**버스 사고를 예방하기 위한 방법으로 적절하지 않은 것은?**

① 급출발 및 급정차를 피한다.
② 탑승객이 좌석 및 입석 공간에 완전히 위치한 상황을 파악하고 출발한다.
③ 가속페달은 자주 끊어 밟는다.
④ 안내 방송을 통해 승객의 주의를 자주 환기시켜 준다.

해설

가속페달을 끊어 밟지 않아 급정차나 급출발이 되지 않도록 한다.

### 02

**운행 중 운전자가 주의할 사항으로 적절하지 않은 것은?**

① 배차사항을 수시로 확인한다.

② 눈길에서는 스노타이어를 장착한 후 안전하게 운행한다.
③ 이륜차와 병진할 때에는 서행하고 안전거리를 유지하면서 운행한다.
④ 정차 후 출발할 때에는 차량 주변의 승·하차자를 확인한 후 안전하게 운행한다.

해설
배차사항은 운행 전에 확인하여야 한다.

## 03

**운전자의 사내 안전관리 규정 관련 금지사항이 아닌 것은?**

① 배차 지시 받고 운전하는 행위
② 사전 승인 없이 타인을 승차시키는 행위
③ 승차 지시된 운전자 이외의 타인에게 대리운전
④ 정당한 사유 없이 지시된 운행노선을 임의로 변경 운행

해설
배차 지시 없이 임의 운행 금지

## 04 중요

**차량 운행 전 준비사항으로 옳지 않은 것은?**

① 차의 내·외부를 항상 청결하게 유지한다.
② 용모 및 복장을 확인한다.
③ 운행결과를 보고한다.
④ 배차사항, 지시 및 전달사항 등을 확인한 후 운행한다.

해설
차량 운행 후에 운행결과를 보고한다.

## 05

**운전자의 즉시 보고사항이 아닌 것은?**

① 결근, 지각, 조퇴가 필요한 경우
② 운전면허증 기재사항 변경, 질병 등 신상변동이 발생했을 때
③ 운행 중 스노체인을 장착하는 경우
④ 운전면허 정지 및 취소 등의 행정처분을 받았을 때

해설
결근·지각·조퇴가 필요하거나 운전면허증 기재사항 변경·질병 등 신상변동이 발생한 때, 운전면허 정지 및 취소 등의 행정처분을 받았을 때에는 즉시 회사에 보고하여야 한다.

**운전자가 지켜야 할 기본자세**
- 교통법규 이해와 준수
- 여유 있는 양보운전
- 주의력 집중
- 심신상태 안정
- 추측운전 금지
- 운전기술 과신 금물
- 배기가스로 인한 대기오염 및 소음공해 최소화 노력

# 제3장 교통 시스템

## 1 버스 준공영제

### 01 중요

**버스 준공영제의 특징에 해당하지 않는 것은?**

① 수준 높은 버스 서비스 제공
② 버스 노선 및 요금의 조정은 국가가 개입
③ 노선체계의 효율적인 운영
④ 버스의 소유 및 운영은 버스업체가 유지

해설
버스 노선 및 요금의 조정, 버스 운행 관리에 대해서는 지방자치단체가 개입한다.

### 02

**버스 준공영제에 대한 설명으로 옳지 않은 것은?**

① 버스의 운영은 각 버스업체가 유지하고 버스 노선 및 요금의 조정, 버스 운행 관리에 대해서는 지방자치단체가 개입한다.
② 노선 체계의 효율적 운영, 표준 운송 원가를 통한 경영 효율화, 양질의 버스 서비스 제공이 가능하다.
③ 정부가 버스 노선의 계획, 버스 차량의 공급, 소유 등 버스 운영 전반을 책임지고 민간의 개입을 최소화하는 제도이다.
④ 지방자치단체가 결정한 노선 및 요금으로 인해 발생된 운송 수지 적자에 대해서는 지방자치단체가 보전한다.

해설
버스 준공영제란 운영은 민간, 관리는 공공에서 담당하게 하는 운영체제를 말한다.

### 03 중요

**버스 공영제의 단점에 해당하는 것은?**

① 과도한 버스 운임의 상승
② 업체 간 수익 격차로 서비스 개선 곤란
③ 책임 의식 결여로 생산성 저하
④ 다른 교통수단과의 연계교통체계 구축이 어려움

해설
①, ②, ④는 민영제의 단점이다.

### 04

**민간사업자가 버스운영의 주체가 되는 민영제의 장점이 아닌 것은?**

① 민간회사들이 정부보다 혁신적일 수 있다.
② 타 교통수단과의 연계교통체계 구축이 쉽다.
③ 버스시장의 수요 · 공급 변화에 유연하게 대처할 수 있다.
④ 민간이 버스노선 결정 및 운행서비스를 공급함으로 공급비용을 최소화할 수 있다.

해설
② 타 교통수단과의 연계교통체계 구축이 어렵다.

### ※ 공영제와 민영제의 장단점

| 구분 | 장점 | 단점 |
|---|---|---|
| 공영제 | • 종합적 교통 계획 차원에서 운행 서비스 공급 가능<br>• 수요의 변화 및 노선 조정, 신설, 변경 등이 용이<br>• 연계 · 환승시스템, 정기권 도입 등 효율적 운영체계의 시행<br>• 서비스의 안정적 확보와 개선<br>• 수익 노선 및 비수익 노선에 대해 동등한 양질의 서비스 제공<br>• 저렴한 요금 유지 | • 책임의식 결여로 생산성 저하<br>• 요금인상 압력을 정부가 직접 받아 요금 조정 곤란<br>• 근로자의공무원화로인건비 증가<br>• 노선, 정류장, 인사 등에 관한 외부간섭 증가 |
| 민영제 | • 공급 비용 최소화<br>• 업무 성적과 보상이 연관되어 있고 지출 통제에 엄격한 제한을 받지 않기 때문에 민간회사가 보다 효율적<br>• 수요 공급 체계의 유연성<br>• 행정 및 정부 재정 지원 비용 최소화 | • 노선의 합리적 개편 어려움<br>• 업체 간 수입 격차로 서비스 개선 곤란<br>• 비수익 노선의 운행 서비스 공급 애로<br>• 연계 교통 체계 구축 곤란<br>• 버스 운임 상승 |

## 2 버스 요금제도

### 01

**광역급행형 시내버스 운임의 기준 · 요율 결정 및 신고의 관할관청은?**

① 시 · 도지사　② 국토교통부장관
③ 시장 · 군수　④ 버스 회사 사장

해설
광역급행 시내버스, 시외버스, 고속버스는 국토교통부장관이 운임의 기준 · 요율을 결정한다.

### 02

**시내버스(광역급행형 제외), 농어촌버스의 운임 기준과 요율을 결정하는 자는?**

① 국토교통부장관　② 대통령
③ 시 · 도지사　④ 버스 회사 사장

해설
광역급행형 시내버스는 국토교통부장관이 결정한다.

### 03

**거리운임요율제를 기본으로 하나 기본구간인 10km 이내의 경우 최저 기본운임을 적용하는 버스는?**

① 시내버스　② 시외버스
③ 농어촌버스　④ 마을버스

해설
업종별 요금체계
- 시내 · 농어촌버스 : 단일운임제(동일 특별시 · 광역시 · 시 · 군 내), 구역제 · 구간제 · 거리비례제[시(읍)계 외 지역]
- 시외버스 : 거리운임요율제(기본 구간 10km 기준 최저 기본운임), 거리체감제
- 고속버스 : 거리체감제
- 마을버스 : 단일운임제
- 전세버스 : 자율요금
- 특수여객 : 자율요금

### 04

**마을버스의 운임제에 해당하는 것은?**

① 거리운임요율제　② 장거리체감제
③ 자율요금제　④ 단일운임제

### 05

**버스 업종별 요금체계에 대한 설명으로 알맞지 않은 것은?**

① 시내 · 농어촌버스는 동일 특별시 · 광역시 · 시 · 군 내에서는 단일운임제, 시(읍)계 외 지역에서는 구역제 · 구간제 · 거리비례제이다.
② 고속버스는 거리체감제이다.
③ 마을버스는 단일운임제이다.
④ 전세버스는 거리체감제이다.

해설
전세버스는 자율요금제이다.

※ 업종별 요금체계 및 관할 관청

| 구분 | 세부 업종 | 요금체계 | 운임기준 · 요율 결정 | 신고 |
|---|---|---|---|---|
| 노선 운송 사업 | 시내 · 농어촌 | • 동일 특별시 · 광역시 · 시 · 군 내에서는 단일운임제<br>• 시(읍)계 외 지역에서는 구역제 · 구간제 · 거리비례제 | 시 · 도지사<br>※광역급행형 : 국토교통부장관 | 시장 군수 |
| | 시외 | • 거리운임요율제(기본 구간 10km 기준 최저 기본운임)<br>• 거리체감제 | 국토교통부장관 | 시 · 도지사 |
| | 고속 | 거리체감제 | 국토교통부장관 | 시 · 도지사 |
| | 마을 | 단일운임제 | 시장 · 군수 | 시장 군수 |
| 구역 운송 사업 | 전세 | 자율요금 | 자율요금 | |
| | 특수 여객 | | | |

## 3 간선급행버스체계

### 01

**땅 위의 지하철이라 불리며 도심과 외곽을 잇는 주요 간선도로에 버스전용차로를 설치하여 급행버스를 운행하게 하는 대중교통시스템은?**

① BRT　② IBS
③ ITS　④ BMS

해설

간선급행버스체계(BRT;Bus Rapid Transit) : 도심과 외곽을 잇는 주요 간선도로에 버스전용차로를 설치하여 급행버스를 운행하게 하는 대중교통시스템

## 02 중요

**간선급행버스체계(BRT)의 도입 배경으로 알맞지 않은 것은?**

① 교통체증의 지속
② 대중교통 이용률 상승
③ 도로와 교통시설 증가의 둔화
④ 도로 및 교통시설에 대한 투자비의 급격한 증가

해설

간선급행버스체계(BRT)의 도입 배경
- 도로와 교통시설 증가의 둔화
- 대중교통 이용률 하락
- 교통체증의 지속
- 도로 및 교통시설에 대한 투자비의 급격한 증가
- 신속하고, 양질의 대량수송에 적합한 저렴한 비용의 대중교통 시스템 필요

## 03

**간선급행버스체계에 대한 내용으로 옳지 않은 것은?**

① 도심과 외곽을 잇는 주요 간선도로에 버스전용차로를 설치하여 급행버스를 운행하게 하는 대중교통시스템이다.
② 간선급행버스체계 운영을 위해서는 통행권 확보, 교차로 시설 개선, 자동차 개선, 환승시설 개선, 운행관리시스템 등이 필요하다.
③ 간선급행버스체계 도입으로 막대한 도로 및 교통시설에 대한 투자비가 증가하였다.
④ 환경친화적인 고급버스를 제공함으로써 버스에 대한 이미지 혁신이 가능해졌다.

해설

교통시설에 대한 투자비 증가는 간선급행버스체계의 도입 배경 중 하나이다.

# 4 버스정보시스템과 버스운행관리시스템

## 01

**버스운전자의 버스운행관리시스템 기대 효과에 해당하지 않는 것은?**

① 운행정보 인지로 정시 운행
② 교통사고율 감소 및 보험료 절감
③ 앞차와 뒤차 간의 간격 인지로 차간 간격 조정 운행
④ 운행 상태가 완전히 노출되어 운행 질서 확립

해설

②는 버스 회사의 기대 효과에 해당한다.

## 02

**버스정보시스템(BIS) 도입을 통해 기대할 수 있는 효과와 거리가 먼 것은?**

① 승객의 불필요 대기 시간 감소
② 운행 상태의 완전 노출로 운행 질서 확립 가능
③ 교통체증의 효과적 개선
④ 국민의 대중교통 이용 흡수 활성화

해설

교통체증을 개선하고자 하는 목적보다는 승객과 운전자를 위한 첨단 편의 시스템에 해당한다.

## 03 중요

**BMS(Bus Management System)의 주목적으로 옳은 것은?**

① 정류장 내 버스 도착 예정 시간 안내
② 버스 이용자에 대한 편의 제공
③ 버스 운행 및 이력 관리, 버스운행정보 제공
④ 운행 정보의 모바일 실시간 서비스 제공

# 5 버스전용차로

## 01

**국내에서 시행 중인 고속도로 버스전용차로에 대한 설명으로 옳은 것은?**

① 평일, 토요일, 공휴일의 시행구간은 경부고속

도로 한남대교 남단부터 오산 IC까지이다.
② 매일 양방향 07:00부터 21:00까지 시행한다.
③ 설날 및 명절 연휴 전날에만 신탄진 IC까지 연장 시행한다.
④ 9인승 이상 승용자동차 및 승합자동차로 6인 이상이 승차한 경우에 이용이 가능하다.

해설
① 경부고속도로 한남대교 남단부터 오산 IC까지는 평일에만 시행한다.
② 평일, 토요일 · 공휴일에 시행하며, 설날 · 추석 연휴 및 연휴 전날에는 07:00부터 다음날 01:00까지 시행한다.
③ 토요일, 공휴일, 설날 · 추석 연휴, 연휴 전날에 연장 시행한다.

## 02

**버스전용차로의 개념으로 옳지 않은 것은?**

① 버스전용차로는 버스가 전용으로 신속하게 통행할 수 있도록 설정된 차로를 말한다.
② 버스전용차로는 통행방향과 차로 위치에 따라 가로변 · 역류 · 중앙버스전용차로로 구분할 수 있다.
③ 버스전용차로의 설치로 인하여 일반차량의 교통상황이 나빠지는 문제가 발생할 수 있다.
④ 교통정체가 심하지 않고, 버스 통행량이 일정 수준 이상인 구간에 설치되는 것이 바람직하다.

해설
버스전용차로를 설치하여 효율적으로 운영하기 위해서는 전용차로를 설치하고자 하는 구간의 교통정체가 심한 곳, 버스 통행량이 일정 수준 이상이고 승차정원이 한 명인 승용차의 비중이 높은 구간, 편도 3차로 이상 등 도로 기하구조가 전용차로를 설치하기 적당한 구간, 대중교통 이용자들의 폭넓은 지지를 받는 구간에 설치되는 것이 바람직하다.

## 03 중요

**중앙 버스전용차로의 장점에 해당하지 않는 것은?**

① 버스의 운행속도를 높이는 데 도움이 된다.
② 가로변 상업 활동이 보장된다.
③ 적은 비용으로 운영이 가능하다.
④ 교통정체가 심한 구간에서 더욱 효과적이다.

해설
여러 가지 안전시설 등의 설치 및 유지로 인한 비용이 많이 든다.

## 04

**중앙 버스전용차로의 단점이 아닌 것은?**

① 승용차를 포함한 다른 차량들은 버스의 정차로 인한 불편을 감수해야 한다.
② 이용자가 횡단보도를 통해 정류소로 이동함에 따라 정류소 접근 시간이 늘어난다.
③ 보행자의 무단횡단에 의한 사고 위험성이 증가한다.
④ 안전시설의 설치 및 유지에 비용이 많이 든다.

해설
중앙 버스전용차로는 버스의 운행 속도를 높이는 데 도움이 되며 승용차를 포함한 다른 차량들은 버스의 정차로 인한 불편을 피할 수 있다.

## 05

**역류 버스전용차로에 대한 설명으로 적절한 것은?**

① 시행 준비가 까다롭고 투자비용이 많이 소요된다.
② 가로변 상업 활동이 보장된다.
③ 전용차로 위반차량이 많이 발생한다.
④ 대중교통 이용자의 증가를 도모할 수 있다.

해설
②, ④ 중앙 버스전용차로의 장점
③ 가로변 버스전용차로의 단점

## 06 중요

**가로변 버스전용차로의 단점에 해당하지 않는 것은?**

① 시행이 간편하고, 운영 비용이 저렴하다.
② 가로변 상업활동과 상충될 수 있다.
③ 위반 차량이 많이 발생할 수 있다.
④ 우회전 차량과 충돌 위험이 존재한다.

해설
① 가로변 버스전용차로의 장점에 해당한다. 또한, 기존 가로망 체계에 미치는 영향이 적으며 시행 후 보완 및 원상 복귀가 용이하다.

## 07

**버스전용차로가 필요한 구간으로 적절하지 않은 것은?**

① 교통 정체가 심한 곳
② 편도 3차로 이상 등 도로 기하 구조가 전용차로를 설치하기 적당한 구간
③ 승차인원이 1명인 자동차의 비중이 낮고 버스 통행량이 적은 구간
④ 대중교통 이용자들의 폭넓은 지지를 받는 구간

해설
승차인원이 1명인 자동차의 비중이 높고 버스 통행량이 일정 수준 이상인 구간에 설치되는 것이 좋다.

더 알아보기

**버스전용차로가 필요한 구간**
- 교통 정체가 심한 곳
- 버스 통행량이 일정 수준 이상이고 승차인원 1명인 승용차 비중이 높은 구간
- 편도 3차로 이상 등 전용차로를 설치하기에 적당한 구간
- 대중교통 이용자들의 폭넓은 지지를 받는 구간

### ※ 버스전용차로 유형별 장단점

| 구분 | 장점 | 단점 |
|---|---|---|
| 가로변 버스 전용 차로 | • 시행 간편<br>• 운영 비용 저렴<br>• 기존 가로망 체계에 미치는 영향 적음<br>• 시행 후 보완 및 원상 복귀 용이 | • 시행 효과 미미<br>• 가로변 상업활동과 상충<br>• 위반 차량 많이 발생<br>• 우회전 차량과 충돌 위험 존재<br>• 버스전용차로에 주 · 정차 근절 어려움 |
| 역류 버스 전용 차로 | • 대중교통의 정시성 제고<br>• 가로변에 설치된 일방통행의 장점 유지 가능 | • 일방통행로에서 보행자가 버스전용차로의 진행 방향만 확인하는 경향으로 보행자 사고 증가<br>• 잘못 진입한 차량으로 인해 교통 혼잡 발생<br>• 가로변 버스전용차로에 비해 시행 비용이 많이 듦<br>• 시행 준비가 까다로움<br>• 많은 투자비용 소요 |
| 중앙 버스 전용 차로 | • 일반 차량과의 마찰 최소화<br>• 교통정체가 심한 구간에서 효과적<br>• 대중교통의 통행속도 제고<br>• 정시성 확보<br>• 대중교통 이용률 증가<br>• 가로변 상업활동 보장 | • 무단횡단 등 안전 문제 발생(보행자 사고 위험성 증가)<br>• 전용차로 우회전 버스와 일반차로 좌회전 차량의 체계적 관리 필요<br>• 일반 차로의 통행량이 다른 전용차로에 비해 많이 감소<br>• 승하차 정류소에 대한 보행자의 접근거리가 길어짐<br>• 설치비용 많이 소요(안전시설 설치) |

## 6 교통카드 시스템

**01**

**IC방식(스마트카드) 교통카드의 특징이 아닌 것은?**

① 카드에 기록된 정보를 암호화할 수 없다.
② 반도체 칩을 이용해 정보를 기록한다.
③ 자기카드보다 수백 배 이상 정보 저장이 가능하다.
④ 보안성이 자기카드보다 높다.

해설
① 카드에 기록된 정보를 암호화할 수 있다.

**02**

**반도체 칩을 이용하여 정보를 기록하는 방식으로 카드에 기록된 정보를 암호화할 수 있는 교통카드의 종류는?**

① 선불식　② MS방식
③ 후불식　④ IC방식

해설
IC방식(스마트카드) : 반도체 칩에 정보 기록, 다량 정보 저장 가능, 암호화 가능

**03**

**다음 중 IC카드가 아닌 것은?**

① 접촉식 카드　② 비접촉식 카드
③ 하이브리드 카드　④ 마그네틱 카드

해설

IC카드의 종류 : 접촉식, 비접촉식, 하이브리드, 콤비

## 04

**교통카드 시스템의 운영자 측의 효과로 거리가 먼 것은?**

① 수입관리 용이
② 운송 수익 증대
③ 현금 소지 불편 해소
④ 다양한 요금체계 대응

해설

③은 교통카드 시스템을 이용자가 사용하였을 때의 효과로 적절하다.

## 05

**교통카드시스템의 도입 효과에 대한 설명으로 옳지 않은 것은?**

① 운영자 – 대중교통 이용률 감소에 따른 운송수익의 감소
② 이용자 – 하나의 카드로 다수의 교통수단 이용 가능
③ 정부 – 교통정책 수립 및 교통요금 결정의 기초자료 확보
④ 이용자 – 요금할인 등으로 교통비 절감

해설

운영자 측면
- 대중교통 이용률 증가에 따른 운송수익의 증대
- 운송수입금 관리 용이
- 요금집계업무의 전산화를 통한 경영합리화
- 정확한 전산실적자료에 근거한 운행효율화
- 다양한 요금체계에 대응(거리비례제, 구간요금제 등)

## 06

**교통카드 시스템과 관련하여 정부입장과 거리가 먼 것은?**

① 교통환경 개선
② 재정 수입 증대
③ 첨단교통체계의 기반 마련
④ 요금 결정의 자료 확보

해설

교통카드 시스템 효과
- 이용자 : 현금 소지 불편 해소, 신속한 징수, 교통비 절감, 다양한 교통수단 이용
- 운영자 : 수입 관리 용이, 경영 합리화, 운송 수익 증대, 운행 효율화, 다양한 요금체계 대응
- 정부 : 교통환경 개선, 첨단교통체계의 기반 마련, 교통정책 수립 및 요금 결정의 자료 확보

# 제4장 운전자 상식 및 응급조치 요령

## 1 운전자 상식

### 01

**버스 교통사고는 다수의 승객을 수송하고 운행거리 및 운행시간이 길어 사고 발생률이 높다. 버스 교통사고의 발생 빈도가 높은 순서대로 바르게 나열한 것은?**

① 버스정류소 → 주행 중인 도로상 → 교차로 → 횡단보도
② 주행 중인 도로상 → 버스정류소 → 교차로 → 횡단보도
③ 교차로 → 버스정류소 → 주행 중인 도로상 → 횡단보도
④ 교차로 → 주행 중인 도로상 → 버스정류소 → 횡단보도

해설
버스 사고는 주행 중인 도로상, 버스정류소, 교차로 부근, 횡단보도 부근 순으로 많이 발생한다.

### 02

**버스 운전석의 위치나 승차정원에 따른 종류가 아닌 것은?**

① 초고상버스 ② 보닛버스
③ 코치버스 ④ 캡 오버 버스

해설
①은 버스차량 바닥의 높이에 따른 종류에 해당한다.

### 03

**튜브리스 타이어를 장착해야 하는 버스가 아닌 것은?**

① 농어촌버스 ② 시외직행버스
③ 시외고속버스 ④ 시외우등고속버스

해설
시외우등고속버스, 시외고속버스 및 시외직행버스의 앞바퀴 타이어는 튜브리스 타이어를 사용해야 한다.

### 04

**교통사고조사규칙에 따른 대형사고에 해당하는 것은?**

① 3명 이상이 사망한 사고
② 5명 이상의 사상자가 발생한 사고
③ 10명 이상의 사상자가 발생한 사고
④ 교통사고 발생일로부터 30일 이내에 사망한 사람이 2명인 사고

해설
교통사고조사규칙에 따른 대형사고 : 3명 이상이 사망(교통사고 발생일로부터 30일 이내에 사망한 것), 20명 이상의 사상자가 발생한 사고

※ **교통사고의 용어**(교통사고조사규칙)

|  |  |
|---|---|
| 충돌 | 차가 반대방향 또는 측방에서 진입하여 그 차의 정면으로 다른 차의 정면 또는 측면을 충격한 것 |
| 추돌 | 2대 이상의 차가 동일방향으로 주행 중 뒤차가 앞차의 후면을 충격한 것 |
| 접촉 | 차가 추월, 교행 등을 하려다 차의 좌우 측면을 서로 스친 것 |
| 전도 | 차가 주행 중 도로 또는 도로 이외의 장소에 차체의 측면이 지면에 접하고 있는 상태(좌측면이 지면에 접혀 있으면 좌전도, 우측면이 지면에 접해 있으면 우전도) |
| 전복 | 차가 주행 중 도로 또는 도로 이외의 장소에 뒤집혀 넘어진 것 |
| 추락 | 차가 도로변 절벽 또는 교량 등 높은 곳에서 떨어진 것 |

**더 알아보기**

**(1) 버스 운전석의 위치나 승차정원에 따른 버스의 종류**
① 보닛버스 : 운전석이 엔진 뒤쪽에 있는 버스
② 캡오버버스 : 운전석이 엔진 위에 있는 버스
③ 코치버스 : 3~6명 정도의 승객이 승차 가능하며 화물실이 밀폐되어 있는 버스
④ 마이크로버스 : 승차정원이 16명 이하의 소형 버스

**(2) 버스차량 바닥의 높이에 따른 버스의 종류**
① 고상버스 : 가장 보편적으로 이용되는 차, 바닥을 높게 설계한 차량
② 초고상버스 : 차 바닥을 3.6m 이상 높게 설계, 주로 관광버스로 이용
③ 저상버스 : 차 바닥 낮음, 출입구 계단 없음, 슬로프(경사판) 설치(장애인 승하차), 주로 시내버스로 이용

## 2 응급처치 방법

### 01

**인공호흡법에 대한 설명으로 옳은 것은?**

① 가슴 중앙에 두 손을 올려놓고 팔을 곧게 펴서 바닥과 수직이 되도록 한다.
② 영아는 기도 열기를 한 상태에서 엄지와 검지로 코만 막고 가슴이 충분히 올라갈 정도로 불어넣는다.
③ 엄지와 검지로 환자의 코를 막고 입을 연 상태에서 불어넣는다.
④ 기도 열기를 한 상태에서 이마에 얹은 손의 엄지와 검지로 코를 막고 환자의 입을 완전히 덮은 다음 1초간 가슴이 충분히 올라올 정도로 불어넣는다.

### 02 중요

**다음 설명에 대한 응급처치방법은?**

| 심장의 기능이 정지하거나 호흡이 멈추었을 때에 사용하는 응급처치로 인공호흡과 심장마사지(흉부압박)를 지속적으로 시행하는 일련의 행위를 말한다. |
|---|

① 인공호흡법　② 심장마사지법
③ 심폐소생술　④ 기도확보법

### 03

**부상으로 출혈이 있을 때의 조치방법으로 옳지 않은 것은?**

① 출혈 부위보다 심장에 가까운 쪽을 헝겊으로 지혈될 때까지 꽉 잡아맨다.
② 출혈이 적을 때에는 거즈로 상처를 꽉 누른다.
③ 내출혈 시 쇼크 방지를 위해 허리띠를 졸라 매고 상반신을 높여 준다.
④ 내출혈 시 몸을 따뜻하게 해야 하나 직접 햇볕을 쬐게 하지 않는다.

해설

내출혈 시 쇼크 방지를 위해 옷을 헐렁하게 하고 몸을 따뜻하게 하며 하반신을 높여 준다.

### 04

**차멀미 승객에 대한 대책으로 알맞지 않은 것은?**

① 통풍이 잘되고 비교적 흔들림이 적은 뒤쪽으로 앉도록 한다.
② 심한 경우에는 휴게소 내지는 안전하게 정차할 수 있는 곳에 정차하여 차에서 내려 시원한 공기를 마시도록 한다.
③ 차멀미 승객이 토할 경우를 대비해 위생봉지를 준비한다.
④ 차멀미 승객이 토한 경우에는 주변 승객이 불쾌하지 않도록 신속히 처리한다.

해설

① 통풍이 잘되고 비교적 흔들림이 적은 앞쪽으로 앉도록 한다.

**더 알아보기**

**(1) 인공호흡법**

기도 열기 상태에서 이마에 얹은 손의 엄지와 검지로 코 막기 → 환자의 입을 완전히 덮고 가슴이 충분히 올라올 정도로 1초간 불어넣음 → 코를 막았던 손과 입을 떼었다가 다시 불어넣음

※ 영아는 기도 열기 상태에서 입과 코를 한꺼번에 덮고 가슴이 충분히 올라갈 정도로 1초간 불어넣음

**(2) 가슴압박법**

가슴 중앙에 두 손 올리기(영아는 가슴 중앙의 직하부에 두 손가락으로 실시) → 팔을 곧게 펴서 바닥과 수직이 되게 함 → 체중을 이용하여 4~5cm 깊이(영아는 가슴두께의 1/3~1/2 깊이)로 압박과 이완 반복 → 분당 100회 속도로 빠르고 강하게 압박

## 3 응급상황 대처요령

### 01 중요

**교통사고 발생 시 운전자가 조치해야 할 사항 순서로 옳은 것은?**

① 후방방호 → 탈출 → 연락 → 대기 → 인명구조
② 탈출 → 인명구조 → 후방방호 → 연락 → 대기
③ 대기 → 후방방호 → 인명구조 → 탈출 → 연락
④ 인명구조 → 연락 → 대기 → 후방방호 → 탈출

해설

탈출 즉시 인명구조를 해야 하며 2차 사고 방지를 위한 후방방호를 신속히 취해야 한다.

## 02

**차량고장 시 운전자의 조치사항으로 옳지 않은 것은?**

① 비상주차대에 정차할 때는 타 차량의 주행에 지장이 없도록 정차한다.
② 야간에는 밝은색 옷이나 야광이 되는 옷을 착용하는 것이 좋다.
③ 비상전화를 먼저 한 후 차의 후방에 경고반사판을 설치한다.
④ 비상등을 점멸시키면서 갓길에 바짝 차를 대서 정차한다.

해설

차량고장 시 운전자의 조치사항
- 정차차량의 결함이 심할 때는 비상등을 점멸시키면서 갓길에 바짝 차를 대서 정차한다.
- 차에서 내릴 때에는 옆 차로의 차량 주행 상황을 살핀 후 내린다.
- 야간에는 밝은색 옷이나 야광이 되는 옷을 착용하는 것이 좋다.
- 비상전화를 하기 전에 차의 후방에 경고반사판을 설치해야 하며 특히 야간에는 주의를 기울인다.
- 후방에 대한 안전조치를 취해야 한다.

## 03

**폭설이나 폭우 등 차량 운행이 불가한 재난 발생 시 운전자의 조치사항으로 옳지 않은 것은?**

① 신속히 차량을 안전지대로 이동한다.
② 회사 및 유관기관에 보고하여 구조 차량을 부른다.
③ 승객을 후방에 하차하도록 하여 질서 있게 대기시킨다.
④ 승객을 안심시키고 혼란에 빠지지 않도록 노력한다.

해설

구조 차량 도착 전까지 차내에서 승객을 보호해야 한다.

### ※ 교통사고 발생 시 운전자의 조치사항

| | |
|---|---|
| 탈출 | 엔진을 멈추고 연료가 인화되지 않도록 조치한 후 사고차량으로부터 신속히 탈출한다. |
| 인명 구조 | • 옷을 헐렁하게 하고 몸을 따뜻하게 하여 쇼크 방지<br>• 하반신을 높임<br>• 햇볕은 직접 쬐게 하지 않음 |
| 후방 방호 | 고장 발생 시와 마찬가지로 통과차량에 알리기 위해 차선으로 뛰어나와 손을 흔드는 등의 위험한 행동을 삼가야 한다. |
| 연락 | 보험회사나 경찰 등에 다음 사항을 연락한다.<br>• 사고발생지점 및 상태<br>• 부상 정도 및 부상자 수<br>• 회사명<br>• 운전자 성명<br>• 화물의 상태<br>• 연료 유출여부 등 |
| 대기 | 대기요령은 고장차량의 경우와 같으나 부상자가 있는 경우 응급처치 등 부상자 구호에 필요한 조치를 한 후 후속차량에 긴급후송을 요청한다. |

# 기출적중모의고사



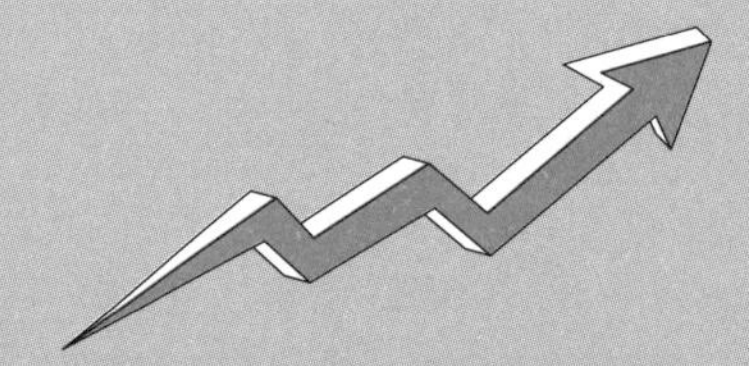

**모든 걸 다 암기하는 것은 어렵습니다.**
지금까지 출제된 기출문제를 통계적으로 분석하여 시험에 나올 만한 문제들만 쏙쏙 뽑아 정리하였습니다. 그리고 자주 출제되는 문제에 중요 표시를 하여 집중적으로 공부할 수 있도록 하였습니다.
중요 문제는 특히 주의해서 보고, 해당하는 이론을 병행하며 공부하면 효율적인 학습이 될 것입니다.

80문항 80분

# 제1회 기출적중모의고사

25문항 교통 · 운수 관련 법규 및 교통사고 유형

**01** 소방시설 주변의 정차와 주차를 금지하는 표시의 색채는?

① 파란색 ② 녹색
③ 빨간색 ④ 분홍색

노면표시의 색채 기준(도로교통법 시행규칙 별표6)
- 노란색 : 중앙선표시, 주차금지표시, 정차 · 주차금지표시, 정차금지지대표시, 보호구역 기점 · 종점 표시의 테두리와 어린이보호구역 횡단보도 및 안전지대 중 양방향 교통을 분리하는 표시
- 파란색 : 전용차로표시 및 노면전차전용로표시
- 빨간색 또는 흰색 : 소방시설 주변 정차 · 주차금지표시 및 보호구역(어린이 · 노인 · 장애인) 또는 주거지역 안에 설치하는 속도제한표시의 테두리선
- 분홍색, 연한녹색 또는 녹색 : 노면색깔유도선표시
- 흰색 : 그 밖의 표시

**02** (중요) 교통사고처리특례법상 중요 법규위반 11개 항목에 해당되지 않는 것은?

① 통행 우선순위를 위반하여 운전한 경우
② 철길건널목 통과방법을 위반하여 운전한 경우
③ 제한속도를 시속 20km 초과하여 운전한 경우
④ 횡단보도에서의 보행자 보호의무를 위반하여 운전한 경우

**03** 특정범죄 가중처벌 등에 관한 법률에 따라 사고운전자가 구조 없이 도주하여 피해자가 사망한 경우 처벌기준은?

① 무기 또는 11년 이상의 징역
② 무기 또는 9년 이상의 징역
③ 무기 또는 7년 이상의 징역
④ 무기 또는 5년 이상의 징역

사고운전자가 피해자를 사망에 이르게 하고 도주하거나 도주 후에 피해자가 사망한 경우에는 무기 또는 5년 이상의 징역에 처한다(특정범죄 가중처벌 등에 관한 법률 제5조의3).

**04** 음주측정 시 혈중알코올농도가 0.03% 이상 0.08% 미만의 수치가 나왔을 때 벌점은?

① 30점 ② 60점
③ 100점 ④ 120점

도로교통법상 혈중알코올농도 0.03% 이상 0.08% 미만일 때 벌점은 100점이다.

**05** (중요) 여객자동차 운수사업법의 제정 목적으로 옳지 않은 것은?

① 여객자동차 운수사업에 관한 질서 확립
② 교통체계의 확립
③ 여객의 원활한 운송
④ 공공복리의 증진

여객자동차 운수사업법은 여객자동차 운수사업에 관한 질서를 확립하고 여객의 원활한 운송과 여객자동차 운수사업의 종합적인 발달을 도모하여 공공복리를 증진하는 것을 목적으로 한다.

**06** 도로교통법령상 1년간 누진 벌점이 몇 점이어야 운전면허가 취소되는가?

① 80점 ② 121점
③ 201점 ④ 271점

1회의 위반 · 사고로 인한 벌점 또는 연간 누산점수가 1년간 121점 이상, 2년간 201점 이상, 3년간 271점 이상에 도달한 때에는 그 운전면허를 취소한다(도로교통법 시행규칙 별표28).

**07** (중요) 운송사업자가 지체 없이 보고해야 하는 중대한 교통사고에 해당하지 않는 것은?

① 전복 사고
② 화재가 발생한 사고
③ 중상자 4명 이상이 발생한 사고
④ 사망자 2명 이상이 발생한 사고

여객자동차 운수사업법에 따른 중대한 교통사고 : 전복사고, 화재가 발생한 사고, 사망자 2명 이상이 발생한 사고, 사망자 1명과 중상자 3명 이상이 발생한 사고, 중상자 6명 이상이 발생한 사고

정답 01.③ 02.① 03.④ 04.③ 05.② 06.② 07.③

**08 운전자가 고속도로 갓길 운전을 하였을 경우 처벌 벌점은?**

① 10점
② 30점
③ 40점
④ 60점

 고속도로 · 자동차전용도로 갓길 통행 시 벌점 30점이다.

**09 좁은 도로에서 사람을 태웠거나 물건을 실은 자동차와 동승자가 없고 물건을 싣지 않은 자동차가 서로 마주보고 진행할 경우 진로를 양보해야 하는 경우는?**

① 사람을 태운 자동차
② 짐을 실은 자동차
③ 내려가는 자동차
④ 올라가는 자동차

 비탈진 좁은 도로에서 자동차가 서로 마주보고 진행하는 경우에는 올라가는 자동차에게 진로를 양보한다.

**10 신호등 없는 교차로를 통행하면서 교통사고를 야기한 경우 운전자 과실이 아닌 것은?**

① 선진입한 차량에게 진로를 양보하지 않은 경우
② 안전표지가 없어서 일시정지하지 않고 통행한 경우
③ 교통이 빈번한 곳을 통행하면서 일시정지하지 않고 통행한 경우
④ 상대 차량이 보이지 않는 곳에서 일시정지하지 않고 통행한 경우

 ② 일시정지표지, 서행표지, 양보표지가 있는 곳에서 이를 무시하고 통행하는 경우가 운전자 과실에 해당한다.

**11 안전운전 불이행 사고로 운전자 과실이 아닌 것은?**

① 1차 사고에 이은 불가항력적인 2차 사고
② 초보운전으로 인해 운전이 미숙한 경우
③ 차내 대화 등으로 운전을 부주의한 경우
④ 교통 상황에 대한 파악과 적절한 대처가 미흡한 경우

 ① 1차 사고에 이은 불가항력적인 2차 사고나 운전자 과실을 논할 수 없는 사고는 제외한다.

**12 특별교통안전 의무교육을 받아야 하는 대상이 아닌 사람은?**

① 운전면허 취소처분을 받은 사람으로서 운전면허를 다시 받으려는 사람
② 운전면허효력 정지처분을 받게 되거나 받은 초보운전자로서 그 정지기간이 끝나지 아니한 사람
③ 술에 취한 상태에서의 운전에 해당하여 운전면허효력 정지처분을 받은 사람으로서 그 정지기간이 끝나지 않은 사람
④ 운전면허 취소처분 또는 운전면허효력 정지처분이 면제된 사람으로서 면제된 날부터 6개월이 지나지 않은 사람

 ④ 운전면허 취소처분 또는 운전면허효력 정지처분이 면제된 사람으로서 면제된 날부터 1개월이 지나지 않은 사람

**13 다음 중 그 용어 설명이 옳지 않은 것은?**

① 전복－차가 도로변 절벽 또는 교량 등 높은 곳에서 떨어진 것
② 접촉－차가 추월, 교행 등을 하려다가 차의 좌우측면을 서로 스친 것
③ 추돌－2대 이상의 차가 동일방향으로 주행 중 뒤차가 앞차의 후면을 충격한 것
④ 충돌－차가 반대방향 또는 측방에서 진입하여 그 차의 정면으로 다른 차의 정면 또는 측면을 충격한 것

 ①은 추락에 대한 설명이다.
전복 : 차가 주행 중 도로 또는 이외의 장소에 뒤집혀 넘어진 것

정답 08.② 09.④ 10.② 11.① 12.④ 13.①

**14 일시정지에 대한 설명으로 옳은 것은?**

① 운전가가 5분을 초과하지 아니하고 차를 정지시키는 것을 말한다.
② 차를 즉시 정지시킬 수 있는 정도의 느린 속도로 진행 하는 것을 말한다.
③ 운전자가 차에서 떠나서 즉시 그 차를 운전할수 없는 상태를 두는 것을 말한다.
④ 반드시 차가 멈추고 얼마간의 시간 동안 정지 상태를 유지해야 하는 것을 말한다.

일시정지란 차 또는 노면전차의 운전자가 그 차 또는 노면전차의 바퀴를 일시적으로 완전히 정지시키는 것을 말한다.

**15 버스운전자격시험 필기시험은 총점의 몇 할 이상을 얻어야 합격할 수 있는가?**
중요

① 5할 ② 6할
③ 7할 ④ 8할

**버스운전자격시험 실시방법 및 합격자 결정**(여객자동차 운수사업법 시행규칙 제52조)

| 실시방법 | 필기시험 |
|---|---|
| 합격자 결정 | 필기시험 총점의 6할 이상을 얻을 것 |

**16 다음 중 서행이 아닌 일시정지해야 할 장소는?**
중요

① 도로가 구부러진 부근
② 가파른 비탈길의 내리막
③ 비탈길의 고갯마루 부근
④ 시 · 도경찰청장이 안전표지로 지정한 곳

①, ②, ③은 서행해야 하는 장소에 해당한다.

**17 차의 급제동으로 타이어의 회전이 정지된 상태에서 노면에 미끄러져 생긴 타이어 마모흔적 또는 활주흔적으로 옳은 것은?**

① 스탠딩 웨이브 ② 페이드 현상
③ 스키드 마크 ④ 요 마크

**18 여객자동차 운수사업법령상 교통사고로 인하여 사망자 2명 이상의 사망자가 발생한 경우 운전자격의 처분기준으로 옳은 것은?**

① 자격정지 60일
② 자격정지 50일
③ 자격정지 40일
④ 자격취소

교통사고로 사망자 2명 이상은 자격정지 60일, 사망자 1명 및 중상자 3명 이상은 자격정지 50일, 중상자 6명 이상은 자격정지 40일이다(여객자동차 운수사업법 시행규칙 별표5).

**19 사고운전자가 형사처벌의 대상이 되는 경우로 옳지 않은 것은?**
중요

① 사망사고
② 신호 · 지시 위반 사고
③ 15km/h 초과한 과속 사고
④ 횡단 · 유턴 또는 후진 중 사고

③ 20km/h를 초과한 과속 사고

**20 어린이통학버스를 신고하지 않고 운행한 운영자에게 부과되는 과태료 금액은?**

① 6만 원 ② 10만 원
③ 20만 원 ④ 30만 원

어린이통학버스를 운영하려는 자는 행정안전부령으로 정하는 바에 따라 미리 관할 경찰서장에게 신고하고 신고증명서를 발급받아야 한다(도로교통법 제52조제1항). 이에 위반하여 어린이통학버스를 신고하지 않고 운행한 운영자에게는 30만 원의 과태료를 부과한다(도로교통법 시행령 별표6).

정답 14.④ 15.② 16.④ 17.③ 18.① 19.③ 20.④

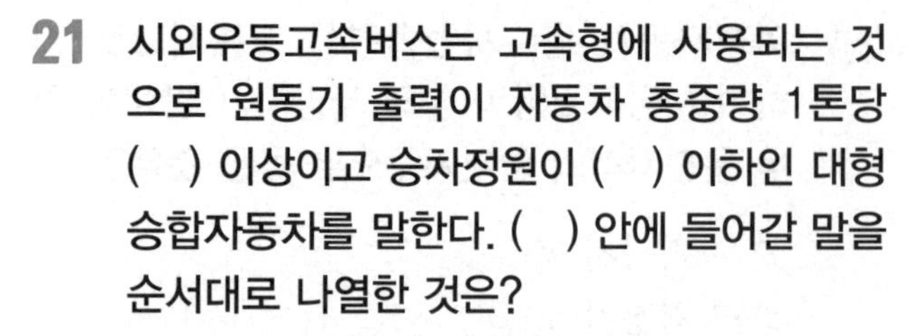

**21** **시외우등고속버스는 고속형에 사용되는 것으로 원동기 출력이 자동차 총중량 1톤당 (   ) 이상이고 승차정원이 (   ) 이하인 대형승합자동차를 말한다. (   ) 안에 들어갈 말을 순서대로 나열한 것은?**

① 20마력, 29인승　② 30마력, 29인승
③ 20마력, 30인승　④ 30마력, 30인승

해설 시외우등고속버스는 고속형에 사용되는 것으로서 원동기 출력이 자동차 총 중량 1톤당 20마력 이상이고 승차정원이 29인승 이하인 대형승합자동차를 말한다(여객자동차 운수사업법 시행규칙 별표1).

**22** **운송사업자가 전월 말일 현재의 운수종사자 현황을 시 · 도지사에게 알려야 하는 기간으로 옳은 것은?**

① 매월 10일까지　② 매월 15일까지
③ 매월 20일까지　④ 매월 30일까지

해설 운송사업자(자동차 1대로 운송사업자가 직접 운전하는 여객자동차운송사업의 경우는 제외)는 운수종사자에 대한 다음 각 호의 사항을 각각의 기준에 따라 시 · 도지사에게 알려야 한다(여객자동차 운수사업법 제22조).
1. 신규 채용하거나 퇴직한 운수종사자의 명단(신규 채용한 운수종사자의 경우에는 보유하고 있는 운전면허의 종류와 취득 일자를 포함한다) : 신규 채용일이나 퇴직일부터 7일 이내
2. 전월 말일 현재의 운수종사자 현황 : 매월 10일까지
3. 전월 각 운수종사자에 대한 휴식시간 보장내역 : 매월 10일까지

**23** **다음 중 무면허 운전의 유형으로 틀린 것은?**

① 제1종운전면허로 제2종운전면허가 필요한 자동차를 운전하는 행위
② 제1종대형면허로 특수면허가 필요한 자동차를 운전하는 행위
③ 운전면허 취소처분을 받은 후에 운전하는 행위
④ 운전면허시험에 합격한 후 운전면허증을 발급받기 전에 운전하는 행위

해설 ① 제2종운전면허로 제1종운전면허가 필요한 자동차를 운전하는 행위는 무면허 운전의 유형에 해당한다.

**24** 중요 **노선 여객자동차운송사업에 해당하지 않는 것은?**

① 시내버스운송사업
② 마을버스운송사업
③ 농어촌버스운송사업
④ 전세버스운송사업

해설 노선 여객자동차운송사업 : 자동차를 정기적으로 운행하려는 구간을 정하여 여객을 운송하는 사업

**25** 중요 **다음 중 난폭운전의 사례에 해당하지 않는 것은?**

① 지그재그로 운전하는 경우
② 급차로 변경이나 좌 · 우로 핸들을 급조작하는 경우
③ 다른 사람의 통행을 현저히 방해하는 운전을 하는 경우
④ 인식할 수 없는 과실로 다른 사람에게 위해를 가한 경우

해설 ④ 고의나 인식할 수 있는 과실로 다른 사람에게 현저한 위해를 초래하는 운전을 하는 경우

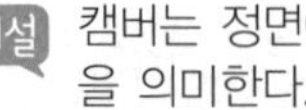

15문항 자동차 관리 요령

**26** 중요 **자동차가 하중을 받았을 때 앞 차축의 휨을 방지하고 조향 핸들의 조작을 가볍게 하는 장치는?**

① 캠버　② 토인
③ 캐스터　④ 스태빌라이저

해설 캠버는 정면에서 보았을 때 앞바퀴가 수직선과 이루는 각을 의미한다. 캠버는 수직 방향 하중에 의한 앞 차축의 휨을 방지하며, 조향핸들의 조작을 가볍게 하는 역할을 한다.

정답 21.① 22.① 23.① 24.④ 25.④ 26.①

**27** 중요 **엔진 오버히트가 발생할 때의 안전조치로 옳지 않은 것은?**

① 비상경고등을 작동한 후 도로 가장자리로 이동하여 정차한다.
② 여름에는 에어컨, 겨울에는 히터의 작동을 중지한다.
③ 엔진이 멈춘 후 보닛을 열어 엔진을 충분히 냉각시킨다.
④ 특이한 사항이 없다면 냉각수를 보충하여 운행한다.

③ 엔진이 작동하는 상태에서 보닛을 열어 엔진을 충분히 냉각시킨 후 냉각수 양 점검, 라디에이터 호스 연결 부위 등의 누수여부 등을 확인한다.

**28** **공기식 브레이크에 대한 설명으로 옳지 않은 것은?**

① 자동차 중량 제한이 없다.
② 베이퍼 록 현상 발생의 염려가 없다.
③ 페달을 밟는 양에 따라 제동력 조절이 가능하다.
④ 엔진 출력을 이용하므로 연료소비량이 감소한다.

④ 엔진 출력을 이용하므로 연료소비량이 증가한다.

**29** **계기판에서 엔진냉각수의 온도를 나타내는 것은?**

① 연료계 ② 수온계
③ 속도계 ④ 회전계

해설 ① 연료계 : 연료탱크에 남아 있는 연료의 잔류량
③ 속도계 : 자동차의 단위시간당 주행거리
④ 회전계 : 엔진의 분당 회전수

**30** **교통사고 발생 시 운전자의 목과 머리 부분 부상을 방지하는 장치는?**

① V벨트 ② 안전벨트
③ 머리지지대 ④ 에어백

해설 머리지지대(머리, 목 받침대)는 사고 발생 시 머리와 목을 보호하는 역할을 한다.

**31** **경제적 운행으로 볼 수 없는 것은?**

① 트렁크나 화물칸에 불필요한 짐이나 화물을 싣고 운행하지 않는다.
② 사전에 목적지를 파악하고 출발한다.
③ 타이어의 공기압을 적정하게 유지한다.
④ 창문을 열고 고속으로 주행한다.

해설 ④ 창문을 열고 고속주행을 하지 않는다.

**32** **수동변속기와 비교하였을 때 자동변속기의 특징에 대한 설명으로 옳지 않은 것은?**

① 발진과 가감속이 원활하여 승차감이 좋다.
② 조작 미숙으로 인한 시동 꺼짐이 없다.
③ 구조가 복잡하고 가격이 비싸다.
④ 차를 밀거나 끌어서 시동을 걸 수 있다.

④ 차를 밀거나 끌어서 시동을 걸 수 없다.

**33** **노면으로부터 전달되는 각종 충격을 흡수하여 차체나 승객 등을 보호하는 역할을 하는 장치는?**

① 조향장치 ② 현가장치
③ 제동장치 ④ 동력전달장치

현가장치의 기능으로는 차체가 노면에서 받는 충격 완화, 차체 무게 지탱, 적정한 자동차의 높이 유지, 휠 얼라인먼트 유지, 타이어 접지 상태 유지, 주행 방향 조정 등을 들 수 있다.

정답 27.③ 28.④ 29.② 30.③ 31.④ 32.④ 33.②

**34** 중요 **세차할 때 주의사항으로 옳지 않은 것은?**

① 전용 세척제를 사용하여 세차한다.
② 엔진룸은 에어를 사용하여 세척한다.
③ 왁스가 묻어 있는 걸레로 전면유리를 닦는다.
④ 겨울철에 세차할 경우에는 물기를 완전히 제거한다.

③ 기름 또는 왁스가 묻어 있는 걸레로 전면유리를 닦지 않는다.

**35 자동차 튜닝검사 신청 서류가 아닌 것은?**

① 보험가입 증명서
② 튜닝 전 · 후의 주요 제원 대비표
③ 자동차검사신청서
④ 튜닝승인서

튜닝검사 신청 서류 : 자동차검사신청서, 말소등록사실증명서, 튜닝승인서, 튜닝 전 · 후의 주요 제원 대비표, 튜닝 전 · 후의 자동차외관도(외관의 변경이 있는 경우만 해당), 튜닝하려는 구조 · 장치의 설계도(자동차관리법 시행규칙 제78조)

**36 클러치 차단이 잘 되지 않는 원인으로 틀린 것은?**

① 유압장치에 공기 혼입
② 릴리즈 베어링의 손상
③ 클러치 구성부품의 심한 마멸
④ 클러치 페달의 자유간극이 적음

④ 클러치 페달의 자유간극이 클 때 클러치 차단이 안 되는 원인이 된다.

**37 튜브리스타이어에 대한 특성으로 옳지 않은 것은?**

① 공기압 유지 성능 좋음
② 못에 찔려도 급격한 공기 누출 없음
③ 유리조각에 손상된 경우 수리 용이함
④ 림 변형 시 밀착 불량으로 공기가 새기 쉬움

③ 일반 펑크 수리는 간단하나 유리조각 등에 손상된 경우 수리하기 어렵다.

**38 운행 전 차량 외관점검 사항으로 옳지 않은 것은?**

① 클러치 작동 ② 유리의 상태
③ 후사경 위치 ④ 번호판 손상

① 클러치 작동 점검은 운행 중 점검할 수 있는 사항이다.

**39** 중요 **자동차 운행으로 다른 사람이 사망한 경우 책임보험이나 책임공제에 가입하지 않았을 때 가입하지 않은 기간이 10일 이내인 경우의 과태료는?**

① 3만 원 ② 5만 원
③ 7만 원 ④ 10만 원

자동차 보험 및 공제 미가입에 따른 과태료(자동차손해배상보장법 시행령 별표5)
- 가입하지 않은 기간이 10일 이내인 경우 : 3만 원
- 가입하지 않은 기간이 10일을 넘는 경우 : 3만 원에 11일째부터 계산하여 1일마다 8천 원을 더한 금액
- 최고 한도 금액 : 자동차 1대당 100만 원

**40 구조, 장치변경 승인이 불가한 항목이 아닌 것은?**

① 최대안전경사각도 및 최소회전반경 튜닝
② 차량의 총중량이 증가되는 튜닝
③ 자동차의 종류가 변경되는 튜닝
④ 승차정원이 증가하는 승차장치의 튜닝

③은 승인 불필요 대상이다.

25문항 안전운행 요령

**41** 중요 **자동차 페이드 현상에 대한 설명으로 옳지 않은 것은?**

① 브레이크 제동력이 감소되는 현상이다.
② 드럼식 브레이크에서 빈번하게 발생한다.
③ 풋 브레이크의 지나친 사용으로 일어난다.
④ 주로 겨울철에 대표적으로 많이 나타난다.

④ 주로 무더운 날씨를 보이는 여름에 많이 나타난다.

정답 34.③ 35.① 36.④ 37.③ 38.① 39.① 40.③ 41.④

**42** 운전자가 전방에 있는 대상물의 거리를 눈으로 측정하는 기능은?

① 시야 ② 심시력
③ 정지시력 ④ 동체시력

 전방에 있는 대상물까지의 거리를 목측하는 것을 심경각이라고 하며, 그 기능을 심시력이라고 한다.

**43** 알코올이 운전에 미치는 영향으로 옳지 않은 것은?

① 차의 균형을 유지하기 어려워진다.
② 긴장을 풀어 주어 주의력을 향상시킨다.
③ 위험한 상황에 직면했을 때 적절하게 대처할 수 있는 능력이 상실된다.
④ 차선을 지키거나 옆에서 달려가는 차와의 간격을 유지하는 데 실패한다.

 ② 알코올은 주의 집중능력을 감소시켜 사고 확률이 높아진다.

**44** 야간에 하향 전조등만으로 사람이라는 것을 확인하기 쉬운 옷 색깔을 순서대로 나열한 것은?

① 흑색 · 적색 · 백색
② 백색 · 흑색 · 적색
③ 적색 · 백색 · 흑색
④ 적색 · 흑색 · 백색

 야간에 하향 전조등만으로 사람이라는 것을 확인하기 쉬운 옷 색깔은 적색, 백색의 순이며, 흑색이 가장 확인하기 어렵다.

**45** 길어깨의 기능에 대한 설명으로 옳지 않은 것은?

① 보도가 없는 도로에서는 보행자의 통행 장소로 제공된다.
② 곡선도로의 시거가 감소하여 교통의 안전성이 확보된다.
③ 고장차가 대피할 수 있는 공간을 제공하여 교통 혼잡을 방지한다.
④ 도로관리 작업장이나 지하매설물을 설치할 수 있는 장소를 제공한다.

 시거는 운전자가 자동차의 진행방향에 있는 장애물 또는 위험요소를 인지하고 제동하여 정지하거나 장애물을 피해 주행할 수 있는 거리를 말한다. 길어깨는 곡선도로의 시거를 증가시키기 때문에 교통의 안전성이 확보된다.

**46** 자차가 다른 차를 앞지르기할 때의 방어운전으로 옳지 않은 것은?

① 앞차의 오른쪽으로 앞지르기하지 않는다.
② 앞차가 앞지르기하고 있을 때에 앞지르기를 시도한다.
③ 점선의 중앙선을 넘어 앞지르기하는 때에는 대향차의 움직임에 주의한다.
④ 앞지르기에 필요한 속도가 그 도로의 최고속도 범위 이내일 때 앞지르기를 시도한다.

 ② 앞차가 앞지르기하고 있을 때에는 앞지르기를 시도하지 않는다.

**47** 중요 안전운전을 할 때 주변 확인 시 주의해서 보아야 할 것으로 틀린 것은?

① 보행자 ② 신호등
③ 안전 공간 ④ 다른 차로의 차량

 전방 탐색 시 주의해서 보아야 할 것들은 다른 차로의 차량, 보행자, 자전거 교통의 흐름과 신호등이다. 특히 화물차량 등 대형차가 있을 때는 대형차량에 가린 것들에 대한 단서에 주의한다.

정답 42.② 43.② 44.③ 45.② 46.② 47.③

**48** 방호울타리의 기능으로 옳지 않은 것은?

① 보행자의 무단 횡단을 방지한다.
② 긴급자동차의 주행을 원활하게 한다.
③ 자동차를 정상적인 진행방향으로 복귀시킨다.
④ 탑승자의 상해나 자동차의 파손을 감소시킨다.

해설 ② 포장된 길어깨의 장점에 대한 설명이다.

**49** 안전운행에 대한 설명으로 옳지 않은 것은?

① 운전 중 눈은 한곳에 집중하여 보면서 다른 곳으로 서서히 눈을 돌린다.
② 운전 중 피곤함을 느끼면 운전을 지속하기보다는 차를 멈추도록 한다.
③ 장거리 운행 시 정기적으로 차를 멈추어 차에서 나와 가벼운 체조를 한다.
④ 눈이 감기거나 전방을 제대로 주시할 수 없다면 창문을 연다든가 에어컨의 환기 시스템을 가동하여 신선한 공기를 마신다.

해설 ① 한 곳에 주의가 집중되어 있을 때에는 인지할 수 있는 시야 범위가 좁아지므로, 눈을 계속 움직이면서 시선이 고정되지 않게 하고 주변 상황에 민감하게 반응하여야 한다.

**50** 중앙분리대의 기능에 대한 설명으로 틀린 것은?

① 필요에 따라 유턴을 방지한다.
② 상 · 하 차도의 교통을 분리시켜 정면충돌사고를 방지한다.
③ 야간 주행 시 대향차의 전조등 불빛에 의한 눈부심을 방지한다.
④ 평면교차로가 있는 도로에서는 폭이 충분할 때 우회전 차로로 활용할 수 있어 교통소통에 유리하다.

해설 ④ 평면교차로가 있는 도로에서는 폭이 충분할 때 좌회전 차로로 활용할 수 있어 교통소통에 유리하다.

**51** 다음 중 커브길 주행방법에 대한 설명으로 옳지 않은 것은?

① 고단 기어로 변속한다.
② 가속페달을 밟아 속도를 서서히 높인다.
③ 회전이 끝나는 부분에 도달하였을 때 핸들을 바르게 한다.
④ 커브길에 진입하기 전 도로 폭을 확인하고 엔진 브레이크를 작동시켜 속도를 줄인다.

해설 ① 감속된 속도에 맞는 기어로 변속한다.

**52** 회전교차로의 일반적인 특징으로 옳지 않은 것은?

① 인접도로 및 지역에 대한 접근성을 높여준다.
② 신호교차로에 비해 유지관리비용이 많이 든다.
③ 신호등이 없는 교차로에 비해 상충 횟수가 적다.
④ 교차로 진입과 대기에 대한 운전자의 의사결정이 간단하다.

해설 회전교차로는 신호교차로에 비해 유지관리비용이 적게 들고, 지체시간이 감소되어 연료소모와 배기가스를 줄일 수 있다.

**53** 안전운행을 위해서는 타이어의 마모상태를 수시로 점검, 관리하여야 한다. 다음 중 타이어의 마모에 영향을 주는 요소로 볼 수 없는 것은?

① 노면상태 ② 공기압
③ 팬벨트 장력 ④ 차의 하중

해설 타이어 마모에 영향을 주는 요소 : 공기압, 차의 하중, 차의 속도, 커브, 브레이크, 노면상태 등

정답 48.② 49.① 50.④ 51.① 52.② 53.③

**54** 고속도로에서 버스전용차로로 통행할 수 있는 차로 틀린 것은?

① 9인승 이상 승용자동차
② 9인승 이상 승합자동차
③ 4명 이상 승차한 10인승 이하 승용자동차
④ 6명 이상 승차한 12인승 이하 승합자동차

고속도로에서 버스전용차로를 통행할 수 있는 차(도로교통법 시행령 별표1) : 9인승 이상 승용자동차 및 승합자동차(승용자동차 또는 12인승 이하의 승합자동차는 6명 이상이 승차한 경우로 한정)

**55** 다음 중 동체시력의 특징에 대한 설명으로 옳지 않은 것은?

① 동체시력은 연령이 높을수록 저하된다.
② 정지시력이 저하되면 동체시력도 저하된다.
③ 동체시력은 조도(밝기)가 낮을수록 저하된다.
④ 동체시력은 물체의 이동속도가 느릴수록 저하된다.

④ 동체시력은 물체의 이동속도가 빠를수록 저하된다.

**56** 중요 운전자가 자동차를 정지시켜야 할 상황임을 지각하고 브레이크로 발을 옮겨 브레이크가 작동을 시작하기 전까지 이동한 거리를 무엇이라 하는가?

① 이동거리 ② 정지거리
③ 공주거리 ④ 제동거리

- 제동거리 : 운전자가 브레이크에 발을 올려 브레이크가 작동을 시작하는 순간부터 자동차가 완전히 정지할 때까지 이동한 거리
- 정지거리 : 공주거리와 제동거리를 합한 거리

**57** 주행 중 차의 앞바퀴가 터졌을 때 방어운전법으로 적절한 것은?

① 다른 차량 주변으로 가깝게 다가간다.
② 핸들을 단단하게 잡아 차가 한쪽으로 쏠리는 것을 막고 의도한 방향을 유지한 다음 속도를 줄인다.
③ 수시로 브레이크 페달을 작동해서 제동이 제대로 되는지를 살펴본다.
④ 차가 한쪽으로 미끄러지는 것을 느끼면 핸들 방향을 그 방향으로 틀어 주며 대처한다.

① 다른 차량 주변으로 가깝게 다가가지 않는다.
③ 미끄러짐 사고 시 방어운전법이다.
④ 뒷바퀴의 바람이 빠졌을 시 방어운전법이다.

**58** 고속도로 진출부에서의 방어운전 요령으로 옳지 않은 것은?

① 진출 차로에서 속도를 줄이면 추돌사고 등 교통사고가 발생할 수 있다.
② 본선 차로에서 천천히 진출부로 진입하여 출구로 이동한다.
③ 본선 진입 전 충분히 가속하여 교통흐름을 방해하지 않도록 한다.
④ 본선 진출의도를 다른 차량에게 방향지시등으로 알린다.

① 고속도로 본선을 저속으로 진입하거나 진입 시기를 잘못 맞추면 추돌사고 등 교통사고가 발생할 수 있다.

정답 54.③ 55.④ 56.③ 57.② 58.①

**59** **평면곡선 도로를 주행할 때 발생할 수 있는 교통사고에 관한 설명으로 옳지 않은 것은?**

① 평면곡선 주행 시 원심력으로 인한 곡선 바깥쪽 진행 증가
② 곡선반경이 클수록 원심력으로 인한 차량 전도 위험 증가
③ 곡선반경이 작을수록 비올 때 노면과의 마찰력이 떨어져 미끄러질 위험 증가
④ 원심력에 의한 도로 외부 쏠림현상으로 차량의 이탈사고 발생

곡선반경이 작은 도로에서 고속으로 주행할 때 원심력으로 인한 차량 전도 위험이 증가할 수 있으며, 차량의 운전자가 급격한 핸들 조작을 하여 차로를 벗어나면 전도, 전복, 추락으로 인한 대형사고가 발생할 수 있다.

**60** 중요 **봄철 자동차 관리사항이 아닌 것은?**

① 냉각장치 점검
② 월동장비 정리
③ 에어컨 작동여부 확인
④ 배터리 및 오일류 점검

① 냉각장치를 필수적으로 점검해야 하는 계절은 여름이다.

**61** 중요 **시가지 이면도로에서의 방어운전으로 옳지 않은 것은?**

① 위험한 대상물에 주의하면서 운전한다.
② 이면도로에서는 항상 보행자의 출현 등 돌발 상황에 대비한다.
③ 자전거나 이륜차가 통행하는 경우 통행 공간을 배려하면서 운전한다.
④ 주 · 정차된 차량이 출발하려는 경우 따라붙거나 속도를 내어 앞지른다.

④ 주 · 정차된 차량이 출발하려는 경우 안전거리를 확보한다.

**62** **교차로 내를 진행하던 중 신호등이 황색 등화로 바뀌었다. 운전자가 취해야 할 가장 알맞은 조치는?**

① 속도를 줄여 서행하면서 진행한다.
② 일시정지하여 좌우를 확인한 후 진행한다.
③ 진행방향의 교차로 밖으로 신속히 빠져나간다.
④ 즉시 정지한 후 후진하여 교차로 밖으로 빠져나간다.

황색 등화 시 차마는 정지선이 있거나 횡단보도가 있을 때에는 그 직전이나 교차로의 직전에 정지하여야 하며, 이미 교차로에 차마의 일부라도 진입한 경우에는 신속히 교차로 밖으로 진행하여야 한다(도로교통법 시행규칙 별표2).

**63** **회전교차로 설치를 통한 교차로 서비스 향상에 대한 설명으로 옳지 않은 것은?**

① 회전교차로는 교통 소통을 향상시킨다.
② 회전교차로는 교차로 안전성을 향상시킨다.
③ 회전교차로는 교차로의 미관 향상을 위해 설치한다.
④ 회전교차로는 대중교통에 우선권을 부여하여 에너지의 효율적 활용에 기여한다.

①, ②, ③ 이외에도 교차로 유지관리비용을 절감하기 위해 회전교차로를 설치한다.

**64** **도로교통의 흐름을 안전하게 유도, 보행자가 도로를 횡단할 때 대피공간을 제공하며, 신호등, 도로표지, 안전표지, 조명 등 노상시설의 설치 장소를 제공하는 곳은?**

① 측대　② 안전지대
③ 중앙분리대　④ 교통섬

교통섬은 도로교통의 흐름을 안전하게 유도하고, 보행자가 도로를 횡단할 때 대피섬을 제공하고, 신호등 · 도로표지 · 안전표지 · 조명 등 노상시설의 설치장소를 제공하기 위해 교차로 또는 차도의 분기점 등에 설치하는 섬 모양의 시설이다.

정답 59.② 60.① 61.④ 62.③ 63.④ 64.④

**65** 다음 빗길 안전운전에 대한 설명으로 옳지 않은 것은?

① 물이 고인 길을 통과할 때에는 속도를 줄여 저속으로 통과한다.
② 비가 내려 노면이 젖은 경우 최고속도의 40%를 줄인 속도로 운행한다.
③ 폭우로 가시거리가 100m 이내인 경우 최고속도의 50%를 줄인 속도로 운행한다.
④ 보행자 옆을 통과할 때에는 속도를 줄여 흙탕물이 튀지 않도록 주의한다.

② 비가 내려 노면이 젖어 있는 경우에는 최고속도의 20%를 줄인 속도로 운행한다.

15문항 운송서비스

**66** 우리나라가 버스 준공영제를 도입하게 된 배경으로 옳지 않은 것은?

① 버스 노선 사유화
② 근로자의 공무원화로 인건비 증가
③ 교통 효율성 제고를 위해 버스 교통 활성화 필요
④ 버스 교통의 공공성에 따른 공공 역할 분담 필요

② 공영제의 단점에 해당한다.

**67** 연고지, 학연 등에 의지하여 직장 생활을 하는 사람의 직업관은 무엇인가?

① 폐쇄적 직업관
② 차별적 직업관
③ 귀속적 직업관
④ 지위 지향적 직업관

① 폐쇄적 직업관 : 신분, 성별 등에 따라 개인의 능력을 발휘할 기회를 차단한다.
② 차별적 직업관 : 육체노동을 천시한다.
④ 지위 지향적 직업관 : 직업생활의 최고목표는 높은 지위에 올라가는 것이라고 생각한다.

**68** 승객이 자동차 멀미를 한다. 다음 중 잘못된 방법은?

① 신선한 공기를 마시게 한다.
② 자동차의 흔들림이 적은 차량 뒷좌석에 앉힌다.
③ 차멀미 승객이 토한 경우에는 신속히 처리한다.
④ 구토를 할 수 있으니 위생봉투를 준비한다.

② 통풍이 잘되고 비교적 흔들림이 적은 앞쪽으로 앉도록 한다.

**69** 중요 운전자가 지켜야 할 기본자세로 옳지 않은 것은?

① 추측운전
② 주의력 집중
③ 교통법규 이해와 준수
④ 배기가스로 인한 대기오염 최소화 노력

운전자는 추측운전을 금하고, 심신상태가 안전된 상태에서 운전기술을 과신하지 않으며 운행해야 한다.

정답 65.② 66.② 67.③ 68.② 69.①

**70** **버스공영제의 장점과 단점에 대한 설명으로 옳지 않은 것은?**

① 과도하게 운임이 상승하게 될 우려가 있다.
② 노선의 조정, 신설, 변경이 비교적 쉽다.
③ 서비스의 안정적 제공이 가능하다.
④ 책임의식의 결여로 생산성이 저하될 수 있다.

 ① 요금인상에 대한 이용자들의 압력을 정부가 직접 받게 되어 요금 조정이 어렵다.

**71** **버스운행관리시스템(BMS)의 주요 기능으로 옳지 않은 것은?**

① 누적 운행시간 및 횟수 통계관리
② 실제 주행여부 관제
③ 배차간격 미준수 버스 관제
④ 정류소 간 주행시간 표출

 버스운행관리시스템의 주요 기능

- 실시간 운행상태 파악 : 버스운행의 실시간 관제, 정류소별 도착시간 관제, 배차간격 미준수 버스 관제
- 전자지도 이용 실시간 관제 : 노선 임의변경 관제, 버스 위치표시 및 관리, 실제 주행여부 관제
- 버스운행 및 통계관리 : 누적 운행시간 및 횟수 통계관리, 기간별 운행통계관리, 버스 · 노선 · 정류소별 통계관리

**72** **여객자동차 운수사업법령상 중대한 교통사고에 해당되지 않는 것은?**

① 사망자 없이 중상자가 6명 이상인 사고
② 전복 사고
③ 화재가 발생한 사고
④ 중상자 없이 사망자가 1명인 사고

 중대한 교통사고(여객자동차 운수사업법 제19조)

1. 전복(顚覆) 사고
2. 화재가 발생한 사고
3. 사망자 2명 이상, 사망자 1명과 중상자 3명 이상, 중상자 6명 이상

**73** **교통카드 시스템의 운영자 측의 효과로 거리가 먼 것은?**

① 수입관리 용이
② 운송 수익 증대
③ 현금 소지 불편 해소
④ 다양한 요금체계 대응

 ③은 교통카드 시스템을 이용자가 사용하였을 때의 효과로 적절하다.

**74** 중요 **간선급행버스체계(BRT)의 도입 배경으로 거리가 먼 것은?**

① 대중교통 이용률 증가
② 도로와 교통시설 증가의 둔화
③ 막대한 도로 및 교통시설에 대한 투자비 증가
④ 빠르고 질 좋으며 저렴한 대량수송 대중교통 시스템 필요

 ① 대중교통 이용률 하락은 간선급행버스체계(BRT ; Bus Rapid Transit)의 도입 배경 중 하나이다.

**75** **교통사고 발생 시 운전자가 가장 먼저 해야 할 일은?**

① 후방방호
② 안전한 곳에 대기
③ 부상자가 있을 시 인명구조
④ 보험회사나 경찰에 연락

 교통사고 발생 시 운전자가 취할 조치과정 : 탈출 → 인명구조 → 후방방호 → (보험회사나 경찰 등) 연락 → 대기

**76** 중요 **운전자의 운행 전 준비사항으로 거리가 먼 것은?**

① 용모 및 복장 확인
② 유도요원의 수신호
③ 배차 및 전달사항 확인
④ 차의 내 · 외부 청결 유지

 ②는 운행 중 주의사항으로 운전자는 후진 시 유도요원의 수신호에 따라 안전하게 후진한다.

정답 70.① 71.④ 72.④ 73.③ 74.① 75.③ 76.②

**77** 광역급행형 시내 · 농어촌버스의 운임기준과 요율결정은 누가 하는가?

중요

① 시장 · 군수　② 시 · 도지사
③ 버스회사 사장　④ 국토교통부장관

해설 광역급행 시내버스, 시외버스, 고속버스는 국토교통부장관이 운임의 기준 · 요율을 결정한다.

**78** 교통사고 현장에서의 원인조사 항목으로 틀린 것은?

① 사고현장 시설물조사
② 노면에 나타난 흔적조사
③ 사고차량 및 가해자조사
④ 사고현장 측정 및 사진촬영

중요

해설 교통사고 현장에서의 원인조사 : 노면에 나타난 흔적조사, 사고차량 및 피해자조사, 사고당사자 및 목격자조사, 사고현장 시설물조사, 사고현장 측정 및 사진촬영

**79** 버스전용차로가 필요한 구간으로 거리가 먼 것은?

① 교통 정체가 심한 곳
② 대중교통 이용자들의 폭넓은 지지를 받는 구간
③ 편도 3차로 이상 전용차로를 설치하기에 적당한 구간
④ 버스 통행량이 적고 승차인원이 다수인 승용차 비중이 높은 구간

해설 ④ 버스 통행량이 일정 수준 이상이고 승차인원이 1명인 승용차 비중이 높은 구간

**80** 심폐소생술에서 가슴압박과 인공호흡의 반복 비율은?

① 20 : 1　② 20 : 2
③ 30 : 1　④ 30 : 2

정답 77.④ 78.③ 79.④ 80.④

80문항 80분

# 제2회 기출적중모의고사

25문항 교통 · 운수 관련 법규 및 교통사고 유형

**01** **다음 중 사람의 힘으로 페달 또는 손페달을 사용하여 움직이는 구동장치와 조향장치, 제동장치가 있는 두 바퀴 이상의 차를 의미하는 것은?**

① 자동차 ② 보행보조용의자차
③ 원동기장치자전거 ④ 자전거

해설 자전거란 사람의 힘으로 페달이나 손페달을 사용하여 움직이는 구동장치와 조향장치 및 제동장치가 있는 바퀴가 둘 이상인 차로서 행정안전부령으로 정하는 크기와 구조를 갖춘 것을 말한다(자전거 이용 활성화에 관한 법률 제2조).

**02** **다음 중 어린이통학버스의 색은?**

① 황색 ② 녹색
③ 적색 ④ 청색

해설 어린이통학버스(어린이운송용 승합자동차)의 색상은 황색이어야 하며, 어린이통학버스 앞면 창유리 우측상단과 뒷면 창유리 중앙하단의 보기 쉬운 곳에 어린이 보호표지를 부착하여야 한다.

**03** **도로교통법상 속도위반 40km/h 초과 60km/h 이하일 때 교통법규위반 벌점은?**

① 40점 ② 30점
③ 20점 ④ 10점

해설 40km/h 초과 60km/h 이하 속도위반은 벌점 30점이다.

**04** **특수여객자동차운송사업용 자동차에 표시하여야 하는 것은?**

① 전세 ② 우등
③ 장의 ④ 직행

해설 특수여객자동차운송사업용 자동차의 경우에는 "장의"라고 자동차에 표시하여야 한다.

**05** 중요 **도로교통의 안전을 위해 각종 제한 · 금지사항을 운전자에게 알리기 위한 안전표지는?**

① 주의표지 ② 규제표지
③ 지시표지 ④ 보조표지

해설 규제표지는 도로교통의 안전을 위하여 각종 제한 · 금지 등의 규제를 하는 경우에 이를 도로사용자에게 알리는 표지이다(도로교통법 시행규칙 제8조).

**06** 중요 **고속도로 안전거리 미확보 시 범칙금은?**

① 5만 원 ② 7만 원
③ 10만 원 ④ 13만 원

해설 고속도로 · 자동차전용도로 안전거리 미확보(승합자동차) : 범칙금액 5만 원, 벌점 10점

**07** 중요 **차도를 통행할 수 있는 사람 또는 행렬이 아닌 것은?**

① 현수막을 휴대한 행렬
② 유모차를 밀고 가는 사람
③ 말 · 소 등의 큰 동물을 몰고 가는 사람
④ 군부대나 그 밖에 이에 준하는 단체의 행렬

해설 **차도를 통행할 수 있는 사람 또는 행렬**(도로교통법 시행령 제7조)
- 말 · 소 등의 큰 동물을 몰고 가는 사람
- 사다리, 목재, 그 밖에 보행자의 통행에 지장을 줄 우려가 있는 물건을 운반 중인 사람
- 도로에서 청소나 보수 등 작업을 하고 있는 사람
- 군부대나 그 밖에 이에 준하는 단체의 행렬
- 기(旗) 또는 현수막 등을 휴대한 행렬
- 장의(葬儀) 행렬

정답 01.④ 02.① 03.② 04.③ 05.② 06.① 07.②

**08** 신호등 없는 교차로에서 사고 발생 시 피해자 요건이 아닌 것은?

① 후진입한 차량과 충돌하여 피해를 입은 경우
② 신호등 없는 교차로 통행방법 위반 차량과 충돌하여 피해를 입은 경우
③ 일시정지 안전표지를 무시하고 상당한 속력으로 진행한 차량과 충돌하여 피해를 입은 경우
④ 신호기가 설치되어 있는 교차로 또는 사실상 교차로로 볼 수 없는 장소에서 피해를 입은 경우

 ④는 피해자 요건이 성립하지 않는 예외사항이다.

**09** 횡단보도로 인정이 되지 않는 경우는?

① 횡단보도 노면표시가 있으나 횡단보도표지판이 설치되지 않은 경우
② 횡단보도 노면표시가 포장공사로 반은 지워졌으나 반이 남아 있는 경우
③ 횡단보도 노면표시가 완전히 지워지거나 포장공사로 덮여진 경우
④ 횡단보도를 설치하려는 도로 표면이 포장되지 않아 횡단보도표지판이 설치되어 있는 경우

 횡단보도 노면표시가 완전히 지워지거나 포장공사로 덮여졌다면 횡단보도 효력을 상실한다.

**10** 중앙선 침범이 적용되는 사례로 옳지 않은 것은?

① 빗길 과속으로 중앙선을 침범한 사고
② 빙판에 미끄러져 중앙선을 침범한 사고
③ 커브길 과속으로 중앙선을 침범한 사고
④ 졸다가 뒤늦게 급제동하여 중앙선을 침범한 사고

 ②는 공소권 없는 사고로 처리된다.

**11** 중요 안전운전과 난폭운전에 대한 설명으로 옳지 않은 것은?

① 타인의 통행을 현저히 방해하는 운전도 난폭운전이다.
② 급차로 변경, 지그재그 운전은 난폭운전에 해당한다.
③ 고의나 인식할 수 있는 과실로 타인에게 현저한 위해를 초래하는 운전을 난폭운전이라 한다.
④ 타인의 부정확한 행동과 악천후 등에 관계없이 사고를 미연에 방지하는 운전을 안전운전이라 한다.

 모든 자동차 장치를 정확히 조작하여 운전하는 경우, 도로의 교통상황과 차의 구조 및 성능에 따라 다른 사람에게 위험과 방해를 주지 않는 속도나 방법으로 운전하는 경우가 안전운전이다.

**12** 중요 노면이 얼어붙거나 눈이 20mm 이상 쌓인 경우의 감속운행속도는?

① 최고속도의 100분의 20을 줄인 속도로 운행한다.
② 최고속도의 100분의 30을 줄인 속도로 운행한다.
③ 최고속도의 100분의 40을 줄인 속도로 운행한다.
④ 최고속도의 100분의 50을 줄인 속도로 운행한다.

 최고속도의 100분의 50으로 운행해야 하는 경우
- 폭우 · 폭설 · 안개 등으로 가시거리가 100m 이내인 경우
- 노면이 얼어붙은 경우
- 눈이 20mm 이상 쌓인 경우

정답 08.④ 09.③ 10.② 11.④ 12.④

**13** 제작연도에 등록되지 아니한 여객자동차의 차량충당연한의 기산일은?

① 최초의 신규등록일
② 신규 등록 후 15일
③ 제작연도의 말일
④ 제작연도의 초일

 차량충당연한의 기산일(여객자동차운수사업법 시행령 제40조)

| 제작연도에 등록된 자동차 | 제작연도에 등록되지 아니한 자동차 |
|---|---|
| 최초의 신규등록일 | 제작연도의 말일 |

**14** 6세 미만 아이의 무상운송을 1년에 3회 이상 거절한 경우 과징금 부과기준이 잘못된 것은?

① 시내버스 – 10만 원
② 시외버스 – 10만 원
③ 마을버스 – 10만 원
④ 전세버스 – 10만 원

 1년에 3회 이상 6세 미만인 아이의 무상운송을 거절한 경우 시내버스, 농어촌버스, 마을버스, 시외버스는 10만 원의 과징금을 부과한다(여객자동차운수사업법 시행령 별표5).

**15** 교통사고의 용어 중 승용차가 도로변 절벽 또는 교량 등 높은 곳에서 떨어진 것을 무엇이라 하는가?

① 접촉 ② 충돌
③ 추락 ④ 전복

 ① 접촉 : 차가 추월, 교행 등을 하려다가 차의 좌우측면을 서로 스친 것
② 충돌 : 차가 반대방향 또는 측방에서 진입하여 그 차의 정면으로 다른 차의 정면 또는 측면을 충격한 것
④ 전복 : 차가 주행 중 도로 또는 도로 이외의 장소에 뒤집혀 넘어진 것

**16** 수사기관의 교통사고 처리기준 중 즉결심판을 청구하고 교통사고접수처리대장에 입력한 후 종결할 수 있는 물피금액은?

① 10만 원 미만 ② 30만 원 미만
③ 20만 원 미만 ④ 50만 원 미만

 피해액이 20만 원 미만인 경우에는 즉결심판을 청구하고 교통사고접수처리대장에 입력한 후 종결한다.

**17** 시외우등고속버스에 사용되는 자동차는 원동기 출력이 자동차 총중량 1톤당 몇 마력 이상이 되어야 하는가?

① 10마력 ② 20마력
③ 30마력 ④ 40마력

해설 시외우등고속버스는 원동기 출력이 자동차 총중량 1톤당 20마력 이상이고, 승차정원이 29인승 이하인 대형승합자동차이다(여객자동차운수사업법 시행규칙 별표1).

**18** 다음 중 교통사고처리특례법상 특례 예외 조항에 해당되지 않는 것은?

① 속도위반 10km/h 초과 과속사고
② 무면허사고
③ 중앙선침범사고
④ 끼어들기 금지위반 사고

 속도위반 20km/h 초과 과속사고가 특례의 적용 배제 사유이다.

정답 13.③ 14.④ 15.③ 16.③ 17.② 18.①

**19** 자동차 안에 게시하여야 할 사항을 게시하지 아니한 경우 과징금은?

① 10만 원　　② 20만 원
③ 40만 원　　④ 60만 원

자동차 안에 게시해야 할 사항을 게시하지 않은 경우의 과징금은 1차 위반 시 20만 원, 2차 위반 시 40만 원이다(여객자동차운수사업법 시행령 별표5).

**20** 중요 여객자동차운수사업법의 목적으로 옳지 않은 것은?

① 여객자동차운수사업에 관한 질서 확립
② 여객의 원활한 운송
③ 도로에서 일어나는 교통상의 모든 위험과 장해를 방지하고 제거하여 안전하고 원활한 교통 확보
④ 여객자동차운수사업의 종합적인 발달도모

③은 도로교통법의 목적에 대한 설명이다.

**21** 녹색의 등화에 대한 설명으로 옳지 않은 것은?

① 차마는 정지선에서 정지하여야 한다.
② 차마는 직진 또는 우회전할 수 있다.
③ 보행자는 횡단보도를 횡단할 수 있다.
④ 버스전용차로에 차마는 직진할 수 있다.

녹색의 등화 시 차마는 직진 또는 우회전할 수 있고, 비보호좌회전표지 또는 비보호좌회전표시가 있는 곳에서는 좌회전할 수 있다(도로교통법 시행규칙 별표2).

**22** 중요 서행하여야 하는 장소가 아닌 곳은?

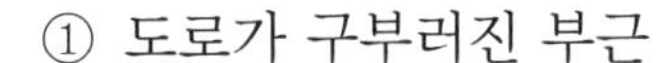
① 도로가 구부러진 부근
② 교차로나 그 부근에서 긴급자동차가 접근하는 경우
③ 교통정리를 하고 있지 아니하는 교차로
④ 시 · 도경찰청장이 안전표지로 지정한 곳

교차로나 그 부근에서 긴급자동차가 접근하는 경우에는 교차로를 피하여 일시정지하여야 한다(도로교통법 제29조).

**23** 노인 · 장애인보호구역에서의 주차위반 시 승합자동차의 범칙금액은?

① 7만 원　　② 8만 원
③ 9만 원　　④ 10만 원

노인 · 장애인보호구역에서의 주차위반 시 범칙금액(도로교통법 시행령 별표10) : 9만 원(승합자동차 등), 8만 원(승용자동차 등)

**24** 앞차의 정당한 급정지에 해당하지 않는 경우는?

① 신호를 착각하여 급정지하는 경우
② 앞차의 교통사고를 보고 급정지하는 경우
③ 전방의 돌발상황을 보고 급정지하는 경우
④ 앞차가 정지하거나 감속하는 것을 보고 급정지하는 경우

①은 앞차의 상당성(위험한 상황에서 그럴 수 있다고 보는 당연성) 있는 급정지에 해당한다.

**25** 운전자격의 취소 및 효력정지의 처분의 일반적인 기준에 대한 설명으로 옳지 않은 것은?

① 위반행위가 둘 이상일 때 각각의 처분기준이 다른 경우 그중 무거운 처분기준에 따른다.
② 위반행위의 횟수에 따른 행정처분의 기준은 최근 1년간 같은 위반행위로 행정처분을 받은 경우에 적용한다.
③ ②의 경우에 행정처분의 기준의 적용은 같은 위반행위에 대하여 마지막으로 행정처분을 한 날을 기준으로 한다.
④ 자격정지처분을 받은 사람이 일정기준에 해당하는 경우에는 처분을 2분의 1의 범위에서 가중 · 감경할 수 있다.

③ 행정처분 기준의 적용은 같은 위반행위에 대한 행정처분일과 그 처분 후의 위반행위가 다시 적발된 날을 기준으로 한다(여객자동차운수사업법 시행규칙 별표5).

정답 19.② 20.③ 21.① 22.② 23.③ 24.① 25.③

15문항 자동차 관리 요령

**26** 클러치가 미끄러지는 원인이 아닌 것은?

① 클러치 스프링의 장력이 약하다.
② 클러치 디스크의 마멸이 심하다.
③ 클러치 디스크에 오일이 묻었다.
④ 클러치 페달의 자유간극이 크다.

해설 ①, ②, ③ 외에 클러치 페달의 자유간극이 없을 때 클러치가 미끄러진다.

**27** 타이어 마모를 방지하는 역할을 하는 것은?

① 조향축 ② 캠버
③ 토인 ④ 캐스터

해설 토인은 앞바퀴의 옆방향 미끄러짐을 방지하고, 타이어 마멸을 방지한다.

**28** 자동차 계기판에서 시간당 주행거리를 나타내는 것은?

① 속도계 ② 회전계
③ 연료계 ④ 적산거리계

해설 속도계는 자동차의 단위시간당 주행거리를 나타낸다.

**29** 중요 엔진 오버히트가 발생할 경우의 안전조치로 적절하지 않은 것은?

① 엔진을 냉각시킬 때에는 엔진이 멈춘 상태에서 보닛을 연다.
② 비상경고등을 작동시키고 길 가장자리로 이동하여 정차한다.
③ 엔진을 냉각시킨 후 냉각수의 양을 점검한다.
④ 겨울철에는 히터의 작동을 중지시킨다.

해설 엔진이 작동하는 상태에서 보닛을 열어 엔진을 냉각시킨다.

**30** 저속 회전하면 엔진이 쉽게 꺼지는 경우 추정원인이 아닌 것은?

① 공회전 속도가 높다.
② 연료필터가 막혀 있다.
③ 밸브 간극이 비정상이다.
④ 에어클리너 필터가 오염되었다.

해설 ① 공회전 속도가 낮다.

**31** 천연가스의 형태별 종류에 해당하는 것은?

① 셰일가스 ② 액화석유가스
③ 액화수소가스 ④ 액화천연가스

해설 천연가스 형태별 종류에는 액화천연가스(LNG), 압축천연가스(CNG)가 있다.

**32** 중요 터보차저 관리 요령에 대한 설명으로 적절하지 않은 것은?

① 오일 양은 반드시 시동 후에 확인한다.
② 워밍업 시 무부하 상태에서의 급가속을 삼간다.
③ 엔진이 정상적으로 가동될 수 있도록 운행 전에 예비회전시킨다.
④ 초기 시동 시 냉각된 엔진이 따뜻해질 때까지 3~10분 정도 공회전시킨다.

해설 오일 양은 시동 전에 확인한다.

**33** 차량의 제동거리에 영향을 주는 요인이 아닌 것은?

① 타이어의 마모정도
② 노면상태
③ 운행속도
④ 공주거리

정답 26.④ 27.③ 28.① 29.① 30.① 31.④ 32.① 33.④

**34** 중요 **주행 중 브레이크가 작동되지 않을 경우의 대응방법으로 가장 올바른 것은?**

① 고단에서 저단으로 기어를 한 단씩 줄여 감속한 뒤 주차 브레이크로 정지한다.
② 차를 갓길 쪽으로 붙여 가드레일 등에 차체를 마찰시켜 정지시킨다.
③ 기어 조작은 절대 해서는 안 되며, 주차브레이크를 신속히 사용하여 정지시킨다.
④ 핸들을 단단히 잡고 비상등을 켠 채 속도가 줄어들 때까지 다른 차에 주의하며 운전한다.

 주행 중에 브레이크가 작동하지 않는다면 엔진 브레이크를 사용하여 점차 속도를 줄인 다음 주차 브레이크를 사용하여 완전히 정지시키는 순서로 대응한다.

**35** **운행 전 차량 외관점검 사항으로 옳지 않은 것은?**

① 차체가 기울지는 않았는가?
② 유리는 깨끗하며 깨진 곳은 없는가?
③ 브레이크 페달 작동은 이상이 없는가?
④ 반사기 및 번호판의 오염, 손상은 없는가?

 ③은 운행 중 점검사항에서 출발 전 확인사항이다.

**36** 중요 **엔진 과열로 오버히트 될 때의 원인으로 볼 수 없는 것은?**

① 냉각수 부족 ② 팬벨트 장력 과다
③ 냉각팬 작동 불량 ④ 서모스탯 고장

 팬벨트가 느슨하면 냉각수 순환이 불량하여 엔진 냉각이 잘 안 될 수 있다.

**37** **다음 중 CNG 연료의 주성분은?**

① 에탄 ② 메탄
③ 프로판 ④ 부탄

 CNG 연료 : 메탄($CH_4$)을 주성분으로 하는 탄소량이 가장 작고, 상온에서는 기체인 탄화 수소계 연료

**38** **현가(완충)장치의 주요 기능이 아닌 것은?**

① 차체의 무게를 지탱한다.
② 자동차의 하중을 지탱한다.
③ 주행 방향을 일부 조정한다.
④ 타이어 접지 상태를 유지한다.

 ②는 타이어의 기능이다.

**39** **현가장치의 스프링 중 판 스프링에 대한 설명으로 옳지 않은 것은?**

① 승용차에 사용한다.
② 작은 진동은 흡수가 곤란하다.
③ 내구성이 좋다.
④ 구조가 간단하다.

 ① 버스나 화물차에 사용한다.

**40** **자동차 앞바퀴를 옆에서 보았을 때 앞차축을 고정하는 조향축이 수직선과 각도를 이루고 설치된 것은?**

① 캠버 ② 캐스터
③ 토인 ④ 조향축 경사각

25문항 안전운행 요령

**41** 중요 **운전이 금지되는 술에 취한 상태의 혈중알코올농도는?**

① 0.1% ② 0.01%
③ 0.03% ④ 0.05%

 술에 취한 상태의 기준은 혈중알코올농도 0.03% 이상이다.

정답 34.① 35.③ 36.② 37.② 38.② 39.① 40.② 41.③

**42** **길어깨(갓길)의 기능으로 옳지 않은 것은?**

① 곡선도로의 시거가 증가하여 교통의 안전성이 확보된다.
② 고장차가 대피할 수 있는 공간을 제공하여 교통 혼잡을 방지한다.
③ 도로 측방의 여유 폭은 교통의 안전성과 쾌적성을 확보할 수 있다.
④ 도로표지 및 기타 교통관제시설 등을 설치할 수 있는 공간을 제공한다.

해설 ④는 중앙분리대의 기능이다.

**43** **지방도로에서의 방어운전으로 옳지 않은 것은?**

① 내리막길을 내려갈 때에는 엔진 브레이크로 속도를 조절한다.
② 자갈길이나 도로노면의 표시가 잘 보이지 않는 도로를 주행할 때는 속도를 높인다.
③ 커브길에 진입하기 전에 경사도나 도로 폭을 확인하고 엔진 브레이크를 작동시켜 속도를 줄인다.
④ 오르막길에서 정차할 때는 앞차가 뒤로 밀려 충돌할 가능성이 있으므로 충분한 차간거리를 유지한다.

해설 자갈길, 지저분하거나 도로노면의 표시가 잘 보이지 않는 도로를 주행할 때는 속도를 줄인다.

**44** 중요 **중앙분리대의 기능에 대한 설명으로 잘못된 것은?**

① 야간에 주행할 때 발생하는 전조등 불빛에 의한 눈부심이 방지된다.
② 중앙분리대의 폭이 좁을수록 반대편 차량과의 충돌 위험은 감소한다.
③ 횡단하는 보행자에게 안전섬이 제공됨으로써 안전한 횡단이 확보된다.
④ 중앙분리대는 정면충돌사고를 차량단독사고로 변환시킴으로써 사고로 인한 위험을 감소시킨다.

해설 중앙분리대의 폭이 넓을수록 대향차량과의 충돌 위험은 감소한다.

**45** 중요 **야간에 대향차의 전조등 눈부심으로 인해 순간적으로 보행자를 잘 볼 수 없게 되는 현상은?**

① 현혹현상 ② 수막현상
③ 모닝 록 현상 ④ 증발현상

해설 증발현상은 보행자가 교차하는 차량의 불빛 중간에 있게 되면 운전자가 순간적으로 보행자를 전혀 보지 못하는 현상을 말한다.

**46** 중요 **고속도로에서의 방어운전으로 옳지 않은 것은?**

① 확인, 예측, 판단 과정을 이용하여 12~15초 전방 안에 있는 위험상황을 확인한다.
② 고속도로를 빠져나갈 때는 가능한 한 빨리 진출 차로로 들어가야 하고, 진출 차로에 실제로 진입할 때까지는 차의 속도를 낮추지 말고 주행하여야 한다.
③ 가급적 대형차량이 전방 또는 측방 시야를 가리지 않는 위치를 잡아 주행하도록 한다.
④ 여러 차로를 가로지를 필요가 있다면 매번 신호를 하면서 한 번에 한 차로씩 옮기지 말고 한 번에 여러 차로를 변경한다.

해설 만일 여러 차로를 가로지를 필요가 있다면 매번 신호를 하면서 한 번에 한 차로씩 옮겨간다.

**47** **고령운전자의 특성으로 옳지 않은 것은?**

① 암순응 시간의 증가
② 청각 기능의 약화
③ 식별능력의 저하
④ 대비감도의 증가

해설 시각적 대비감도는 20세부터 감소되기 시작하여 40~50대에 가장 많이 감소한다.

정답 42.④ 43.② 44.② 45.④ 46.④ 47.④

**48** 중요 **경제운전을 위해 가능한 한 도중에 가감속이 없도록 운전해야 한다. 가감속이 없는 속도를 무엇이라 하는가?**

① 일정속도 ② 평균속도
③ 최고속도 ④ 제한속도

일정속도란 가감속이 없는 속도를 의미한다.

**49** **다음 중 예측에 대한 설명으로 옳은 것은?**

① 결정된 행동을 실행에 옮기는 것
② 주변의 모든 것을 빠르게 보고 한눈에 파악하는 것
③ 요구되는 시간 안에 필요한 조작을 신속하게 해내는 것
④ 운전 중에 확인한 정보를 모으고, 사고가 발생할 수 있는 지점을 판단하는 것

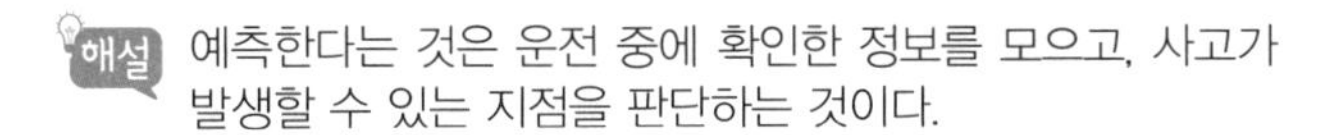
해설 예측한다는 것은 운전 중에 확인한 정보를 모으고, 사고가 발생할 수 있는 지점을 판단하는 것이다.

**50** **술에 대한 잘못된 인식이 아닌 것은?**

① 운동을 하거나 사우나를 하는 것 또는 커피를 마시면 술이 빨리 깬다.
② 술을 마시면 생각이 더 명료해 진다.
③ 술은 조절해서 먹기 힘들다.
④ 술을 마시면 얼굴이 빨개지는 사람은 건강하기 때문이다.

①, ②, ④ 외에 술에 대한 잘못된 인식으로는 '술은 음료일 뿐이다', '술 마실 때 담배 맛이 좋다', '간장이 튼튼하면 아무리 술을 마셔도 괜찮다' 등이 있다.

**51** **자동차가 제동되기 시작하여 정지될 때까지 주행한 거리는?**

① 제동거리 ② 안전거리
③ 정지거리 ④ 공주거리

**52** **철길건널목 통과 시 차량이 고장 났다. 운전자의 행동으로 가장 올바른 것은?**

① 차량 밖은 위험하니 차량 안에 머문다.
② 차량을 밀어 이동시킨다.
③ 차량에서 내려 고장 부위를 수리한다.
④ 승객을 하차시킨다.

모든 차 또는 노면전차의 운전자는 건널목을 통과하다가 고장 등의 사유로 건널목 안에서 차 또는 노면전차를 운행할 수 없게 된 경우에는 즉시 승객을 대피시키고 비상신호기 등을 사용하거나 그 밖의 방법으로 철도공무원이나 경찰공무원에게 그 사실을 알려야 한다.

**53** **야간운전 시 주의사항으로 옳지 않은 것은?**

① 앞차의 미등만 보고 주행하지 않는다.
② 보행자의 확인에 더욱 세심한 주의를 기울인다.
③ 주간보다 시야가 제한되므로 속도를 줄여 운행한다.
④ 자동차가 서로 마주보고 진행하는 경우에는 전조등 불빛의 방향을 위로 향하게 한다.

자동차가 서로 마주보고 진행하는 경우에는 전조등 불빛의 방향을 아래로 향하게 한다.

**54** **차량 출발 시 기본 운행 수칙에 해당되지 않는 것은?**

① 주차브레이크가 채워진 상태에서 출발한다.
② 운전석은 운전자의 체형에 맞게 조절하여 운전자세가 자연스럽도록 한다.
③ 운행을 시작할 때에는 후사경이 제대로 조정되어 있는지 확인한다.
④ 운행을 시작하기 전에 제동등이 점등되는지 확인한다.

주차브레이크가 채워진 상태에서는 출발하지 않는다.

정답 48.① 49.④ 50.③ 51.① 52.④ 53.④ 54.①

**55** 야간 및 악천후 시 운전에 대한 설명으로 옳지 않은 것은?

① 승합자동차는 야간에 운행할 때에 실내 조명등을 켜고 운행한다.
② 비가 내려 노면이 젖어 있는 경우에는 최고속도의 10%를 줄인 속도로 운행한다.
③ 야간에 가시거리가 100m 이내인 경우에는 최고속도를 50% 정도 감속하여 운행한다.
④ 안개로 인해 가시거리가 100m 이내인 경우에는 최고속도를 50% 정도 감속하여 운행한다.

 비가 내려 노면이 젖어 있는 경우에는 최고속도의 20%를 줄인 속도로 운행한다.

**56** 버스 교통사고의 특성이 아닌 것은?

① 버스는 시속 10km 이하로 주행할 때에도 인명사고 시 부상의 위험이 크다.
② 버스의 길이는 일반승용차보다 2배 정도이다.
③ 버스는 일반승용차보다 10배 이상이나 무겁다.
④ 버스는 접촉면이 넓어 충격을 완화하기 때문에 부상의 위험이 적다.

 ④ 버스의 충격력은 시속 10km 이하의 낮은 속도에서도 보행자를 사망시킬 수 있다.

**57** 생활함에 있어 이동에 불편을 느끼는 교통약자에 해당하지 않는 것은?

① 장애인 ② 청소년
③ 임산부 ④ 어린이

 교통약자는 장애인, 고령자, 임산부, 영유아를 동반한 사람, 어린이 등 일상생활에서 이동에 불편을 느끼는 사람을 말한다.

**58** 내리막길에서의 방어운전으로 옳지 않은 것은?

① 중간에 불필요하게 속도를 줄이거나 급제동하지 않는다.
② 풋 브레이크를 사용하면 페이드 현상을 예방하여 운행 안전도를 더욱 높일 수 있다.
③ 배기 브레이크가 장착된 차량의 경우 배기 브레이크를 사용하면 운행의 안전도를 더욱 높일 수 있다.
④ 내리막길을 내려가기 전에는 미리 감속하여 천천히 내려가며 엔진 브레이크로 속도를 조절하는 것이 바람직하다.

 내리막길에서 엔진 브레이크를 사용하면 페이드 현상을 예방하여 운행 안전도를 더욱 높일 수 있다.

**59** 안전운전을 하는 데 필요한 필수적 과정이 순서대로 나열된 것은?

① 예측 → 확인 → 판단 → 실행
② 확인 → 예측 → 판단 → 실행
③ 판단 → 확인 → 예측 → 실행
④ 실행 → 확인 → 판단 → 예측

**60** 시가지 교차로에서의 방어운전으로 옳지 않은 것은?

① 교차로 통과 시 앞차를 맹목적으로 따라가지 않는다.
② 무단횡단하는 보행자 등 위험요인이 많으므로 돌발상황에 대비한다.
③ 이미 교차로 안으로 진입하여 있을 때 황색신호로 변경된 경우에는 즉시 정지한다.
④ 신호는 운전자의 눈으로 직접 확인한 후 선신호에 따라 진행하는 차가 없는지 확인하고 출발한다.

 이미 교차로 안으로 진입하였을 때 황색신호로 변경된 경우에는 신속히 교차로 밖으로 빠져나간다.

정답 55.② 56.④ 57.② 58.② 59.② 60.③

**61** **고속도로에서 자동차가 주행할 때 통행하는 차로는?**

① 주행차로　　② 가속차로
③ 감속차로　　④ 오르막차로

 ② 가속차로 : 주행차로에 진입하기 위해 속도를 높이는 차로
③ 감속차로 : 주행차로를 벗어나 고속도로에서 빠져나가기 위해 감속하기 위한 차로
④ 오르막차로 : 오르막 구간에서 저속자동차와 다른 자동차를 분리하여 통행시키기 위한 차로

**62** 중요 **다음 중 방호울타리가 아닌 것은?**

① 교량 위에서 자동차가 차도로부터 교량 바깥으로 벗어나는 것을 방지하는 시설
② 자동차가 도로 밖으로 이탈하는 것을 방지하기 위한 시설
③ 왕복방향으로 통행하는 자동차들이 대향차도 쪽으로 이탈하는 것을 방지하기 위한 시설
④ 과속을 방지하기 위한 시설

 도로구간에서 낮은 주행 속도가 요구되는 일정지역에서 통행 자동차의 과속 주행을 방지하기 위해 설치하는 시설은 과속방지시설이다.

**63** **2차 사고 예방 안전행동으로 옳지 않은 것은?**

① 비상등을 켜고 다른 차의 소통에 방해되지 않도록 갓길로 차량 이동시킨다.
② 후방에서 접근하는 차의 운전자가 확인할 수 있는 위치에 고장자동차 표지를 설치한다.
③ 운전자와 탑승자는 도로에 있으면 위험하므로 차 안에서 대기한다.
④ 경찰관서, 소방관서 등에 연락하여 도움을 요청한다.

 사고 발생 시 운전자와 탑승자가 차량 내 또는 주변에 있는 것은 매우 위험하므로 가드레일 밖 등 안전장소로 대피한다.

**64** 중요 **다음 중 회전교차로의 특징이 아닌 것은?**

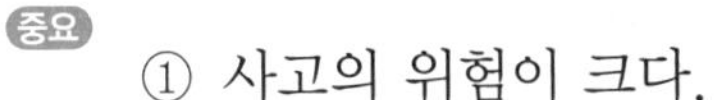

① 사고의 위험이 크다.
② 신호교차로에 비해 유지관리비용이 적게 든다.
③ 인접 도로 및 지역에 대한 접근성을 높여준다.
④ 지체시간이 감소되어 연료 소모와 배기가스를 줄일 수 있다.

 사고빈도가 낮아 교통안전 수준을 향상시킨다.

**65**  중요 **다음 중 앞지르기 방법으로 옳지 않은 것은?**

① 앞차의 오른쪽으로 앞지르기하지 않는다.
② 앞차가 앞지르기하고 있으면 앞지르기하지 않는다.
③ 시야만 확보되면 앞 차량 좌우 관계없이 앞지르기한다.
④ 앞지르기에 필요한 속도가 그 도로의 최고속도 범위 이내일 때 앞지르기를 시도한다.

 앞지르기에 필요한 충분한 거리와 시야가 확보되었을 때 앞지르기를 시도하고, 앞차의 오른쪽으로 앞지르기하지 않는다.

15문항 운송서비스

**66** **직업의 심리적 의미에 대한 설명으로 옳지 않은 것은?**

① 삶의 보람　　② 잠재능력 계발
③ 안정된 삶　　④ 자기실현

 직업의 의미
- 경제적 의미 : 소득 창출, 안정된 삶, 경제생활 영위, 일할 기회 제공
- 사회적 의미 : 사회적 역할 수행, 사회적 분업, 사회 발전에 기여
- 심리적 의미 : 삶의 보람, 자기실현, 잠재능력 계발, 인격 완성

정답 61.① 62.④ 63.③ 64.① 65.③ 66.③

**67** 중요 **교통사고 발생 시 운전자가 조치해야 할 사항 순서로 옳은 것은?**

① 후방방호 → 탈출 → 연락 → 대기 → 인명구조
② 탈출 → 인명구조 → 후방방호 → 연락 → 대기
③ 대기 → 후방방호 → 인명구조 → 탈출 → 연락
④ 인명구조 → 연락 → 대기 → 후방방호 → 탈출

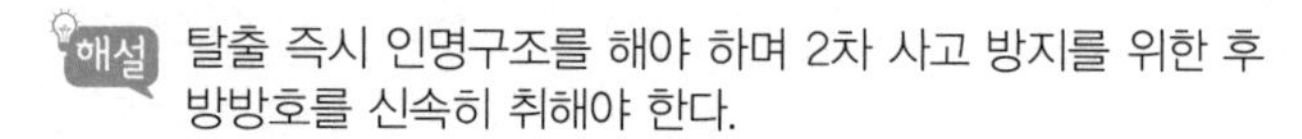
해설 탈출 즉시 인명구조를 해야 하며 2차 사고 방지를 위한 후방방호를 신속히 취해야 한다.

**68** 중요 **버스 교통사고의 주요 요인이 되는 특성이 아닌 것은?**

① 버스는 도로상에서 점유하는 공간이 크다.
② 버스의 좌우회전 시 내륜차는 승용차에 비해 작다.
③ 버스 운전자는 승객들의 운전방해 행위에 쉽게 주의가 분산된다.
④ 버스의 운전석에서는 잘 볼 수 없는 부분이 승용차 등에 비해 훨씬 넓다.

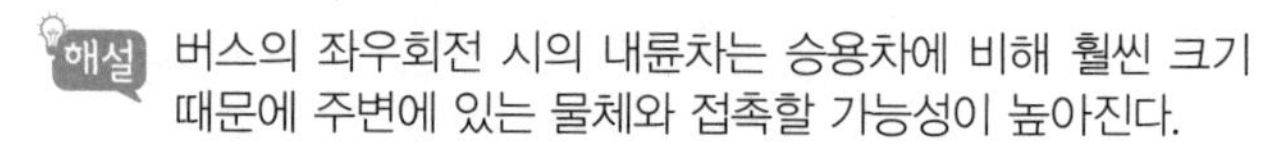
해설 버스의 좌우회전 시의 내륜차는 승용차에 비해 훨씬 크기 때문에 주변에 있는 물체와 접촉할 가능성이 높아진다.

**69** **운전자의 즉시 보고사항이 아닌 것은?**

① 결근, 지각, 조퇴가 필요한 경우
② 운전면허증 기재사항 변경, 질병 등 신상변동이 발생했을 때
③ 운행 중 스노체인을 장착하는 경우
④ 운전면허 정지 및 취소 등의 행정처분을 받았을 때

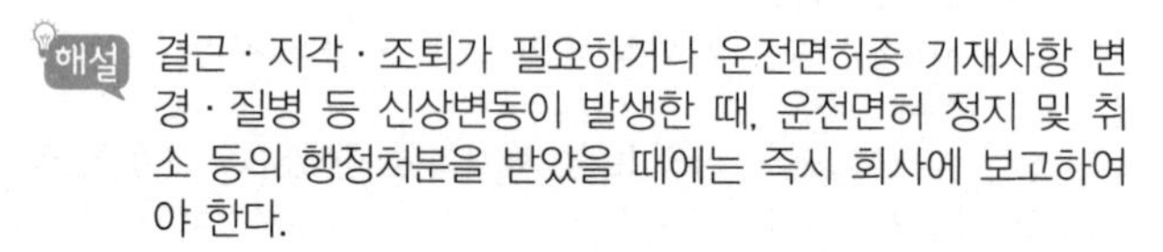
해설 결근 · 지각 · 조퇴가 필요하거나 운전면허증 기재사항 변경 · 질병 등 신상변동이 발생한 때, 운전면허 정지 및 취소 등의 행정처분을 받았을 때에는 즉시 회사에 보고하여야 한다.

**70** **교통사고 발생 시 운전자가 경찰이나 보험회사 등에 연락해야 할 사항이 아닌 것은?**

① 사고발생지점 및 상태
② 부상자 성명
③ 운전자 성명
④ 회사명

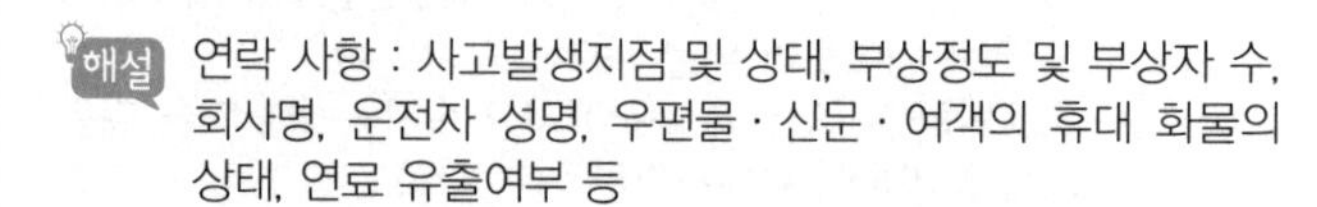
해설 연락 사항 : 사고발생지점 및 상태, 부상정도 및 부상자 수, 회사명, 운전자 성명, 우편물 · 신문 · 여객의 휴대 화물의 상태, 연료 유출여부 등

**71** **교통카드시스템에 대한 설명으로 옳지 않은 것은?**

① 단말기는 금액이 소진된 교통카드에 금액을 재충전하는 기능을 한다.
② 교통카드시스템은 크게 사용자 카드, 단말기, 중앙처리시스템으로 구성된다.
③ 정산시스템은 각종 단말기 및 충전기와 네트워크로 연결하여 사용 거래기록을 수집 · 정산 처리하고, 정산결과를 해당 은행으로 전송한다.
④ 정산시스템은 정산 처리된 모든 거래기록을 데이터베이스화하는 기능을 한다.

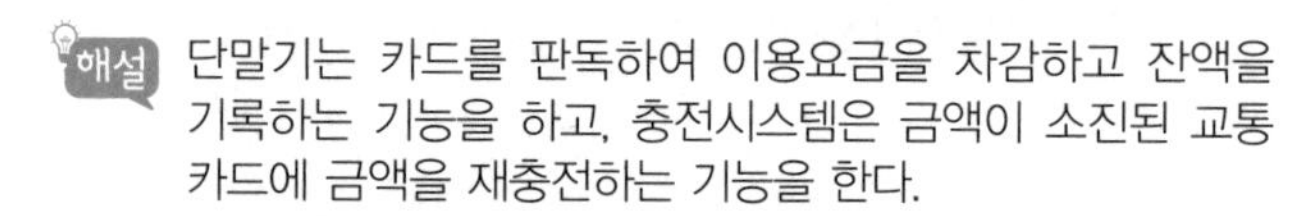
해설 단말기는 카드를 판독하여 이용요금을 차감하고 잔액을 기록하는 기능을 하고, 충전시스템은 금액이 소진된 교통카드에 금액을 재충전하는 기능을 한다.

**72** 중요 **간선급행버스체계(BRT)의 도입 배경으로 알맞지 않은 것은?**

① 교통체증의 지속
② 대중교통 이용률 상승
③ 도로와 교통시설 증가의 둔화
④ 도로 및 교통시설에 대한 투자비의 급격한 증가

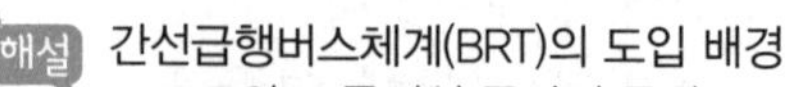
해설 간선급행버스체계(BRT)의 도입 배경
- 도로와 교통시설 증가의 둔화
- 대중교통 이용률 하락
- 교통체증의 지속
- 도로 및 교통시설에 대한 투자비의 급격한 증가
- 신속하고, 양질의 대량수송에 적합한 저렴한 비용의 대중교통 시스템 필요

정답 67.② 68.② 69.③ 70.② 71.① 72.②

**73** 중앙버스전용차로의 장점이 아닌 것은?

① 일반 차량과의 마찰을 최소화한다.
② 대중교통 이용자의 증가를 도모할 수 있다.
③ 대중교통의 통행속도 제고 및 정시성 확보가 유리하다.
④ 승·하차 정류소에 대한 보행자의 접근거리가 가까워진다.

 ④ 승·하차 정류소에 대한 보행자의 접근거리가 길어진다.

**74** 중요 버스운행관리시스템(BMS)의 주요 기능이 아닌 것은?

① 차량상태 점검 및 통제
② 정류소별 도착시간 관제
③ 버스운행의 실시간 관제
④ 배차간격 미준수 버스 관제

 버스운행관리시스템의 주요 기능
- 실시간 운행상태 파악 : 버스운행의 실시간 관제, 정류소별 도착시간 관제, 배차간격 미준수 버스 관제
- 전자지도 이용 실시간 관제 : 노선 임의변경 관제, 버스 위치표시 및 관리, 실제 주행여부 관제
- 버스운행 및 통계관리 : 누적 운행시간 및 횟수 통계관리, 기간별 운행통계관리, 버스·노선·정류소별 통계관리

**75** 차멀미 승객에 대한 대책으로 알맞지 않은 것은?

① 통풍이 잘되고 비교적 흔들림이 적은 뒤쪽으로 앉도록 한다.
② 심한 경우에는 휴게소 내지는 안전하게 정차할 수 있는 곳에 정차하여 차에서 내려 시원한 공기를 마시도록 한다.
③ 차멀미 승객이 토할 경우를 대비해 위생봉지를 준비한다.
④ 차멀미 승객이 토한 경우에는 주변 승객이 불쾌하지 않도록 신속히 처리한다.

 ① 통풍이 잘되고 비교적 흔들림이 적은 앞쪽으로 앉도록 한다.

**76** 버스운행관리시스템(BMS)의 주요 기능으로 옳지 않은 것은?

① 실제 주행여부 관제
② 배차간격 미준수 버스 관제
③ 정류소 간 주행시간 표출
④ 누적 운행시간 및 횟수 통계관리

 ③은 버스정보시스템(BIS)의 기능에 해당한다.

**77** 여객운수업자가 차량운임 및 요율을 결정할 수 있는 것은?

① 전세버스 ② 농어촌버스
③ 시외버스 ④ 마을버스

 시외버스는 국토교통부장관, 농어촌버스는 시·도지사, 마을버스는 시장·군수가 운임의 기준 및 요율을 결정한다.

**78** 버스승객의 주요 불만사항이 아닌 것은?

① 난폭 및 과속운전
② 버스기사의 불친절
③ 차내의 무질서한 광고
④ 안내방송 미흡

 버스승객의 주요 불만사항
- 버스가 정해진 시간에 오지 않는다.
- 정체로 시간이 많이 소요되고, 목적지에 도착할 시간을 알 수 없다.
- 난폭 및 과속운전을 한다.
- 버스기사가 불친절하다.
- 차내가 혼잡하다.
- 안내방송이 미흡하다(시내버스, 농어촌버스).
- 차량의 청소, 정비상태가 불량하다.
- 정류소에 정차하지 않고 무정차 운행한다(시내버스, 농어촌버스).

정답 73.④ 74.① 75.① 76.③ 77.① 78.③

**79 다음 중 운전종사자의 자세가 아닌 것은?**

① 자동차 안에서 담배를 피워서는 안 된다.
② 어떠한 경우에도 승객을 제지해서는 안 된다.
③ 승하차할 여객이 있는데도 정류장을 지나치면 안 된다.
④ 문을 완전히 닫지 아니한 상태에서 자동차를 출발시켜서는 안 된다.

여객이 다음의 행위를 할 때에는 안전운행과 다른 승객의 편의를 위하여 이를 제지하고 필요한 사항을 안내해야 한다.
- 다른 여객에게 위해를 끼칠 우려가 있는 폭발성 물질, 인화성 물질 등의 위험물을 자동차 안으로 가지고 들어오는 행위
- 다른 여객에게 위해를 끼치거나 불쾌감을 줄 우려가 있는 동물(장애인 보조견 및 전용 운반상자에 넣은 애완동물은 제외)을 자동차 안으로 데리고 들어오는 행위
- 자동차의 출입구 또는 통로를 막을 우려가 있는 물품을 자동차 안으로 가지고 들어오는 행위

**80 버스 준공영제를 실시함으로써 얻는 이점으로 옳지 않은 것은?** (중요)

① 서비스의 안정적 확보와 개선이 용이하다.
② 정기권 도입 등 효율적 운영체계의 시행이 용이하다.
③ 종합적 도시교통계획 차원에서 운행서비스 공급이 가능하다.
④ 민간이 버스노선 결정 및 운행서비스를 공급하므로 공급비용을 최소화한다.

버스 준공영제는 운영은 민간, 관리는 공공에서 담당하게 하는 운영체제를 말한다. 버스의 소유·운영은 각 버스업체가 유지하고 버스 노선 및 요금 조정, 버스 운행 관리에 대해서는 지방자치단체가 개입한다. 지방자치단체가 결정한 노선 및 요금으로 인해 발생된 운송 수지 적자에 대해서는 지방자치단체에서 보전한다.



정답 79.② 80.④

**버스운전자격시험 당일치기**

2024년 01월 15일 개정4판 발행
2020년 01월 10일 초판 발행

저 자 JH교통문화연구회
발행인 전 순 석
발행처 정훈사
주 소 서울특별시 중구 마른내로 72, 421호 A
등 록 2-3884
전 화 (02) 737-1212
팩 스 (02) 737-4326